超越兴趣

倪闽景 / 著

上海教育出版社
SHANGHAI EDUCATIONAL
PUBLISHING HOUSE

发现现象，生成知识，超越兴趣，
人人都有创新的力量。

自 序

PREFACE

呼唤面向
全体青少年的科学教育

> 我们都用同一种过程思考，正如我们都用同一种过程走路一样。无论问题是大是小，无论应对措施是新颖的还是逻辑的，无论思考问题的人是诺贝尔奖得主还是孩子，思考过程都是相同的。“创造性思维”根本不存在，正如“创造性行走”根本不存在一样。
>
> ——凯文·阿什顿[①]

科技快速发展的今天，学习者出现了两种截然相反的倾向：一种是“内卷者”不断内卷；另一种是“躺平者”彻底躺平。这两种情况，对科学教育来说都不是好的倾向。在世界各国科学教育都面临巨大挑战的今天，只有理解科学与技术的本质，只有理解大脑的多样化是创新的本质和方法，只有理解把希望寄托在每个青少年身上，才能勇敢地高举科学

① [美] 凯文·阿什顿．被误读的创新［M］．北京：中信出版社，2017.

教育创新的大旗，面向全体青少年，面向未来社会发展趋势与科技潮流，让更多的青少年超越兴趣，走向志趣，迎接宏大的历史性的科技革命和世界百年未有之大变局。

一、科学教育面临的三大挑战

挑战一：科学技术发展速度远超传统学校教育变革的节奏，科学教育的滞后效应越来越突出。科技转化为生产力的周期从30～60年降低到目前的2～3年，科技成果能迅速从实验室转变为大众耳熟能详的日常生产生活用品，使大众对相关科技的认知需求节奏加快。传统学校教育课程教材改革，需要有一个规范的程序，从新课程改革酝酿到全新教材呈现在学生面前，基本上需要5～10年的时间。我国现代教育体系和学科体系，基本上都是从西方发达国家引进的，教育的跟随性引发人才的跟随性，也反映科技领域的跟随性。

挑战二：随着需要学习的知识越来越多，每个人的学校教育时间也在不断延长，2022届考研人数达到457万人，本科毕业后选择考研已成为“刚需”。但是，新的科技知识每两年就会翻一倍，每个人的学习速度已远远落后于科技知识的发展速度，即使努力学习也在变得越来越无知，一方面导致教育“内卷”不断加深，另一方面学习时间的普遍延长，直接后果是更容易错失进行自主科技创新的最佳年龄。

挑战三：校内的科学教育与科学界的学科发展偏差越来越远，教科书内容已不再代表科学界的观点。国家新课程改革和“双减”政策，旨在提高学生的综合素质和创新能力，激发青少年好奇心、想象力、探究欲，培养具备科学家潜质、愿意献身科学研究事业的青少年群体，但是日常的科学课堂教学偏重解题，通过疯狂刷题形成条件反射才能考出高分的现象在短时间内很难改变。由于中小学阶段高强度的重复解题训练，学生的大脑像被格式化过一样，对科学学习的兴趣差不多被抹光了。传统思维中普遍把考试得高分、会做题的学生当成最聪明的学生，而事实证明这些学生最终很难成为拔尖创新人才，不当的科学教育确实会导致教育的平庸。

2023 年 5 月，教育部等十八部门联合印发《关于加强新时代中小学科学教育工作的意见》，着力在教育“双减”中做好科学教育加法，一体化推进教育、科技、人才高质量发展，推进基于探究实践的科学教育，提升科学教育实施效能。这个文件要求明确，方向正确，但在实践层面需要突破瓶颈，需要通过在全社会进行一次科学教育的启蒙，了解科学技术的本质，形成科学教育新思想新观念，健全家、校、社协同的育人机制，构建面向全体青少年的校内外高质量科学教育，形成有效的拔尖创新人才培养的理论与实践。

二、科学与技术的本质

我们的宇宙源于 138 亿年前的一个奇点大爆炸。整个宇宙从无到有，产生时间、空间、光、基本粒子，然后逐渐演变为现在的宇宙。整个宇宙演进的过程，就是不断产生新现象和新规律的过程，有点像俄罗斯套娃，宇宙是一层层生长出来的。人类恰巧在某一个“套娃”上有了智慧，刚开始时用感观来观察和研究自己周边的世界，后来技术发展了，可以“敲碎”里边的一个个“套娃”，发现更深的现象。科学工具和科学方法很重要，但真正代表科学发展的，是人的思想解放过程。比如，伽利略不是发明望远镜的人，那时候的人用望远镜看远处的风景，但伽利略想到的是将镜筒抬起来看月亮、看木星，这就是思想的解放。即使伽利略已经发现了月球的环形山、木星的卫星等现象，很多人还不愿意来镜筒前看一眼，他们认为伽利略是骗子，甚至认为看天上的东西是对上帝的亵渎。

布莱恩·阿瑟所著的《技术的本质》指出，现象是技术赖以产生的必不可少的源泉。所有的技术，无论多么简单或多么复杂，实际上都是应用了一种或几种现象后乔装打扮出来的。什么叫现象？比如石块很硬，这是一个现象，古人拿来砸动物的骨髓。后来发现锋利的石块可以切开东西，慢慢地就将它们加工成锋利的石斧。技术的进步，实际上是在对现象进行深入认识的基础上，对新现象与旧技术进行组合应用。

在科学和技术的发展过程中存在这样的逻辑链条：事物—结构—现象—功能—应用。现象是整个科学和技术的核心，发现了一个全新的现象，这是科学新发现和技术新发明的开始。人观察到新现象后，会产生新问题。如果我们问，产生这个现象的结构是什么？为什么会这样？了解结构后再往前追问这东西到底是什么，就会形成概念。这是科学研究的路径。如果往技术发明的方向走，那么发现新现象后会问，它究竟是怎样工作的？有怎样的功能？这个功能可以有什么应用？这就是技术的思维。

整个世界在演变，没有人类时这个过程就在不断发生，与人发现不发现没有关系。人类用科学来追寻世界演变过程中形成的现象和规律，而不是创造现象和规律。所以，科学家像矿工，把原本就存在的隐藏在“地下的宝藏”找出来，但由于这个“宝藏”并非由科学家创造，所以叫发现，有着很大的偶然性。技术是进化的，每个新技术都一定包含原有旧技术的元素，一层层地组合进化，越来越复杂，所以称为发明。技术往往有非常强的必然性，如我们看过的科幻作品最后都变成了真的，甚至古代想象的“嫦娥奔月”，现在真的“嫦娥”（宇宙飞船）飞往了月球。古人想象天上有天宫，现在我们真的建造了天宫空间站。任何现象，都是未来潜在的技术来源，你只要想到了，哪怕我们现在看它不符合逻辑，未来大概率会变成现实。只要你想得到，它就会以某种形式呈现出来，这就是技术的必然性。

三、人人都能创新

创新是人天生的能力，源于大脑的不同。当我们通过感知系统产生对世界的各种认识后，实际上在大脑中形成了十分复杂的脑神经回路，每个脑神经回路代表的是某个已知的概念或旧知识。脑神经元之间的树突与轴突在我们思考时或在潜意识中会发生新链接，从而在原来的脑神经回路中突然形成新的回路，这时候就会出现新的概念和知识，这种大脑神经回路的自组织现象是人类创新能力的生理基础。也就是说，从脑神经元层面看，每个人都能创新。当我们找到一条新的上班线路，或者炒了一个前所未有的菜肴，说了一个十分有趣的原创笑话，都属于创新范畴。人类不断创造新的文化和科技，就是来源于大脑这个脑神经回路自我拼搭的能力。

本书中有一个《爱德蒙的手势》的故事：香草是一种兰花，最初是墨西哥印第安人发现并种植和应用的。西班牙殖民者征服了印第安人后，将香草引入欧洲。但是，整整 300 年，在墨西哥以外的香草长得很茂盛，但就是只开花不结果。全球的香草产量只有 2 吨。直到 1841 年，在一个现在叫“留尼汪”的印度洋小岛上，12 岁的爱德蒙将一朵香草花的唇瓣往回拉，然后用一个牙签大小的竹片抬起阻隔自花授粉的那层膜，再轻轻地将含有花粉的花蕊和接收花粉的柱头捏在一起，这个动作现在称为爱德蒙手势，从此香草的结果率达到 94%。因为这个手势，现在全球香草每年的产量有近万吨。

创新实际上是一个社会性行为，其本质是人脑的多样化。不同的学习过程、学习内容、学习程度、学习经历、学习方法会在大脑中形成不同的神经回路，不同的神经回路意味着每个人不同的知识结构和思维方法，而不同的知识结构和思维方法，会让人对同样的事物产生不一样的看法，对同样的问题产生不同的解决思路，这是创新的奥秘。培育青少年的创新素养，从群体角度看，不是让学生去掌握十分深奥的创新技能，只是让学生经历不同的学习经历，塑造不一样的大脑，这犹如“根雕”。一个人的创新，并不是预设的，而是不同大脑在处理自然或技术现象时存在一定偶然性的涌现。有培养创新人才天然的、独一无二的育人方式吗？答案是没有，因为如果有，大家都用这种方法去培养，我们的大脑又一样了，一样的大脑意味着创新空间在缩小。

四、创造力的源泉

创造力赋予人类生存与发展的意义，如果创造力干涸了，人类将无法生存，无论是现在还是未来。在蒙昧时期，人类认为只有神才拥有至高无上的创造力。现在很多人不再相信神了，但我们依然把富有创造力的人当成神一样看待，虽然每个人都拥有创新的可能性，但极富创造力的人是十分稀缺的，我们把这些人称为拔尖创新人才。神经科学家南希·安德鲁森对创造力进行了几十年的研究，她认为极富创造力的人更善于识别出各种关系，把各种事物进行关联和联系，以一种独特的方式，看到别人看不到的东西，并能创造一套全新的理论体系，创造一种全新的生产方式或创造一个全新的领域。

创造力一方面来自拔尖创新人才独特的性格与行为，另一方面也来自环境的支持。从环境方面看，米哈里·希斯赞特米哈伊指出："创造力不是发生在某个人头脑中的思想活动，而是发生在人们的思想与社会文化背景的互动中。它是一种系统性现象，而非个人现象。"富有创造力的人往往扎堆生长，身处人才集聚高地的创新者，更容易站得比别人高。1962 年，日本神户大学科学史家汤浅光朝，利用《科学技术编年表》等文献资料，采用科学计量学的方法，提出了"科学中心转移论"，其大意是：16 世纪世界科学中心在意大利，即文艺复兴后伽利略的祖国；17 世纪科学中心转到英国，也就是早期工业革命、皇家学会与牛顿等人登场的舞台；之后是启蒙运动直到大革命时代的法国；从 1810 年至 1920 年德国开始成为世界科学中心；一战后直到今天，是美国科学执世界之牛耳。从世界科学中心的四次转移来看，同时代会涌现出许多大哲学家、大艺术家，并伴随着剧烈的思想解放和社会革命。思想解放最重要的好处是：有人愿意听你胡说八道，而不是漠视你。当然科学中心往往拥有其他地方没有的先进科学仪器和与之配套的学术机构、学术机会、获取资金支持的机会。如果你拥有最先进的一手科学仪器，当然更容易能看到别人看不到的东西；如果你现时在硅谷，当然最容易找到 IT 行业各链条上的人才。

创造力来自拔尖创新人才独特的性格与行为，同样的地方、同样的条件，为什么有人平庸？为什么有人却创造力喷涌而出？这是我们最需要研究的。米哈里·希斯赞特米哈伊在 1990～1995 年间对 91 名卓越的富有创造力人才进行了深入的研究和分析，其撰写的《创造力，心流与创新心理学》一书指出富有创造力的个体有 10 对明显对立的性格。一是富有创造力的人通常精力充沛，但经常会沉默不语、静如处子；二是富有创造力的人很聪明，但有时又很天真，爱因斯坦就是这样的人；三是富有创造力的人，有时喜欢秩序，有时又破坏规矩；四是富有创造力的人可以在想象、幻想与现实感之间切换；五是富有创造力的人似乎兼容了内向与外向两种相反的性格倾向，生活中的狄拉克[①]腼腆内向，但是在科学研究时的狄拉克却热情似火，还有点话痨；六是富有创造力的人非常谦逊，同时又非常骄傲；七是富有创造力的女性比其他女性更坚强，富有创造力的男性比其他男性更敏感、更少侵略性，因此富有创造力的个体不仅拥有自身性别的优势，还具有另一种性别的优势；八是富有创造力的人既传统、保守，又反叛、反传统；九是富有创造力的人对自己工作充满了热情，同时又非常客观地看待自己的工作，保持了很强的开放性；十是富有创造力的人在研究时既能感到痛苦煎熬，又能享受巨大

---

① 狄拉克（1902 年 8 月 8 日—1984 年 10 月 20 日），英国著名理论物理学家，量子力学奠基者之一。

的喜悦。性格的丰富性，使他们拥有了更丰富的思维方式来与世界发生互动，能使创新的过程在两个极端之间交替转换，就如三棱镜可以展现更多颜色一般，使他们拥有比一般人更多的创造性体验。

五、从兴趣到志趣

笔者一直认为，只有有了被认同的拔尖创新的成果，才能被认同为拔尖创新人才。如果拥有拔尖创新能力，但运气不好，一直没有拔尖创新的发现或有新发现但没有人理解和接受，那就不是拔尖创新人才。华东师范大学柯政等学者也认为并不存在拔尖创新能力。他们认为："既然不存在拔尖创新能力这样一个客观实在，那么对拔尖创新人才培养的教育教学策略和技术进行重大调整就变得尤为关键。""从教育过程来看，拔尖创新人才的培养应面向所有学生。换而言之，要对整个教育体系、理念、方法进行优化，而不是把宝押在一小部分人身上。"

青少年对某个现象或事物产生兴趣是普遍且经常的，其基本特点是对现象或事物保持倾向性和某种程度的专注性，深度"浸泡"在其中并产生愉悦感，这就是兴趣。兴趣最重要的作用是让青少年在愉悦的激励下，积累更多相关领域的知识，架构起较为丰富的知识结构与经验，但在学习过程中，一旦碰到难以克服的困难或不再有新鲜感时，大脑可能不再让你体会到愉悦，这时候就有可能产生兴趣中断。在大脑不再做出奖励时，能继续保持艰苦的学习，就需要价值观和韧性的加持，这时候对学习的兴趣就转化为志趣。志趣最大的特点是专注性与稳定性，在大脑中出现间歇性、波动性不愉悦时，依然可以保持正常的学习状态，这样的学习者才可以走得很远，最后会成为某一领域的专家，甚至成为领军人才。因此，只有形成了对科学的志趣甚至痴迷，我们的科学教育才算成功。

在科学学习上让青少年形成志趣，有四个很重要的教育要求。一是需要对观察、概念、探究、实验有比较深刻的体验，掌握基本的科学探究技能与方法，这是支点；二是对自然世界表征的结构与功能、系统与平衡、变化与恒定、多样与统一、规模与尺度、模块与控制等大概念有开阔的把握，这是对科学统一性的洞察；三是对抽象的范式、思维方法和程序有一个基本认识，并对理论和模型、沟通与协作、科学态度与科学伦理产生深度反思，涌现出个性化的韧性和价值观；四是通过从现象到问题，从问题到课题，从兴趣到志趣，真正让更多青少年在繁重的学习压力下突破个人的功利心，转变为既痴迷科学又灵活有趣的人。

六、呼唤新的科学教育理论

高质量的科学教育，“质”是指科学教育的结构和效益，“量”是指科学教育的规模和速度。但是，这个质与量一定是基于面向全体青少年的教育，并以此奠定教育多样化的根基，努力避免把我们认为的资优青少年在早期就集中在一起搞超前拔尖培养。拔尖创新人才没有天选之人，拔尖人才也不是智商高，而是对某个领域有更强的专注度和志趣。拔尖创新人才具有的特别人格特征，是可以培养和引导的。高质量的科学教育不是高科技教育，更不是购买高精尖的实验设备，青少年只需要按一个按钮就可以得到实验结果。高质量的科学教育是能充分展现科学现象，在现象观察中激发思考，增进和聚焦兴趣，形成有意义的学习。富有创造力的本质是对某个领域具有超越常人的知识富集、痴迷、专注于外人看起来毫无趣味的现象，通过积极的行动和与众不同的方法找到新的落脚点。因此，要鼓励青少年充满自信地去探究实践与动手实验，行动会带来知识与真实世界的碰撞，会出现失控甚至犯错误，而这一切才是创新的源泉。就像著名物理学家泡利所言：“犯错并不是发生在科学家身上最坏的事，最糟的事可能是‘连犯错都不够格’。”

是为序。

目 录

CONTENTS

第一章 力量 POWER

第二章 迷雾 DENSE FOG

第三章 支点 FULCRUM

第四章 洞察

第五章 涌现

第六章 聚变

第七章 趋势

POWER

对任何人来说，不关心科学就是甘受奴役。

——布朗诺夫斯基①

① ［美］阿特·霍布森．物理学：基本概念及其与方方面面的联系［M］．上海：上海科学技术出版社，2001.

第一章 力量

POWER

- 科技的力量
- 技术的本质
- 科学成为技术发展的大脑
- 科学的局限
- 进化的技术与不断拓展的科学
- 科学教育的历程
- 给科学教育划重点

科技的力量

故事1　火鸡科学家

科幻小说《三体》一开始，作者刘慈欣就讲了一个关于火鸡科学家的故事：在火鸡世界里，有一只火鸡特别爱观察、爱思考，跟其他只知道追求物质生活的大多数火鸡相比，显得卓尔不凡。这只聪明的火鸡，就是火鸡中的科学家。经过长时间的观察思考和反复验证后，火鸡科学家公开发布了它掌握的科学规律：每天中午11点，必定有食物降临。火鸡们欢呼起来，它们都很兴奋。这是火鸡社会历史上划时代的时刻，火鸡终于掌握了跟它们生存有密切关系的客观规律。但是，这个重大发现发布后的某一天中午11点，食物却没有降临，火鸡们被装上卡车送去了屠宰场。

“火鸡科学家”这个隐喻是科幻小说《三体》一书中十分关键的哲学支撑，小说围绕这个哲学思考，演绎了不同层级文明之间宏大的冲突故事。这部科幻小说所叙述的人类、三体、魔眼、魔戒、歌者、归零者等不同层级文明，虽然天马行空，但很好地展现了科学技术给不同层级文明带来悬殊的力量差异。在人类发展的历史长河里，科技的力量一次又一次地被反复证明。比如，1532年西班牙征服者皮萨罗带领一支168人的部队，用枪炮击败了一支80 000多人的印加帝国军队，从而征服了拉美地区约600万人的印加帝国。实际上，人类从规模几十人的狩猎采集族群文明，到规模几百人的部落文明，再到规模上万人的城市文明，其背后的支撑都是科学技术的进步。甚至中华民族几千年来的朝代更替，其本质也是国家治理机制与科技进步之间不断磨合的过程——生产关系与生产力之间的矛盾，从来是顺者昌逆者亡。

现代人与一万年前的古人有什么区别？相比而言，一万年前人类的平均寿命大概只有15岁，公元前后平均寿命大约有20岁，直到20世纪初人类平均寿命还只有40岁，而目前已经接近70岁，但如果刨去科学技术带来的福利，我们与古人并没有太大的不同，考古还发现现代人的脑容量甚至不如一万年前的古人类。也就是说，现代人与古代人之间的差别就是科技带来的外在的力量，除去技术力量的个人实际上是十分脆弱的。科技力量来自何处？通过八个历史思想实验来分析。

第一个实验：我们把现代人刚刚生下来的婴儿通过时光穿梭机送到一万年前最富庶的原始部落，可以肯定地说，这个婴儿对世界的历史不会产生任何改变，因为这个婴儿和其他原始人的婴儿几乎没有任何不同，就好比一万年前的母亲多生了一个孩子。

第二个实验：我们把现代人刚刚生下来的婴儿通过时光穿梭机送到一万年前最富庶的原始部落，同时附带一个现代科技产品，如一部智能手机。可以肯定地说，这个婴儿对世界的历史也不会产生任何改变，而掌握婴儿带去的现代科技产品的原始人，可能在短时间内会拥有一点影响力，但是世界历史并不会因此而改变，因为没有电源，手机很快就会变成废物。

第三个实验：我们把现代人刚刚生下来的一万个婴儿通过时光穿梭机集中送到一万年前最富庶的原始部落。如果在同一个部落一下子出现那么多婴儿，很难养活，那时候的部落估计最多有几百人。可以肯定地说，这件事太令人震惊，会作为“神迹”口口相传到现在，就像传说“诺亚方舟”一样，这一万个婴儿对世界的影响也仅仅如此，并不会改变历史发展的进程。

第四个实验：我们把现代人刚刚生下来的一万个婴儿通过时光穿梭机集中送到一万年前最富庶的原始部落，并附带一万件现代科技产品。一万个婴儿实际上依然不会对历史有什么特殊的作用，但这一万件现代科技产品，犹如构成了一个现代生活的环境，相当于把原始部落的人带入现代生活的环境中，在短时间里这个部落可能会拥有比较好的生活，对周边产生较大的影响力，但由于不理解科学原理和技术的本质，他们不可能持续地利用这些科技产品，更不可能发展出新的科技产品，但这个事件对历史发展的进程有一定的贡献，并留下遗迹。

第五个实验：我们把成年的埃隆·马斯克通过时光穿梭机送到一万年前最富庶的原始部落，不携带任何现代科技产品，只拥有一颗充满智慧的大脑。这个情况就存在很大不确定性。一种可能是，部落的人可能认为他是神，他也许通过有效的组织，让他的部落快速地拥有文字、教育，并充分利用环境资源创造出一个能力强大的部落，甚至创建一个辉煌的文明国度，并因此改变世界；另一种可能是，部落的人把他当成魔鬼，立刻把他杀了，就好比杀了一个其他部落的战俘，对世界进程也就没有任何影响。

第六个实验：我们把成年的埃隆·马斯克通过时光穿梭机送到一万年前最富庶的原始部落，可以任选一件现代科技产品。估计马斯克会带一件防身的科技产品，这可以大大提高他在恶劣的条件下存活下来的可能性，并凭借掌握的科技知识成为部落首领，通过有效的组织，他可以发展壮大部落力量，并有可能改变世界历史。

第七个实验：我们在埃隆·马斯克团队中挑选一万名科学家、工程师，把他和这一万人的团队通过时光穿梭机送到一万年前最富庶的原始部落，但是不携带任何现代科技产品。这种情况也存在很大的不确定性。可以预判部落中原始人的作用基本上可以忽略不计，但这一万人的团队完全有可能不再听从马斯克的命令，为争夺生存资源而发生内部互相残杀，导致一切归零，不留下任何痕迹。也有可能这一万人四散奔逃，把语言和知识向周围辐射，从而对人类文明的进程产生一定的加速作用。当然，如果这一万人紧紧团结在马斯克周围，那么这一万名时空穿越者，必然会改变这个世界，在毫无技术支撑的世界里，只要拥有完备的知识体系和有效的组织，如果环境资源丰富，就能在短时间里再造一个新的科技世界，整个世界文明会大幅度提前。

第八个实验：我们在埃隆·马斯克团队中挑选一万名科学家、工程师，同时挑选一万件现代科技产品，再把他和这一万人的团队通过时光穿梭机送到一万年前最富庶的原始部落。实际上这是把一个小型的现代之城带到了古代，可以肯定地说，世界会完全不同。这个不同也有两种结果：一种是人类社会现在早已成为跨星际文明；另一种是科技力量已把人类完全毁灭。

这八个思想实验清晰地告诉我们科技力量的来源：

第一，科技产品是身外之物，如果离开现代科技，每个人可能会迅速回归原始人状态，但是科技又是一种知识存在，每个人如果掌握了相应的科技知识，哪怕没有现代技术产品，也可以通过运用科技知识和充分利用周边资源来更好地生活。

第二，人之所以为人，并不是因为科技产品，而是因为人有自己的意志和学习能力。人的意志和学习能力才是科技力量的来源，但是人的意志和学习能力并非天生和必然的，每个人无法通过遗传来传递知识和技术，需要通过科学教育的积累和传承；当我们拥有了科技力量，就可以理解“事实”而非“表象”，如我们知道水和冰看上去完全不同，其实是同一种物质的不同状态。

第三，科技力量的发挥和发展是需要系统支撑的，也就是说科技具有社会性，单个科技产品和单个人是无法支撑社会可持续发展的。

第四，科学技术是知识体系，也是方法论，还是生产力，三者在力量发挥时是三位一体的。现代科技在给人类提供知识和方法的同时，也在改变人们的生产方式、生活方式和思维方式。科学技术的力量源泉来自人类累积的知识、方法及由此形成的改造世界的群体思维能力和行动力。这种力量是如此强大，成为解放人类自身的基本力量。古希腊奴隶制社会让一部分人腾出精力专注研究，发展了理性科学，而科学发展的最终结果是让更多人从繁重的体力劳动中解放出来，最终废除了奴隶制。

虽然“火鸡科学家”由于其局限性而微不足道，但是无数人类的“火鸡科学家”通过累积科技的力量，不断突破各种局限性，来理解超越自身感知能力的自然世界，甚至创造自然世界中不曾有过的新事物，也让我们相信思想的力量和自然规律的普遍性，使我们克服面对自己和大自然时的不安全感。今天我们才突然明白，这个世界并非静态的、固有的，这个世界从来不是静静等待大家去认识和利用的，这个世界本身是不确定的，这个世界自身在不断创造从未有过的新东西，人类通过科学技术的力量也在一起参与这种新的创造，一起生成全新的未来世界。

技术的本质

世界知识产权组织在1977年出版的《供发展中国家使用的许可证贸易手册》中给技术下了一个定义："技术是制造一种产品的系统知识，所采用的一种工艺或提供的一项服务，不论这种知识是否反映在一项发明、一项外形设计、一项实用新型或一种植物新品种上，或者反映在技术情报或技能中，或者反映在专家为设计、安装、开办或维修一个工厂上，或者反映在管理一个工商业企业及其活动而提供的服务或协助等方面。"法国科学家狄德罗主编的《百科全书》给技术下了一个简明的定义："技术是为某一目的共同协作组成的各种工具和规则体系。"这些对技术的定义都是基于现存的技术来描述技术的本质，是对技术的静态归纳，实际上技术是不断进化的，不断进化是技术的最根本特征之一，只有从技术进化的角度来洞察技术的本质，才能反映技术蕴含的力量和发展的可能性。

布莱恩·阿瑟在其经典名作《技术的本质》中指出："现象是技术赖以产生的必不可少的源泉。所有的技术，无论多么简单或多么复杂，实际上都是在应用了一种或几种现象后乔装打扮出来的。"这里所说的"现象"是指人们能感知到的自然现象，自然现象与自然规律不同之处在于——现象是可以被感知和利用的，而自然规律是潜藏在背后的因果关系。比如，古人发现石块很硬，可以用来砸碎动物的骨头，显然古人并不知道石块硬的原因，更不知道石块的化学结构，但利用石块"硬"这个现象，开启了人类的砍砸技术。而“硬”这个可以用来砍砸的现象，后来又发展到用铁锤等其他材料工具；又如，发现把石块抛出后还会在空中飞很远，古人不知道惯性，也不知道动能，但就是用这种现象来袭击较远的动物，从而发展了人类捕猎的新技术。“抛出的物体还会在空中飞很远”这个现象，后来发展到弓箭的应用，甚至热火器中的枪炮。我们还可以举无数个例子。古人发现野鸡会生蛋，尽管他们根本不知道野鸡为什么会生蛋，但他们掌握了驯化野鸡的能力，让它们下蛋。许多自然现象复杂得令人震惊，细胞内复杂的结构和功能，到目前为止人类还无法用技术来直接做一个细胞，但是细胞作为一个整体的现象，人类现在可以非常好地运用，创造许多有趣的技术，如干细胞技术。对人类而言，自然现象的发现历史就是技术发展的历史，因此理解自然现象有助于对技术本质的把握。

自然世界中自然规律是各种现象形成的根本原因，但是宇宙的存在是充满偶然性的，宇宙始于138亿年前的一次宇宙大爆炸，对大爆炸出现的最初现象，科学家现在可以分析得非常透彻：一开始只有高度聚合的能量，这些能量形成了光，光与光的碰撞产生了正反物质基本粒子，这些基本粒子在时空中互相作用，最后形成了恒星和星系，这个过程就是现象和现象不断组合形成新现象的过程，显然这个过程中存在不断升级的有层次的现象，同时在不同层次现象中又涌现了更高层次的自然规律。如果大爆炸这个奇点拥有的初始能量大一点或小一点，那么宇宙结构和相应的规律就会完全不同，大爆炸后产生的空间和时间也会与现在的宇宙存在差异，甚至最基础的自然规律也必然会不同。大爆炸后不同现象组合过程中显然存在很大的偶然性，导致不同区域生成的高一级现象会有较大差异，从而进一步导致更高一级的现象出现更大的差异。人类无法发现宇宙中大量的暗能量和暗物质，其原因是这些暗能量和暗物质完全是遵循其他规律在呈现和演变，成为人类目前无法看见或永远无法理解的“现象”。

从宇宙演化的过程来看，就是不断形成新现象的过程，这种过程存在越来越复杂的趋势。同时现象组合过程也存在很大偶然性，有意思的是在不同层级的现象中经常会出现相似的现象。比如，生命体中白细胞追逐侵入人体的细菌，与宏观世界中老鹰追逐旷野上逃跑的兔子，虽然白细胞和老鹰追逐猎物的基本规律完全不同，但现象十分相似，让人觉得白细胞也有智能。又如，牛顿发现两个有质量物体之间的万有引力与库伦发现的两个带电电荷之间的静电力，其规律相似，确实让人觉得匪夷所思。

从现象角度看，蜜蜂会飞翔，蜘蛛会织网捕捉小飞虫，蚊子会用刺吸式口器吸人体的血，蝙蝠会用超声波找到回家的路，候鸟利用地磁场进行远距离飞行，这些都是自然现象通过指数级组合形成的结果，但这些我们都不认为是技术。同样，人类会走路和说话，我们也不把其纳入技术范畴，这些只是自然演化的复杂现象。技术是人在发现自然现象的基础上用自己的思维和行为创造新现象的过程。技术进化过程就是旧技术和新发现不断组合的过程。当前最先进的技术莫过于芯片制造，从芯片设计、晶圆光刻显影、蚀刻、芯片封装，每一步都是一个复杂系统，每个复杂系统又包含下一级复杂系统，而每个不同层级的系统都能实现某种特征的现象，这个实现的现象和其他系统实现的现象的组合会生成一个新技术，同时也意味着产生了一个新现象被发现的可能性。任何复杂的技术，如果我们用技术还原的方法，最终都可以找到人类对现象认识和应用的历程。

综上所述，自然现象进化是从简单现象到复杂现象的过程，但是技术进化是从人最能感知的现象开始，逐步走向超越感知的过程，技术进化不是一个简单和复杂的问题，但自然现象进化和技术进化高度相似，就是都存在组合进化的基本特点。

技术除了源于现象和现象组合这个特征外，还有一个很重要的特征，就是往往会以“工具”的形式出现，这个工具有像斧头、弓箭等实物形态，也有像文字、计算机程序等文化形态，还有像社会组织、思维方法等精神形态。所有的工具大大拓展了人对自然现象的认知疆域，从而不断把新的现象转化为新技术，甚至用技术创造了一个全新的数字世界，数字世界遵循的许多规律并非自然世界的规律，这些规律是人工制定的规则。

技术与技术组合进化，往往会形成一个相互关联的技术群。比如，古代农耕文明的灌溉和耕种技术，冷兵器时代的军事技术，现代的交通技术、通信技术和能源技术等，技术群的形成往往会带来技术革命和社会文明的巨大进步。

到了现代社会，技术力量是如此强大，以至于我们可以肯定地认为：任何现象都是潜在的技术来源，甚至自然界中不存在的现象，只要你能想到，也必然会成为新技术的源泉，如长生不老，在不远的将来一定会实现。

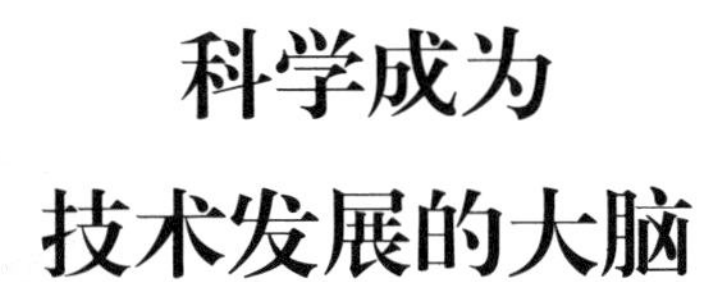

科学成为技术发展的大脑

自然现象背后有其相对应的自然规律，科学就是希望揭示这些规律的理性行为，对自然现象背后规律的解释和掌握，实际上经历了漫长的历程。

刚开始，人类对无法理解的自然现象，往往通过建立各种充满想象力的神怪来解释，如电闪雷鸣，我们的祖先想象出了雷公电母，这就是科学的神话时代。但是，古人哪怕把自然现象想象成神怪的作用结果，也会对其规律通过观察不断进行总结，以更好地展示神怪的威力。英国索尔兹伯里巨石阵的建造年代大约在公元前 2300 年，我们一方面惊叹古人精妙的技术，另一方面也可以大概判断，巨石阵的作用就是古人证明神存在的科学。因为要和神灵沟通，我们的祖先还发明了卦爻，希望通过卦爻来与神灵沟通并预测未来，实际上因此发明了最初的数学和哲学。

公元前 8 世纪，古希腊文明开始了它的发展时期。古希腊在地理位置上接近古代四大文明中的巴比伦文明和埃及文明，古希腊人又十分善于吸收外来文化，他们把吸收的外来文化融会贯通，再加上自己的创造，最终使古希腊文化成为世界文明的重要起源之一。古希腊是一个信仰众神的文明。有意思的是古希腊人对神的崇拜，实际上是对英雄的崇拜，因此根本没有影响到早期科学的萌发，古希腊开启了科学的自然哲学阶段。

那真是一个群星璀璨的时代，首先登场的是泰勒斯，他最重要的贡献在于提出用观察和思考来解释世界，而非神话。在自己观察的基础上进一步提出了宇宙的本原问题，并明确给出了答案："万物源于水。"他的说法是否成立无关紧要，但把大千世界的本原归结于一种具体物质的做法，促进了人们理性地对客观事物进行思考，也促进了人们对自然现象细致的理性观察，这对科学发展的重要性是不言而喻的。果然后人提出万物应源于火，也有学派提出万物源于"土、水、气、火"的四元素说，最后德谟克利特提出了万物的原子学说。

古希腊对数学、物理和天文学的成就也是令人惊叹的。欧几里得撰写了《几何原本》，阿基米德提出了杠杆原理和浮力原理，毕达哥拉斯学派更有一个很有名的主张，就是认为"数是万物之源"，他们认为球形是一切几何体中最完美的，所以大地、天体和整个宇宙都是球形的。希腊人不但认识到大地是一个圆球，他们还具体测量了地球的大小，算出的地球直径与地球实际直径只相差 80 多千米。

柏拉图的学生亚里士多德更是集大成者，构建了一个规模庞大的哲学体系，特别在自然哲学、逻辑学方面，留下了《物理学》《工具论》等上百部著作。虽然亚里士多德对很多自然现象下的结论现在看起来是错的，但他总结了形式逻辑的三大定律——同一律、矛盾律和排中律，以及归纳和科学方法论，定义了大量基本概念，如密度、温度、速度等，建立了以观察为基础的自然哲学乃至整个人类知识的分类体系，为后人科学研究提供了强有力的思维工具。

与古希腊同时代的遥远东方，正处于春秋战国时期，儒、道、墨、法等诸子百家，创造了辉煌的东方哲学思想，但是古代中华文明为什么没有孕育出系统的科学理性？实际上，这说明人类文化进化和自然现象的进化一样，存在很大的不确定性，古希腊哲学先贤在思想碰撞中恰好孕育出了一套科学的思想工具箱，虽然当时的许多结论和判断是错的，但是科学的本质是思想方法而非结论，古希腊人播下的科学理性的种子，在经历了 1 000 年黑暗的中世纪后，近代科学的鲜花终于在文艺复兴时期盛开。

爱因斯坦曾经说过，西方科学的发展是以两个伟大的成就为基础的，即古希腊哲学家发明的形式逻辑体系，以及通过系统的实验发现有可能找出因果关系。这个“通过系统的实验发现因果关系”的第一人，人们普遍认为是文艺复兴时期伟大的意大利科学家伽利略·伽利雷。他是科学革命的先驱，第一个在科学实验的基础上融会贯通了数学、物理学和天文学三门知识，扩大、加深并改变了人类对物质运动和宇宙的认识，最重要的贡献是开创了以实验事实为根据并具有严密逻辑体系的近代科学。

从用神话解释自然现象，到用自然哲学思辨自然现象，再到以科学实验探究自然现象，是科学进化的历程，更是人类从蒙昧到理性的蜕变过程。在近代科学形成之前，技术也在不断发展，但是其发展特征是技术基于现象通过自然组合缓慢发展的过程，就好比有一大堆拼图模块，随机地在拼搭，偶尔两个拼图模块刚好契合，并拼成一个较大的模块。近代科学通过实验，揭示了自然现象背后的自然规律，这好比可以清楚地看清每一块拼图模块的形状，从而快速地找到相契合的模块拼接起来，进而完成一个完整的拼图。因此，科学成为技术发展的大脑，技术成为科学的感官和双手，科学与技术扭合在一起，构筑了人类文化进化的双螺旋结构。科学负责发现自然现象背后的规律，甚至预言新的现象，技术把现象转化为新的工具，并用新的工具来验证和拓展科学预言的现象。

实际上，笔者一直认为织巢鸟构造复杂的鸟巢、蚁群构造迷宫般的地下城市，都应属于自然技术范畴，技术的自然组合通过漫长的偶然性拼搭是可以达到如此复杂程度的。在没有科学以前，原始人类建造自己的家园，与鸟筑巢穴、蚂蚁做窝实际上没有太大不同。直到有了近代科学，技术发展才拥有科学这颗大脑，人类的技术行为才真正与自然技术分道扬镳，我们不仅可以构建超大型的现代化城市，还可以飞出地球，将来必定会飞出太阳系去创造星际文明。最令人惊奇的是，人类已经创造了前所未有的无边无际的数字世界，在这个世界里，可以按照自己的意愿创造虚拟世界的规律和现象。科学与技术融合并创造新的世界，是宇宙演化的全新阶段，地球已经进入全新的地质年代——人类世。

科学的局限

科学对自然现象和自然规律的发现，实际上是对自然世界进化过程的还原，不是在创造一种新的现象，从上帝视角来看，不是一种创造性行为，因此规律被发现一段时间后，就会觉得可以被理解，甚至会觉得很平常。但是，如果站在规律发现者的时代背景角度去看，那就会对重大的科学发现有完全不同的感受。望远镜最早是由荷兰眼镜商汉斯·利伯于1608年发明的，许多人用它来看远处的风景。伽利略却用望远镜来观察星空，他先观测到了月球的高地和环形山投下的阴影，接着又发现了太阳黑子，此外还发现了木星的4颗最大的卫星。伽利略和当时普通大众的差别是人类好奇心方向的巨大差别。

案例1　最美物理实验——比萨斜塔实验

亚里士多德认为重的物体比轻的物体下降得快，是基于观察身边的现象得出的结论，但是伽利略用思想实验发现了其中存在的悖论：他想象一块重的石头和一只轻的球，用绳子绑在一起，然后从塔上扔下来。从逻辑上说，如果球下落得比石头慢，它必然会阻碍石头的正常下落而使它变慢。但是，球和石头绑在一起后比石头更重，应下落得比石头更快。只有在两者以相同的速度下落，才能避免与日常经验的矛盾。如果仅限于此，那么伽利略还算不上伟大，因为他只是用亚里士多德的形式逻辑发现了亚里士多德的错误。据说，1590 年，伽利略在比萨斜塔上做了“两个大小不同的铁球同时落地”的实验，这个被科学界誉为“最美物理实验”，不仅推翻了亚里士多德“物体下落速度和重量成比例”的学说，还纠正了这个持续了 1 900 多年之久的错误结论，更重要的是开创了自然科学实验的先例，为实践是检验真理的唯一标准提供了生动的例证。对上千年被奉为经典的结论进行质疑，又用实证的方法检验自己的推理和猜想，这是伽利略最令人起敬的地方。

实际上每一次重大的科学发现，都是一次人类思想大解放的过程，是对自然现象全新角度的洞察，还有超越好奇心的勇气和对真理的坚持。反过来看，对科学发现的限制也来源于人类思想的局限性，如果人们的思想观念没有到位，经常会对重大的发现视而不见。与伽利略同时代的人拒绝用他的望远镜观察天空，因为他们认为这台望远镜是骗人的，还有些人认为——天是上帝的世界，去观察天空是一种亵渎。

科学发展的局限性也来自人类自身的感知系统，我们能发现和研究的科学现象，都与人的听觉、视觉、嗅觉、触觉、味觉等有关，如果我们感知系统无法接受转换的现象，就很难被发现和理解。现代技术对现代科学最大的作用是通过这些技术设备，把人类无法感知到的现象转化为被人类感知系统感知的信息，从而拓展研究的疆域。与古人研究天象不同，现代科学家在研究宇宙时经常采用“多信使天文学”的研究方法，如用电磁波、中微子、宇宙射线和引力波等多种信息来源进行协同研究，说明遥远天体在发生某种变化时，不同物理量会用不同方式把相关信息带到观察者面前，科学家把这些信息统合起来，努力形成更完整的判断。但是，多信使天文学实际上也隐喻了一个残酷的事实：天体也许同时还有更多复杂的现象，有些现象可能更加深刻、更加本质，但这些物理量我们不知道，有些物理量我们还测不到，那么我们研究认知的天体，永远只是我们能观察到的那个样子，而非事实的全部。

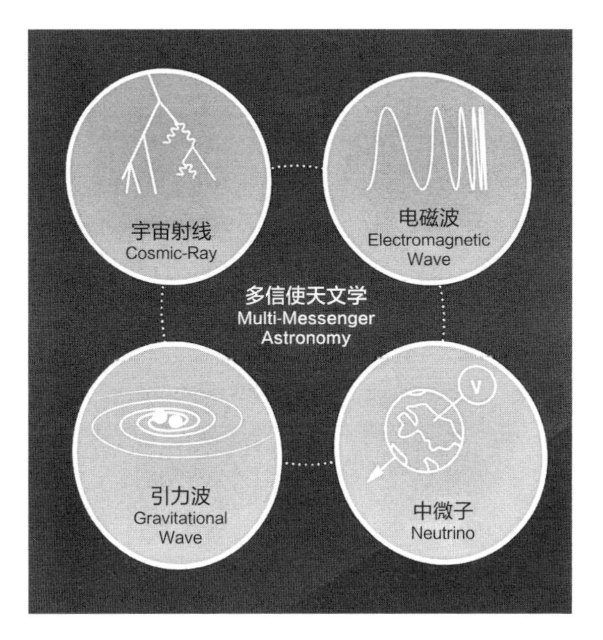

图 1-1　多信使天文学（上海天文馆宇宙展区）

科学发展的局限性还有政治和伦理方面的因素。科学的发现可能被不当利用，强大的毁灭性技术把人类自己毁灭的可能性越来越大。由于某种原因，宗教或政治可能会限制科学的发展，甚至是迫害。例如，罗马教廷把传播哥白尼日心说的布鲁诺活活烧死在罗马鲜花广场，就是一个典型的例子。

故事2　被雪藏的数码相机技术

有时候新的技术被发明后，还会被一些利益集团雪藏，熊彼特认为“技术进步的大敌不是缺乏有用的新思想，而是那些出于种种原因力图保持现状的社会势力”。1975年，著名的柯达胶卷公司有一名叫塞尚的年轻人与一群技术“小伙伴”用CCD发明了世界上第一台数码相机、第一台数码录音设备。然而，当时柯达公司高管却认为，数码相机会削弱公司的化学产品和胶卷业务量，推出数码相机意味着柯达自己与自己竞争。因此，他们就雪藏了数码相机技术。

图1-2　塞尚和他发明的数码相机

科学的局限性还体现在技术的发展水平上，这个比较容易理解。如果没有象限仪，第谷就不会那么清晰地观察和记录行星的运行轨迹；如果没有圆锥曲线这个数学工具的支持，开普勒也就不可能在第谷记录的浩瀚数据中发现行星运行的三大规律；如果没有微积分这个神奇的发明，牛顿也不可能站在第谷、开普勒等巨人的肩膀上写出《自然哲学的数学原理》，推导出万有引力定律。

科学的局限性主要来自科学自己。科学哲学家波普尔在其《猜想与反驳》一书中清晰地指出科学自身的难题。科学的基本逻辑是：观察现象—发现问题—理性猜想—实验验证。但是，波普尔发现，科学与正确是非充分非必要条件，即科学的不一定是正确的，正确的也有可能不是科学的。其根本原因是科学发现永远是有条件的，有些条件甚至在研究时都没有被人感知到，这决定了被实验证实并不能从逻辑上保证是对的！波普尔提出了他的解决方案：衡量一种理论的科学地位的标准是它的可证伪性、可反驳性或可检验性。换句话说——如果一个理论无法证明它是错的，那它一定不是科学的。一个理论可证伪度越高，越接近科学。既然科学无法证明一个理论是正确的，那么科学必然永远始于问题，终于问题——愈来愈深化的问题，愈来愈能带来新问题的问题，最终复杂到无法用科学的逻辑去归纳，无法用控制变量的方法去实验，无法用人类有限的智力去思辨，这个时候科学就会走向瓶颈。

科学发现始于问题，终于新的问题，这个样子有点像俄罗斯套娃，我们正处在套娃玩具的某个中部，往里不断出现新的套娃，往外也有许许多多未知的套娃，所以俄罗斯套娃可以当成哲学玩具来玩。套娃玩具指出了科学存在两个非常明显的极限，这两个极限都来源于自然世界本身：一个极限是人类永远无法观察到的世界，如我们赖以生存的宇宙之外。我们的宇宙是一个有界无边的怪东西。当我们不断向外打开套娃，我们永远碰不到宇宙边界的那个套娃，但我们知道边界就在那里，那里就是科学的空间极限；还有一个极限就是套娃不断向里打开，还原到宇宙演化的初期，那里是科学的时间极限。有意思的是，有科学家认为这两个极限实际上是同一个，它们在极限处是一体的。打开每一个套娃需要的就是技术，而发现下一层或上一层还有套娃的就是科学，人类的科学甚至可以跳过中间层的套娃，预言较远的套娃，但是要真正纳入确定的知识范畴，还需要到达这一层的套娃才能得到验证。人类会有很长一段时间打不开一个套娃，这里有两种情况，一种情况是我们认为这可能是最后一个套娃，因此放弃了努力，这就是思想禁锢了科学的发展；另一种情况是我们一直找不到一个好的工具来打开套娃，技术发展陷入瓶颈，这就是当前物理世界基本粒子研究的实际情形。

进化的技术与不断拓展的科学

在《学习的进化》一书中，笔者把进化定义为一种特殊的变化，是一种有方向性（更复杂）、重复性（包含前一阶段进化成果）、整体性（进化量子效应）的变化，因此进化本身就是一种可以被观察到的现象。能够用进化来描述的，实际上不是一个简单事物，而是一个领域，一个群体。哪怕是一个拥有复杂内部结构的单个具体事物在不断发展，也谈不上是进化，只能说是变化。比如，一个人生老病死，只能称为变化，但人类作为一个群体，显然拥有了一个从猿到人的漫长进化史。

科学和技术作为两个不同的领域，技术有明显的进化特征。技术的进化是对自然现象的深入运用，每个新技术都一定包含着原有旧技术的结构，通过旧技术的组合，创造越来越复杂的技术世界。科学虽然也是发展的，但其变化体现在研究的范式上。清华大学吴国盛教授提出了科学的三个定义，一个是博物学层面的科学，另一个是古希腊时期的理性科学，还有一个是从理性科学演绎而来的现代数理实验科学，可见科学本身就有多元化的理解，而且是在不断发展的，但科学发现的内容不属于进化，而是在不断被拓展。科学不符合进化定律的本质是"科学是对自然现象的发现"，自然现象从宇宙大爆炸开始有着自己的进化过程，但是人类对自然现象的发现并不遵循自然世界的进化历程，而是有相当的偶然性。科学家偶尔会发现一个新现象或某个现象背后蕴含的新规律，所以科学家好比矿工，他们把原来就存在的地下宝藏找出来，但由于宝藏并非科学家创造的，因此这种偶然性的发现行为就不存在明显的进化特征。当然，科学的方法存在明显的进化特点，但笔者宁愿把科学方法纳入技术范畴。

由于科学发现掌握的自然规律越来越多，技术能力越来越强大，最后导致两者深度结合，从而进一步拓展了自然世界的研究领域，同时触及自然世界的层次也在不断被丰富，现代科技因此越来越发达，发展也越来越快。发现太阳系外的行星，是现代天文学研究中最前沿、最热门的领域，因为系外行星是地球外文明存在的基础。很长一段时间里，科学家虽然肯定太阳系外一定存在行星，但直到 20 世纪 90 年代，才发现了第一批太阳系外的行星，2019 年诺贝尔物理学奖还专门颁发给第一次发现太阳系外行星的科学家马约尔和奎罗兹。到现在，天文学家已发现了围绕其他恒星旋转的 4 000 多颗太阳系外行星系统。在宇宙尺度中，行星又小又不放光，天文学家是如何发现它们的呢？通过科学与技术的协同，科学家找到了基本的五种方法：

第一，视向速度法。这是目前搜寻系外行星的主要方法，大约 90% 的系外行星都是用这种方法发现的。母恒星受行星的引力影响，会发生微小的摆动，当这种摆动促使恒星靠向行星时，恒星的光谱线发生“蓝移”，远离行星时恒星的光谱线就发生“红移”，这个原理称为多普勒效应。行星的质量越大，母恒星的摆动幅度也就越大。天文学家利用复杂的光谱装置研究这种摆动，就可以计算出行星的质量及轨道周期。

第二，凌星法。在不同的系外行星系统中，有些行星的轨道面恰好平行于我们的视线方向，那么从地球上看，行星每公转一周都会从恒星前方经过一次，这就是“凌星”现象。比如，在太阳系中，就经常发生水星凌日、金星凌日现象。当行星从恒星面前经过时，会遮挡恒星小部分星光，使恒星的光度微弱下降，就可以将光变曲线记录下来。通过分析排除双星或变星的可能后，经过计算就可以确定行星的质量以及轨道周期。

第三，微引力透镜法。微引力透镜现象是指当一颗恒星恰好从另一颗更遥远的恒星前面经过时，它的引力会像透镜一样汇聚那颗更远恒星的星光，使恒星的亮度增加。通常情况下，如果透镜体恒星没有行星，远方恒星的亮度会平稳地上升或下降；如果透镜体恒星的周围存在行星，则远方恒星的光变曲线上会出现由于行星引力而导致的凸起。这种方法最大的缺点是，出现这种现象是可遇不可求的，而且是不可重现的天文现象。

第四，直接成像法。顾名思义，就是直接拍摄系外行星的照片，至今为数不多的例子多半是机缘巧合下的意外收获。行星自身不发光，它依靠反射恒星的光而发光，所以往往被淹没在恒星的强烈光芒中，但现在高精尖的大型地面望远镜和空间望远镜确实能直接拍到个别系外行星的照片。

第五，脉冲星计时法。用这种方法发现了一些围绕脉冲星的行星。脉冲星的自转很稳定，所以发射出的射电辐射非常有规律。如果它周围有行星，行星的引力会使脉冲星产生轻微的摆动，地球上接收到的脉冲信号曲线上会出现细微的跳跃，据此就可以发现它周围的行星。这种方法灵敏度很高，可以探测到小质量行星，甚至小行星。

近百年来，技术在快速发展，而科学上新的重大基础理论发现似乎停滞了。这好比越来越强大的挖掘机器，把地球表层的宝藏都挖光了，科学家要找新的宝藏，只有把机器弄得越来越复杂，希望挖得更深一些。以前许多科学家通过一己之力就有可能站在别人的肩膀上，挖到新的宝藏，但到了现代社会，要想在基础问题研究上有所突破，越来越多地需要大科研、大系统、大能量，民科（民间科学家）几乎很难再有较大的作为。无论是 20 世纪中叶的原子弹爆炸、人造卫星上天，还是近年来引力波的发现、新的激光聚变技术的成功、人类基因组计划的完成，都是成千上万人共同协作的结果，是典型的集群式科技创新。但是，捕捉到引力波、实现激光聚变和完成人类基因组计划都算不上是全新发现，从某种角度来看应属于技术发明的范畴，或者是科学理论再次被印证。

有时人类要完成一项复杂工作，往往无法由一个人或几个人在短时间内完成，这时候就需要一套系统的机制来保障，这就是工程。工程（Engineering）这个概念是18世纪时欧洲人提出的，但是在古代，人们在建筑屋宇、架桥修路时肯定已经在用工程的策略了，如古埃及人建造金字塔就是一个浩大的工程。工程属于技术范畴，是对复杂工作进行系统设计、分步完成的一种实施办法，也是技术群协同的有效手段。

现代工程的概念十分广泛，涉及的领域也非常多，如机械工程、电子工程、控制工程、管理工程、石油工程、土木建筑工程、化工工程、核电工程、林业工程、通信工程、智能工程等很多工程领域。工程的主要内涵包括以下几个方面：

第一是研究，就是明确完成核心任务所需要的工作原理和方法；

第二是开发，解决把研究成果应用于实际过程中可能遇到的各种问题；

第三是设计，这是工程的核心环节，就是把任务分解，采取适当的技术方法和相匹配的劳动力，形成解决问题的施工图和时间表；

第四是实施，按照设计方案组织力量开展工作的过程；

第五是质量和流程控制，由于需要协同，对每一模块中必须完成的任务要有时间控制和质量控制，从而保证不同团队完成任务的契合度。

工程教育是中小学科学教育中的短板，亟待加强。

科学技术发展进入大科技时代。2018年国务院发布的《积极牵头组织国际大科学计划和大科学工程方案》指出：自工业革命以来，世界科学研究的形态正逐渐告别单枪匹马、手工作坊模式，而进入分工协作、整体推进的“大科学”新阶段。当今世界范围内，人类面临着共同的科技难题，一些国际科学前沿领域的重大突破，以及气候变化、卫生健康、消除贫困等世界性难题的破解，需要全球科学家共同努力。现在，跨国界的科学研究活动日益频繁，许多重大主题的科研活动形成了不同的大科学计划和大科学工程。自 20 世纪 90 年代以来，国际上已形成了 50 余项大科学计划或大科学工程，最著名的有“人类基因组计划”“跨部门太空脑科学实验计划”“国际热核实验反应堆计划”等。

案例 2　“两弹一星”等重大工程

20 世纪五六十年代我国“两弹一星”等重大工程，体现了超大规模科研和技术突破的基本特点。这个由战略科学家策动，国家最高层领导决策和推动，26 个部、委、院，20 个省、自治区、直辖市和上千个厂、矿、校、所，以及各军兵种的有关单位参加会战，分工协作，联合攻关，分步解决近千项科研课题和新材料、新设备的成套研制任务，最终完成了核弹、导弹和人造卫星的成功研制。差不多同时代的美国，因为 1957 年苏联成功发射第一颗人造卫星，美国启动阿波罗计划，从 1961 年 5 月至 1972 年 12 月第 6 次登月成功结束，历时约 11 年，耗资 255 亿美元，约占当年美国 GDP 的 0.57%，是当年美国全部科技研究开发经费的 20%。在工程高峰时期，参加工程的有 2 万家企业、200 多所大学和 80 多个科研机构，总人数超过 30 万人。当前，全球在基本粒子、引力波、新能源、芯片制造等领域，都是采取大规模协作工程的方式推进，人类已经很难通过单兵作战的方式在科技方面有所突破，其基本原因是科技涉及的领域已经远超人类的自然感知能力范畴。

科学教育的历程

教育是人类最重大的发明，是传承人类文明最重要的渠道。科学教育始终伴随着科学的萌发和发展，是科学的有机组成部分。在科学处于古希腊自然哲学阶段时，就形成了非常系统的教育范式。古希腊三贤——苏格拉底、柏拉图、亚里士多德，一起创立了今天的西方哲学思想的根基，他们之间的关系就是教育传承和发展的生动诠释。

故事3 古希腊三贤

苏格拉底（公元前469或479—公元前399），十分神秘，没有留下作品，主要通过柏拉图记录的对话而闻名，他认为一切知识，均从疑难中产生，愈求进步疑难愈多，疑难愈多进步愈大。在苏格拉底看来，事物的产生与灭亡，不过是某种东西的聚合和分散。柏拉图（公元前427—公元前347）是苏格拉底的学生，也是西方客观唯心主义的创始人，他主张世界由“理念世界”和“现象世界”组成，理念世界是真实的存在，永恒不变，而人类感官所接触到的现实世界，只不过是理念世界的微弱的影子，它由现象组成，每种现象是因时空等因素而表现出暂时的变化。亚里士多德（公元前384—前322）是柏拉图的学生，也是古希腊亚历山大大帝的老师。亚里士多德是自然哲学集大成者，在教育方面也有十分重要的贡献，他认为教育的最终目的是理性发展，主张国家应对奴隶主子弟进行公共教育，亚里士多德崇敬柏拉图，但“吾爱吾师，吾更爱真理”，这句话可以说是科学教育中最传神的座右铭。笔者一直认为，亚里士多德是科学教育之父。

文艺复兴时期，欧洲出现了一场前所未有的“科学革命”，它不仅将自然科学从中世纪的神学枷锁中解放出来，而且有力地促进了人们的思想启蒙。这场科学革命本质上是由技术发展推动的，特别是远洋航海的需要，给天文学带来了巨大的机遇，人类在发现新大陆的同时，也发现了太阳系的基本结构，这些都为现代科学的产生奠定了基础。为有效传播科学知识，1632 年，捷克教育家夸美纽斯出版了《大教学论》，为班级授课制奠定了理论基础。班级授课制是一种集体教学形式，就是把学生按照年龄和知识水平分别编成不同的班级，根据周课表和作息时间表，由教师有计划地对同一个班的全体学生同时进行同样内容教学的一种组织形式，实际上这是一种为资本主义发展提供有知识的劳动力最高效的人才培养方式。夸美纽斯认为每个人都应拥有公平受教育的权利，他还用太阳的光和热普照世界来比喻，提出教师必须像太阳一样面向全体学生开展公平的知识传授。夸美纽斯主张，教学内容应该是百科全书式的知识体系及包罗万象的科学和艺术。教学方法应该是直观教学。他说：“在可能的范围内，一切事物都应放在感官的眼前。”同时系统地提出了教学活动的循序渐进性原则、巩固性原则、主动性原则和因材施教原则。可以说西方工业文明的迅速崛起，与西方科学教育范式的形成密切相关。

虽然20世纪初，杜威在实用主义哲学思潮的影响下，提出了“在做中学”的教学理论，认为“教育即生长”“教育即生活”“教育即经验的不断改造”……他的一些追随者甚至主张废除班级授课制，倡导学生独立活动的教学组织形式，最著名的就是设计教学法，由于是由美国道尔顿城教育家柏克赫斯特提出并试行的，因此通常称为道尔顿制，到目前为止，道尔顿制科学教育依然是一个影响广泛的流派，但是班级授课制在全球范围内并没有被撼动根基。我国最早采用班级授课制的是1862年清政府在北京设立的京师同文馆，而我国近现代学校体系逐步建立起来，要到1901年9月慈禧太后在西安颁发兴学诏书。兴学诏书指出，“除京师已设大学堂外，各府及直隶州均改设中学堂，各州县均改设小学堂，并多设蒙养学堂”。直到1905年科举制被废除后，新式学堂才如雨后春笋般纷纷建立，完成了由点到面的分布和转变，并逐渐形成了一整套完整的学制。

1957年苏联发射第一颗人造卫星，这对美国产生重大冲击，美国国会对苏联率先发射人造卫星的反应是通过了国家国防教育法（National Defense Education Act），该法规定提供8.87亿美元提升科学教育水平，还决定对国家科学基金会（NSF）的拨款翻番。NSF负责支持科研、教师培训和课程开发，推动全球科学教育进入一个新的阶段。1960年美国启动阿波罗登月计划。1970年在美国举办了第一次国家教育进展评估测试（NAEP），了解全美各地学生对科学和其他学科的掌握情况。1980年美国联邦政府赞助的第一档面向孩子的科普电视节目《321接触》（321 *Contact*）在公共广播公司（PBS）频道播出，科普进入国家战略层面。1983年，国家优质教育委员会发表国家处于危险境地的报告，向美国公众发出警告说，美国的学校未能培养出具有全球竞争能力的学生。1985年，美国科学促进协会发起了“2061计划”（2061年是哈雷彗星再次回归的年份），该计划在其两篇报告（《面向全体美国人的科学》和《科学素养的基准》）中首次给科学素养下了定义。1986 年美国国家科学委员会发表的《本科的科学、数学和工程教育》提出“科学、数学、工程和技术集成”的指导纲领性建议，这是美国 STEM 教育的开端。2015 年美国国会颁布《2015 年 STEM 教育法》，将计算机科学纳入 STEM 教育。

美国作为近百年来科技最发达的国家，对人类现代科技发展作出了巨大贡献，科技实力也成为美国称霸世界的最基础力量，学习美国对科学教育的重视和实施办法，对我国科学技术的自立自强有着巨大的意义。笔者在担任物理教师期间，曾两次赴美国进行为期一个月的培训活动，第一次培训主题是科学教育，第二次培训主题是“不让一个孩子掉队”。深刻理解了科学教育是一项接力比赛，一方面要把前人创造的科学技术知识与技能传承下去，另一方面还要在此基础上培养有创新意识和能力的新的探索者。科学教育要站在人类文化进化的角度来传递科技进步的基本规律，也要从社会的系统性角度看清楚创造的本质。科学教育必然会在科技进步中不断发展，过去科学教育充斥着大工业生产中普遍存在的标准化、决定论和线性学习，现在全球科学教育正在越来越显示模块化迭代与系统化进化的特征，链式学习、网络学习开始替代知识线性累积的传统过程。全球科学教育的革命与我们科学教育中教师能力参差不齐、学习资源不均衡不充分、科学学习应试功利化的现状之间，产生了一个强烈的剪刀差，科学教育面临着时代性的抉择，科学教育的新历程将由此展开。

给科学教育划重点

科学教育、科技教育、科普等概念常常被混为一谈。科普全称是科学技术普及，它是指利用各种方法、手段，以浅显、通俗易懂的方式，让社会公众接受自然科学和社会科学知识，所以科普是一种社会教育。科学教育属于教育专用语，主要以全体青少年为主体，是一种以传授基本科学知识为载体，以素质教育为依托，体验科学思维方法和科学探究方法，培养科学精神与科学态度，建立完整的科学知识观与价值观，进行科研基础能力训练和科学技术应用的教育，科学教育包括学校教育和校外非正式科学教育两部分。科技教育是科学普及的升级版，又是科学教育的实践版。还有一种常用的说法是科技创新教育，是以学生主动探索为主要形式的一类活动，目的是培养学生综合运用知识解决问题的能力。本书聚焦科学教育，也会拓展讨论科技教育和科普，因为三者对青少年科学素养的培育确实是无法割裂的。科学教育实施包含三个重点，一是科学教育的内容，二是科学教育的评价，三是科学教育的保障。

科学教育的内容包含三个方面，科学知识、关于科学的知识和科学能力。科学态度的形成是蕴藏在教育内容和教学过程中的。

科学知识一般分为地球与宇宙、生命系统、物质系统、技术系统四个部分，其具体的知识又分布在相应的学科中，如物理学、化学、生物学、自然地理、通用技术等学科课程。每个科学知识都包含科学现象、科学规律和实际应用。比如，光的反射现象，一般会从平静湖面上出现倒影这个现象讲起，引出光在光滑的镜面会发生发射这个现象，然后讲授反射面、入射光线、反射光线、法线、折射角、反射角等概念，通过实验发现或验证发射角等于入射角关系，然后再讲平面镜成像的原理，并研究像和物体的大小关系和位置关系，最后回到日常生活中常用的镜子。这个过程，包含了观察自然现象并进行描述，用数学中的直线和箭头来建模实际的光线及传播方向，给具体物理现象中的要素确定概念名称，通过验证或探究建立物理量或物理概念之间联系，最后得出定律或关系式。当然，好的科学教育，应当还原科学现象发现的过程，包括人和故事，并尽量清晰地展现科学现象，比较贴切地列举规律的实际应用。

关于科学的知识包括科学探究（起源、目的、实验、数据、测量、结果的特征）和科学解释（类型、形成、规则、结果）。科学探究和科学解释是超越具体科学知识的，是科学研究和科学表达的基本方法，具有通用性。在每个具体科学知识学习时，会反复用到科学探究和科学解释。有些国家在高年级学习科学时，只需要在物理、化学、生物、技术中选学一两门，主要原因是学习科学最重要的并非具体的科学知识，而是关于科学的知识。科学的本质是探索新的科学现象并发现其中蕴含的规律，因此科学学习的核心就是学会科学探究。

科学能力涉及识别科学议题，科学地理解现象和运用科学证据。因此科学能力并非指对具体知识的掌握，也不是指科学学习过程中需要用到的探究能力，而是对科学本身的整体理解。识别科学议题体现在：一是辨别出可能开展科学调查的议题；二是识别出搜索科学信息的关键词；三是辨别出科学调查的关键特征。比如，综合运用学到的科学知识来判断科学真伪。科学地理解现象体现在：一是在一个既定的情景中应用科学知识；二是科学地描述或解释现象，并预测变化；三是识别出合理的描述、解释与预测。比如，碰到一些奇怪的自然现象能用科学的思维方法来判断其价值和副作用，而不是用迷信的方式。科学证据体现在：一是对科学证据作出解释，得出结论并进行交流；二是识别结论背后的假设、证据以及推理；三是反思科学和技术发展对社会的应用。比如，习惯对那些似是而非的现象和结论从科学证据的角度来判断。证据思维是科学能力的核心：任何无法证明的东西，无论它有多么正确，都不是科学。

科学教育的评价一直是一个难题，对科学知识的掌握可以用纸笔测试的方法来实现，但是对探究和解释等有关科学知识相关的评价难度就很大，而科学能力由于涉及科学的价值判断，其评价就更难了。后两个需要学习的科学内容，一般采用鼓励学生开展课题研究，并从学生的研究方向、研究过程和研究态度来判断，但是在客观性上存在一定的偏差，而且这种评价对人数众多的大规模测评来说简直是无法完成的任务。

1997 年国际经济合作与发展组织（OECD）推出了一个全球性国际学生评估项目（PISA），主要是对全球 15 岁青少年进行数学、阅读和科学素养方面的测试。2000 年第一次测试聚焦阅读素养，2003 年聚焦数学能力，2006 年则聚焦科学素养和关键能力。项目组认为，在今天以技术为本的社会中，理解基本的科学概念和科学理论及组织并解决科学问题的能力比以往任何时候都重要，因此 PISA 2006 不仅评价学生的科学知识和技能，还评价他们对科学的态度，并特别关注相关国家或地区的学校为学生提供科学的学习机会和学习环境。这真是一个浩大的工程，PISA 2006 大约有 40 万名学生参加，代表了 57 个参与国或地区 2 000 万名 15 岁的在校生。每个参加的学生要完成 2 小时的纸笔测试，有三个国家的学生还额外回答了用计算机呈现的问题。测试题目有自己构建答案的试题，也有单项选择题。题目通常以单元形式组织，每个单元包含一段文字或图表，都是学生在现实生活中可能遇到的问题。所有学生还要回答一份需时约 30 分钟的问卷，主要是关于他们个人的背景、他们的学习习惯和对科学的态度，以及他们的参与度和动机。相关学校的校长要完成一份有关他们学校的问卷，包括学校的人口分布特征，对学校学习环境质量的评价。

PISA 2006 项目组对知识领域进行了内容的系统分类。比如，物质系统部分分为：物质的结构（如粒子模型，键）、物质的特性（如状态变化，热和电的传导）、物质的化学变化（如反应，能量转化，酸或碱）、运动和力（如速度，摩擦）、能量和能的转化（如守恒，耗散，化学反应）、能量和物质的相互作用（如光和无线电波，声和震波）。对关于科学的知识领域同样进行了分类。比如，科学解释部分分为：类型（如假设，理论，模型，规律）、形成（如现有知识和新的证据，创造性和想象力，逻辑）、规则（如逻辑一致的，基于证据的，基于过去的和现在的知识）、结果（如新知识，新方法，新技术，新调查）。项目组对学生科学态度方面调查更是充满了想象力，如“科学兴趣”部分分为：表现出对科学和科学相关议题的好奇心和努力、表现出利用大量资源与方法探究其他科学知识和技能的意愿、表现出寻找信息的意愿，对科学具有持续的兴趣，包括考虑从事与科学相关的职业。

由于 PISA 测试与孩子本人没有高利害关系，因此在大规模测试中，只要通过测试技术筛除胡乱作答的学生，其整体评估的可信度还是相当高的，特别是项目组对试题的设计富有创造力，能够很好地激发参与测试学生的积极性，在实际测试过程中，我们甚至发现许多学生异乎寻常地认真，对试题充满了好奇心。在测试科学能力等三种能力时，有一道有关全球气候变化的题目——温室效应。

案例3 PISA测试题——温室效应

阅读文章并回答问题。

温室效应：事实还是幻想?

生物需要能量才能生存，而维持地球生命的能量来自太阳，由于太阳非常炽热，因此将能量辐射到太空中，只有一小部分的能量会到达地球。

地球表面的大气层，就像包裹在地球表面的毯子一样，保护着地球，使她不会像真空世界那样，有极端的温差变化。

大部分来自太阳的辐射能量，会透过大气层进入地球。地球吸收了部分能量，其他则由地球表面反射回去。部分反射回去的能量，会被大气层吸收。

由于这个效应，地球表面的平均气温比没有大气层时的气温高。大气层的作用就像温室一样，因此有“温室效应”一词。

温室效应越来越显著。

事实表明，地球大气层的平均气温不断上升。报纸杂志常写道，二氧化碳排放量增加，是地球表面气温上升的主要原因。

一位名叫小德的学生有兴趣研究地球表面大气层的平均气温与地球上二氧化碳排放量之间的关系。

他在图书馆找到下面两幅曲线图。

小德从曲线图中得出结论，认为地球表面大气层平均气温的上升，显然是由二氧化碳排放量增加而引起的。

1. 曲线图中有什么资料支持小德的结论?

2. 小德的同学小妮不同意他的结论。她比较两幅曲线图后指出其中有些资料并不符合小德的结论。请从曲线图中选出一项不符合小德结论的资料，并解释答案。

3. 小德坚持自己的结论，即地球表面平均气温的升高，是由二

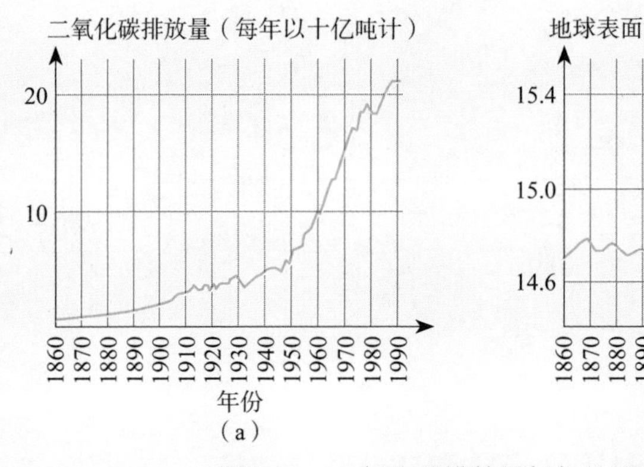

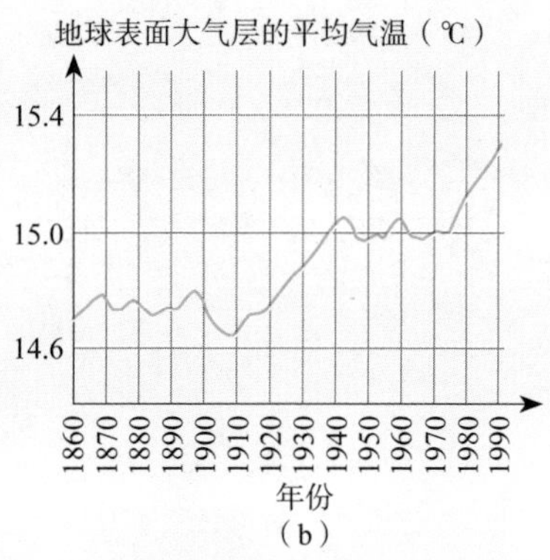

图 1-3 二氧化碳排放量与年份的变化关系

氧化碳排放量增加而引起的，但小妮则认为他的结论太草率。她说："在接受这个结论之前，你必须确定在大气层内其他会影响温室效应的因素维持不变。"

请写出小妮所指的一个因素。

这道题的三个小题，题型都属于开放式问答题，且科学知识都属于地球与宇宙中的环境，但第一小题、第二小题能力是考查"运用科学证据"，第三小题能力是考查"科学地解释现象"。实践表明，通过题目的巧妙设计，纸笔测试也是有很好区分度的。

青少年对科学学习尚处于浪漫阶段，有独特的观察力和想象力，小脑袋里有许多稀奇古怪的问题。但是，我们的科学教育往往会忽视这些最基本的特点，习惯以陈述事实为主，没有鼓励学生质疑现象、寻找证据。在编制测试题时，如果能突出激发问题意识，希望学生对题目中的表述产生怀疑，并尽力引发学生内心的认知冲突，通过内心的认知冲突产生思想。PISA 测试给了我们很好的示范。

关于科学教育的保障十分重要，主要涉及国家科学教育的政策设计、课程方案设置和科学教育标准制定，以及科学教育人财物的投入，这些很重要，但本书不作过多阐述。

永远要把培养独立思考和独立判断的一般能力，而不是把获得专门的知识放在首位。

——爱因斯坦[1]

① [德] 爱因斯坦. 爱因斯坦晚年文集 [M]. 上海：商务印书馆，2021.

DENSE FOG

第二章 迷雾

- 魔幻、科幻和科普
- 女孩数理逻辑能力不如男孩吗
- 科学教育的效率
- 拔尖创新人才不是天选之人
- 人工智能对世界科技发展的影响
- 新科技背景下科学教育的出路
- 科学素养评价的悖论

魔幻、科幻和科普

现在社会上有太多关于魔幻的书籍和影视作品，它们对青少年形成正确的世界观和科学精神产生了一定的负面作用。实际上魔幻作品古代就有，如《西游记》。《西游记》讲述孙悟空出世，跟随菩提祖师学艺及大闹天宫后，遇见了唐僧、猪八戒、沙僧和白龙马，西行取经，一路上历经艰险，降妖除魔，经历了九九八十一难后到达西天见到如来佛祖，最终五圣成真。这部小说以“玄奘取经”这一历史事件为蓝本，通过作者的艺术加工，深刻地映射出那个时代百姓的社会生活状况。阅读或观看少量的魔幻作品，会让读者和观众得到某种愉悦，甚至在某种程度上也能激发人的想象力，但是魔幻作品过多，会产生负面效应。特别是现在很多魔幻作品，架空世界观，追求感官刺激，通过魔法、精灵 、兽人、巫师、法师 、术士等元素的组合，超越现实逻辑，完全是胡编乱造，用穿越等叙事手段，形成的作品往往丢失了对真善美的追求。青少年阅读和观看此类小说、电影，一方面浪费时间，另一方面会让青少年形成一种似是而非的世界观，对科学教育产生极大的负面影响。甚至有的青少年真的认为生命会重启，已经发生了多起青少年相信玄怪世界轮回而自杀的事件。

科幻作品是青少年十分喜爱的，好的科幻作品基本上都是依据科学原理展开想象力来探索人类未来的可能性。现代科幻小说的重要开创者之一儒勒·凡尔纳撰写的《八十天环游地球》《地心游记》《从地球到月球》《环绕月球》《海底两万里》《太阳系历险记》等作品，虽然已经过去了150多年，但是现在读起来都会被其鲜明的正义感和广博的历史、地理知识所感染、感动。最有意思的是，他书中的许多科幻场景都变成了现实技术。

对全世界的科幻迷来说，最被人津津乐道的是“神一样的男人”艾萨克·阿西莫夫，现在很多习以为常的前沿科技、灵感都来自阿西莫夫七十年前的科幻作品，如机器人、太阳能、移动智能设备、生物科技、互联网时代的数字图书馆、太空殖民……在某种程度上，阿西莫夫预言了现代世界的诞生。1950年阿西莫夫发表了《我，机器人》，阿西莫夫在小说中深入探讨了“机器人学三定律”：第一法则　机器人不得伤害人类，或袖手旁观坐视人类受到伤害；第二法则　除非违背第一法则，机

图2-1　凡尔纳在其著名的《海底两万里》一书中设计了一个在水底航行的机器“鹦鹉螺号”

器人必须服从人类的命令；第三法则　在不违背第一及第二法则下，机器人必须保护自己。

可见，科幻作品的意义与价值，一方面是在预言未来世界，另一方面也在通过想象来引发读者和观众用全新的尺度来思考世界。有意思的是，当一个国家处于蓬勃向上的发展时期，往往会涌现出许多充满想象力的科幻作家和优质的科幻作品，我国近期出现的刘慈欣和《三体》这样伟大的科幻作家和科幻作品，绝对不是偶然的。

魔幻不是科普，是反科普的；但科幻也算不上科普。科普作品是对真实存在的科学和技术知识进行传播，而科幻是在科学的基础上，幻想出来的，且目前并不是真实存在的想象，其中有些想象将来会成为现实，有些则可能是错误的。像《三体》中的“纳米飞刃”也许将来会被人类发明并制造出来，而歌者文明用来降维打击的“二向箔”，极大概率永远不可能存在。科普往往比较真实，很难创作出十分优质的作品，容易让人感觉缺少想象力，阅读和观看的体验感也比较复杂。但是，也涌现了大量非常高质量的科普影视和书籍。最好的科普影视作品往往是纪录片，如美国国家地理杂志的《宇宙时空之旅》、BBC 的《蓝色地球》《地球脉动》《植物王国》等。2009 年起，上海科技馆开始筹备拍摄《中国珍稀物种》系列科普片，系列选取了中国大鲵、扬子鳄、岩羊、震旦鸦雀、文昌鱼、金丝猴、藏狐等数十种珍贵的濒危动物，经科普传播者和专业影视机构的艺术加工后呈献给观众，从科学和人文结合的独特角度讲述中国珍稀物种的生物学特性和濒危现状，让广大观众切身感受人与自然相互依存的关系，也取得了非常好的成就。根据笔者的阅读体验，向大家推荐一些经典的科普图书。当然科普内容十分丰富，各个领域还有许多十分有趣的科普书，就仁者见仁智者见智了。

案例4 科普读物推荐

1.《时间简史》，[英]史蒂芬·霍金著，湖南科学技术出版社，2010年4月版。作者讲述的是探索时间和空间核心秘密的故事，是关于宇宙本性的最前沿知识，包括我们的宇宙图像、空间和时间、膨胀的宇宙不确定性原理、基本粒子和自然的力、黑洞、黑洞不是这么黑、时间箭头等内容。

2.《通向实在之路——宇宙法则的完全指南》，[英]罗杰·彭罗斯著，湖南科技出版社，2008年6月版。作者首先对目前关于宇宙的理解给出一个全面的概述，从亚原子粒子的微小运动到满天星斗的运行。在此基础上，又进而对现有的理论加以思考，讨论了大量的问题、争论以及现象。

3.《啊哈，原来如此！》，[美]马丁·伽德纳著，科学出版社，2008年9月版。作者用通俗易懂的语言及生动有趣的例子来介绍和讲解数学知识，将原本枯燥的数字和定理讲解得简单有趣，激起了读者学习数学理论的兴趣。有人这样评价："搜遍全球，再也找不出第二个人，能以这么轻松有趣的方式，讲清楚这么难的数学和逻辑问题。"

4.《从一到无穷大》，[美]乔治·伽莫夫著，黑龙江科学技术出版社，2019年出版。作者从"无穷大数"开始讲起，从数学知识入手，逐步介绍物理学、化学、热力学、遗传学、宇宙学等领域在20世纪取得的重大进展，探讨了人类对微观世界和宏观世界的认知。

5.《哥德尔、艾舍尔、巴赫》，[美]侯世达，商务印书社，1997年5月版。作者通过对哥德尔的数理逻辑、艾舍尔的版画和巴赫的音乐三者的综合阐述，引人入胜地介绍了数理逻辑学、可计算理论、人工智能学、语言学、遗传学、音乐、绘画的理论等内容，构思精巧、含义深刻、视野广阔、富有哲学韵味。

6.《十万个为什么》(第六版)，韩启德(总主编)，少年儿童出版社，2013年版。全书分为三大板块共18个分册：(1)基础板块：数学、物理、化学、天文、地球、生命，共计1 072个问题。(2)专题板块：动物、植物、古生物、医学、建筑与交通、电子与信息，共计1 193个问题。(3)热点板块：大脑与认知、海洋、能源与环境、武器与国防、航天与航空、灾难与防护，共计1 173个问题。

女孩数理
逻辑能力不如男孩吗

从 1901 年诺贝尔奖首次颁发至 2016 年，一共有 581 人获得诺贝尔自然科学奖，其中仅有 17 名女性得主，女性诺贝尔自然科学奖获奖人数只占获奖总人数的 2.93%，其中女性获诺贝尔生理学或医学奖比例相对而言明显要高。实际上这个结果是很容易理解的，因为女性在历史上有很长一段时间受教育的机会明显少于男性，而且女性在成年后，其黄金年龄段受到结婚、生育的影响，显然会影响到她们的学习与研究，最终导致从事科学研究工作的女性远比男性要少，这样顶尖的科学家中女性比例较少是可以理解的。

随着社会的发展，女性受教育机会已经基本上与男性一致，中小学阶段女生学业成绩优于男生，已经成为世界教育界的一个现象。联合国教科文组织报告指出，当前科研人员中女性占比 33%。在中国，全国科技工作者总人数近亿，其中女性科技工作者人数达 4 000 万，约占四成，高于全球比例。从近几年诺贝尔自然科学奖中女性获奖比例迅速提高角度来看，这个情况确实正在发生变化。

有意思的是，脑科学研究表明，男性与女性的大脑确实存在一定的差异。男性与女性的大脑区别在于脑容量差异、额叶皮层及海马体的区别。从脑容量角度来看，男性比女性大脑大 8%～10%，但是现在科学家广泛认同大脑总容量（使用结构 MRI 测量）与智力仅为中度相关，相关系数 r 为 0.30～0.40。智力甚至与大脑皮层厚度无关，而与儿童时期大脑皮层厚度的可塑性有关。女性大脑左半球神经髓鞘的形成和神经细胞树突的成长在发育过程中优于男性，但在发育过程中，男性的大脑右半球比较领先。成年后，男女性大脑两半球在专门化发展方面存在偏侧性功能差异。

从额叶皮层角度来看，女性的额叶皮层比男性的大。额叶皮层是大脑的制动系统，用来控制人的冲动，同时也是大脑的语言中枢和认知中枢。女性大脑的边缘系统比男性更大，边缘系统主要负责情绪反应，可见女性比男性更在意情绪。对同一个现象，男女性之间也会出现不同的反应。比如，在用沐浴液洗澡时，如果感觉特别润滑，女性往往会觉得是自己的皮肤变润滑了，而男性会觉得总是洗不干净。

从海马体角度来看，海马体是大脑中重要的记忆中枢之一，而男性的海马体比女性的小。女性除了额叶皮层、边缘系统、海马体比男性大之外，在脑部结构上比男性小的有三处，分别是下丘脑、杏仁核和顶叶。大脑中用于控制愤怒和恐惧的脑区是杏仁核，而顶叶则是数学学习十分关键的脑区。

从对大脑研究的结果角度来看，我们似乎可以得出这样的结论：女性的听觉能力，尤其是对声音的辨别和定位要比男性好，男性的空间知觉和对运动物体的判断能力等视知觉能力要比女性好。女性在语言能力、社交能力、集中精力和速记能力等方面要比男性强，而男性在空间、哲思能力以及在数学和逻辑推理能力等方面占优势。

上面脑科学研究的结论无疑是有证据的。但是，大脑最大的特点是可塑性，这个证据并没有说明一个最重要的问题——男性和女性的大脑不同，除了脑容量主要由遗传决定外，其他的差异非常可能是由后天环境的不同而造成的。比如，爸爸妈妈在孩子小的时候，往往给女孩买洋娃娃等情感类玩具，给男孩买玩具汽车和玩具枪等结构类玩具。也就是说，女性在空间、哲思能力以及在数学和逻辑推理能力方面弱于男性的本质，非常有可能是由后天因素造成的。那些获诺贝尔奖的伟大的女性科学家，最大可能是在大脑的锻造过程中，没有按照“当女孩子来培养”的世俗习惯。打破了性别束缚，让女性也能致力于寻找世界的真理，我们可以在那些女性的成长中寻找规律。

故事4 三位女性科学家的故事

英国古生物学家玛丽·安宁（Mary Anning，1799—1846），被称为“已知最伟大的化石采集家”。据说一岁时，被一个邻居抱出去看马戏，结果天降雷电，把怀抱她的邻居当场劈死，而她却安然无恙，经此一劫后，她突然变得聪明过人。她的父亲理查德·安宁是一名橱柜制造商和木匠，他开始收集化石以补充家族生意。理查德·安宁从小就鼓励玛丽·安宁养成寻找和收集的“好奇心”，安宁会通过在海边走来走去、攀登悬崖以及在未开发的地形中挖掘来寻找化石。在12岁时，她就找到了第一具完整的鱼龙化石，后又相继发现了两具蛇颈龙化石，证明了物种灭绝的真实性。

内蒂·史蒂文斯（Nettie Stevens，1861—1912），生于美国佛蒙特州小镇的一个木匠家庭。那个年代的普遍观点是，性别是由营养物质决定的，营养好就生男孩，营养不良就生女孩。古希腊哲学家亚里士多德认为，性别是由交配时的体温决定的。内蒂在对黄粉虫的研究中，发现两种完全不同的染色体组合：一种有20条大小相近的染色体；另一种只有19条正常大小的染色体，第20条染色体明显小很多。更重要的是，前者均为雌性，后者则为雄性。由此，内蒂大胆推论，携带那条小染色体的精子进入卵细胞后产生的后代必然是雄性。那条小染色体，就是我们现在众所周知的Y染色体。

著名物理学家吴健雄（1912—1997），用钴-60做β衰变的实验，发现了宇称在弱相互作用下的不守恒，从而肯定了李政道、杨振宁对弱作用中宇称守恒的质疑，探明了"宇称守恒定律"不适用的范围，促成了一场"对称性革命"。她的老家在江苏省太仓市浏河镇天妃宫[①]门前广场的右侧，是一个里外两进式的双层老式建筑。吴健雄小时候常到天妃宫广场玩耍，但是她更喜欢一个人待在家中小楼上听矿石收音机，与同龄人相比，她较为沉静和爱好思考。他父亲常看上海商务印书馆出版的"百科小丛书"，为吴健雄讲述有关科学家的故事，在吴健雄心灵深处种下了科学的种子。

其实，还可以讲述很多女性科学家的故事。

DNA双螺旋结构的发现是20世纪最重大的科学发现之一，与相对论、量子力学一起被誉为20世纪最重要的三大科学发现。1953年，沃森和克里克在英国《自然》杂志上发表了论文《脱氧核糖核酸的结构》，这一发现成为生物学发展的一座里程碑，是分子生物学时代的开端。但是，这个重要发现与英国物理化学家兼晶体学家罗莎琳德·富兰克林（Rosalind Franklin，1920—1958）有非常重要的关系，是罗莎琳德首次拍

① 天妃宫全名天妃灵慈宫，俗称娘娘庙。2013年被列为全国重点文物保护单位。

摄到了 DNA 晶体 X 射线衍射的照片，为双螺旋结构的建立起到了决定性作用。沃森和克里克正是在她拍摄的照片的基础上，攻坚克难，发现了 DNA 结构。罗莎琳德生于伦敦一个富有的犹太人家庭，15 岁就立志要当科学家。六岁时，她和她的兄弟罗兰一起在伦敦西部的私立全日制学校诺兰德广场学校学习。那时，她的姨妈是这样向她的丈夫描述她的，说：“罗莎琳德非常聪明，她把所有的时间都花在算术上，且乐此不疲，而且她总能算对。”可惜，罗莎琳德在 1958 年因乳腺癌而过早去世，沃森和克里克则在 1962 年获得诺贝尔生理学或医学奖。

黑猩猩科学家珍妮·古道尔（Jane Goodall，1934—）童年时就对身边事物充满好奇，有一次为了观察鸡下蛋，她在鸡舍里待了很久，直到看到鸡蛋落地才出来，以至于家里人到处找她，以为她失踪了。还有一次她把蚯蚓藏在枕头底下，并不愿意把它们扔掉。她的母亲万妮没有责骂女儿，而是说：“它们需要泥土，不然它们会死的。”8 岁时，她收到了一份圣诞礼物——儿童小说《怪医杜利德》，说的是一名医生通过学习动物语言而获得了与动物交流的非凡能力的故事。

居里夫人的父亲是一名数理教师，对科学知识如饥似渴的精神和强烈的事业心，深深地影响了小时候的她。她从小就十分喜爱父亲实验室中的各种仪器，读了许多自然科学方面的书籍，更使她充满幻想，她急切地渴望到科学世界探索。

从以上这些伟大的女性科学家身上，我们至少可以得出以下几条重要的结论：

一是女性可以在科学发现上有重大建树；

二是女性逻辑思维和创造力不如男性的原因，最有可能是由成长过程中的环境造成的；

三是小时候我们应给女孩子更多结构性玩具，阅读科普类读物，多讲科学家故事，让其有更多动手实践的机会。

2009 年笔者在爱尔兰学习考察了 70 天，一天在当地一家报纸上看到了一整版报道，标题为“救救女孩”。报道讲述，从幼儿园开始，女孩就把男孩踹下了楼板，女孩子越来越优秀，实际上付出了巨大代价，因此呼吁全社会关心和关注女孩。这个报道让我留下了深刻的印象，因为当我们社会出现所谓“阴盛阳衰”现象以及女性在各行各业表现越来越优秀时，公众的第一反应是“救救男孩”。

科学教育的效率

1998 年是一个非常特殊的年份。

1997 年 IBM 超级计算机深蓝打败了国际象棋大师卡斯帕罗夫，掀起了人工智能第一波热潮，也形成了全球互联网企业的大规模发展。1998 年中国互联网企业勃然迸发：2 月，张朝阳正式成立搜狐；3 月，丁磊的网易推出 163.net 电子邮箱，6 月，网易门户上线；6 月，刘强东在中关村创办京东公司，代理销售光磁产品，后来转型为电商；10 月周鸿祎创办国风因特软件公司，公司网站名为 3721，谐音“不管三七二十一”，后来转为 360 专营网络安全；11 月，马化腾在深圳创立腾讯；12 月，四通利方和北美华人网华渊网合并，成立新浪网，王志东担任总裁；“人生导师”马云，创办的“中国黄页”和“对外经贸网”在 1998 年失败后，在次年 3 月，创办了阿里巴巴。

这一年，笔者作为一名年轻的物理教师第一次出国，经上海市教委选拔，赴美国宾夕法尼亚大学参加为期一个月的科学教师培训，并且在费城一所叫大学城中学的学校里旁听九年级学生的科学课程的课堂教学。令人震惊的是，这所学校每天上午只有一节两小时的科学课，在整整一个月的时间里，他们只讲了一个内容——层析。

这件事让我反复思考的是，什么是科学教育的效率？他们这些学习内容在我国理科课堂里恐怕只要一节课就完成了，他们竟然花了一个月的时间。他们自己探究得到的所谓的科学结论还存在很大的科学性问题，甚至会误导他们对科学知识的认识，教师却没有指出来，竟然还花了一个星期的时间让他们展示要么是错的结论，要么是十分显而易见的发现，这样做值得吗?

案例5 美国一所中学的层析科学课堂

第一天，教师拿来了各种颜色的材料，如口红、M&M's彩虹巧克力、颜料等，还准备了丙酮、酒精、清水等液体，让学生把各种颜色的材料溶解到不同的液体中，并观察记录溶解的不同情况。

第二天，教师给学生发了一些层析纸，用昨天溶解了各种颜色材料的溶液做层析实验，观察层析纸上的层析现象。

第三天，学生从家里拿来各种彩色物品，重复做前两天的实验……

中间，我参加的科学教育培训班离开费城，去华盛顿DC、纽约、迈阿密的肯尼迪航天中心参观学习了一段时间。等再回到学校时，原来校园里绿色的树叶都变成金黄色或红叶了，结果这些学生竟然还在研究颜色。有一个黑人男孩，看到原来绿色的树叶变成红色叶子，猜想绿色里包含红色，他收集了一堆绿色的叶子，用各种办法把树叶榨成汁水，然后用层析的方式观察——绿色的汁水通过层析竟然得到了红色！其他学生也都有稀奇古怪的研究结论。最后一个星期，这些学生要花一周的时间，把自己前面三周的学习、观察和研究的结果，用展示板来展示自己的成果。更令人震惊的是，这些学生的结论大多数是错的，教师却对学生的研究成果给予高度肯定，看着学生洋洋得意的样子，我们都惊得合不拢嘴。

在仔细研究《美国国家科学教育标准》后，才明白他们要求“教师不是把注意力放在充满学术术语的教科书上，而是鼓励学生进行科学探究”，要“像科学家一样思考，像工程师一样创造”。既然科学的本质是探究，而非结论，那么科学教育的逻辑应是：教学不仅是知识的传授，如何让隐性的能力超越显性的知识，是教学过程的重要指向。通过自我“实验、建模、测试、重复”等尝试性活动，来体验“观察、检验、测量”，并学习“记录数据、整理信息、绘制图表”，将实验过程中的各种数据进行记录整理，并进行对比。最后通过“总结规律、解读数据、反思交流”得出自己的结论，哪怕这个结论是不科学的，但这个过程是科学的过程。再通过展示交流，把自己的经验让其他人知道和听懂，实现科学发现的传播和表达。

那时候，我国的理科教学基本上是以做习题为主的，科学实验基本上以验证性实验为主，大多数科学教师连验证性实验都不做，只是通过黑板上讲解的方式讲清楚实验过程和可能涉及的考点，主要是应付纸笔测试。他们认为，花一节课做实验太浪费时间，且效率不高，不如讲实验来得快。美国人在科学课堂上的做法，绝对颠覆了我的教学观。经过冷静思考，才发现我们的所谓效率，主要是针对提高学生考试成绩的，所有的评价标准和教学要求都是指向尽量让学生在考试中取得高分，根本没有在意学生在学习过程中形成科学的思维方法和提出自己的问题。我们判断一节好课的标准——学生的问题解决了，而他们判断一节好课的标准——学生发现了新的问题，并自己去尝试解决。

只有动手做实验才能培养动手能力，光靠听、看、做习题显然不可能实现学生动手探究能力的提高。看上去讲实验、做习题的科学教学方法，从促进学生理解和掌握知识角度分析效率是高的，但是从科学素养培育和实践创新能力角度看，这样的教学高效率是没有意义的。

这段培训经历让我反思我刚开始做物理教师时出现的奇怪的现象。学校安排我上高一文科班的物理课程，其他班级一周四节物理课，文科班一周只上两节物理课，因为文科班学生不喜欢学物理，所以我把两节物理课中的一节课转为以画漫画的方式学物理。我还准备了许多有趣的物理实验，先让文科班学生学会表演和讲解，在学校科技节期间，让他们讲给其他学生听。我就是用这种方法教物理的，结果好几个文科班的学生最后选择了把物理学科作为高考科目，还取得了很好的成绩，我和他们建立了十分友好的师生关系。这届学生太奇特，所以我一直没有明白其中蕴含的教育规律和原理——为什么这种松散的物理教学方法似乎比严格的物理课堂教学来得更有效?

这次科学教育培训过程，可以说逆转了我对科学教育的惯性理解，特别是对科学教育效率的理解。从培育有科学发现精神的人才角度看，希望学生考试考满分而伤害学生对科学的兴趣，实际上是效率低下的选择，我宁愿让我的课堂支离破碎，但让我的学生充满探究欲和好奇心，而且学会用自己的方法去探究实践并自己得出结论，哪怕这些结论是错的。

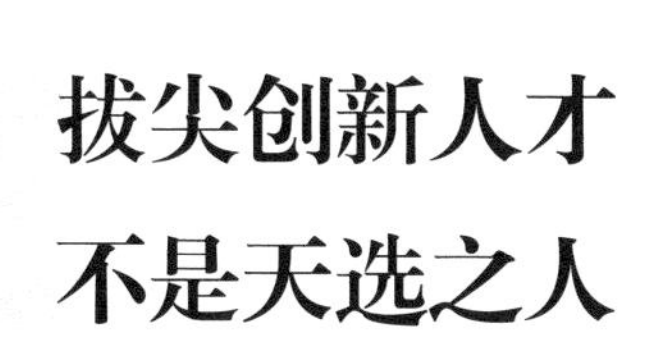

拔尖创新人才不是天选之人

关于拔尖创新人才，学界有几个共识：第一，拔尖创新人才的根本特征是具有创造力；第二，创造力需要坚实的知识基础，专门领域知识的积累是拔尖创新人才产生的必要条件；第三，不是知识越多，创造性越强，相关领域知识经验的增加与创造性之间呈有趣的倒U形曲线，知识过多成为习惯和经验，可能会束缚新观念的产生和连接；第四，拔尖创新人才的知识结构往往以开放方式存在，能不断产生知识新关联、涌现新问题；第五，有强烈的内在动机，对相关领域有着特殊的兴趣和痴迷，而不是为了名誉、地位、金钱等其他因素；第六，拔尖创新人才往往具有坚强的意志力和韧性，有极强的钻研精神；第七，创造性并不是普遍性特质，天赋一般只限于一些特定的领域，只有极少数人才可能在多个领域中表现出创造性；第八，拔尖创新人才往往集中在某一时期或某一地区，思想的互相激发作用十分明显。17世纪文艺复兴后的意大利，其杰出科学家人数占全世界科学家总人数的55%，重大科技成果占世界总数的53%。自18世纪中叶开始，德国的影响力持续了50年，其杰出人才人数占世界杰出人才总人数的38%，重大科技成果占世界总数的41%。20世纪20年代以来，美国迅速成为世界创新成果的发源地，国家科技创新能力大为增强，二战后，其杰出科学家人数占世界总人数的42%，重大科研成果占全世界总数的57%。

由于拔尖创新人才对社会发展具有极大的推动作用，因此各国都十分重视拔尖创新人才培养这项系统工程。各领域都可能出现拔尖创新人才，本书主要聚焦科技拔尖创新人才的早期培育，这方面只有一个共识——科学教育是培养造就科技拔尖创新人才的唯一路径。科学教育是一个系统工程，包含学校的学科教育、校外非正式的科创教育，当然也包含家庭教育。学校中理科教育是科学教育非常重要的部分，有人认为科学教育应更重视学科竞赛，学科竞赛本质上是一种更难、更深的学科教育，和科学教育绝对不能画等号。实践表明，学科竞赛在拔尖创新人才培育方面的效果也十分有限。

在很长一段时间里，拔尖创新人才的早期培养一直是各国积极探索的重点。其主要依据是：有些人因先天遗传获得的智力禀赋很高，只要给予超越常规的特殊教育，很有可能成为国家需要的拔尖创新人才。1972年，美国成立了“天才儿童教育局”，各州有相应的专职人员和机构，并拨专款用于这项开支。1993年，美国政府发布的《全国性的杰出成就：培养美国人才的一个实例》报告明确提出，学校必须在多种场合——常规教室、特别课堂、社区、大学或博物馆、电脑前或任何出现需要的场合为具有杰出才能的学生服务。目前，美国天才教育体制是最成熟的，已经成为世界上为推进英才教育发展投入研究和从教人员力量最大的国家。但是，从公布的材料中，我们很难发现这个庞大的天才教育制度在培养拔尖创新人才方面成功的案例，美国科技创新的大量人才，主要来自其他途径。我国从1978年起，中国科学技术大学创办“少年班”，开启了我国高等教育阶段拔尖创新人才早期培养的探索，到1985年，全国有12所高校开始了相似的少年科技人才的培养计划，但是这个以针对超常儿童的教育实验，可以说是以失败而告终的。

从中美以外其他国家的拔尖创新人才早期培育的实践来看，相类似的国家计划和行动有很多，但很难找到有说服力的成功例子。特别是近年来脑科学研究成果显示，把“天赋”定义为与生俱来的个人资质是有局限性的，因为人在刚出生时，其大脑神经元的树突和轴突都是非常少的，到了6岁时大脑神经元的树突和轴突达到最丰富的程度，我们在青少年阶段观察到的天赋异禀的儿童，实际上，低龄儿童时期的环境很大程度上对他们产生巨大的影响。这种情况让我们陷入了困境——人人都有可能是天赋儿童，难道拔尖创新人才需要从刚出生时就培养吗？好在越来越多的发现指向，过去对拔尖创新人才存在认识方面和培养方法方面的两个误区：

第一，误认为拔尖创新人才是天选之人，只要有适当的方法把这些天才筛选出来，然后进行培养就可以了。但是，事实反复证明，只要智力正常，每个人都有可能成为拔尖创新人才，小时候智商超群，成绩出众，长大后成为拔尖创新人才的并不多。著名物理学家丁肇中甚至说过：“我几乎认识每一位获得诺贝尔物理学奖的科学家，我可以负责任地说，这中间几乎没有一个考第一名的。”

第二，误认为把超常儿童集合到一起，做超前拔尖学习和训练就能培养出拔尖创新人才。实际上，多年来几乎所有集中培养的少年班、创新班、英才班全都没有成功。学界甚至对存在拔尖创新能力开始出现很大分歧。越来越多的人认为，之所以有些人成为拔尖创新人才，是因为这些人拥有了拔尖创新的创造性成就，而重大的创造性成就往往与环境有高度的相关性，同时存在很大的偶然性。根本不存在拔尖创新能力，而教育多样化才是培育拔尖创新人才的本质和方法。

学习的本质是塑造人的大脑，不一样的大脑才是未来创新的基础。

不同的学习过程、学习内容、学习程度、学习经历、学习方法会在大脑中形成不同的神经回路，不同的神经回路意味着每个人不同的知识结构和思维方法，而不同的知识结构和思维方法，会让人对同样的事物产生不一样的看法，对同样的问题产生不同的解决思路，不同的大脑就是创新的基础。因此，培育学生的创新素养，实际上很简单，不是让学生去掌握十分深奥的创新技能，只要让学生经历不同的学习经历，塑造不一样的大脑就行。一个人的创新，并不是预设的，而是不同大脑运作的自然结果。有培养创新人才天然的、独一无二的育人方式吗？回答是没有的，如果有，大家都用这种方法去培养，我们的大脑就一样了，一样的大脑就意味着没有创新。我们认为把最聪明的孩子集中在一起培养是无效的，其主要原因是集中培养减少了人才成长需要的多样化环境。

大家普遍认为小时候表现出特别聪慧的人，长大后成为拔尖创新人才的情况罕见，而小时候表现平平的人，长大后在科技界有巨大建树的却大有人在，甚至长大后表现平平的人，也会突然有重大发现。

故事5　田中耕一的逆袭

2002年诺贝尔化学奖颁发给了三位在大生物分子结构解析方面作出突出贡献的科学家，其中有一个名叫田中耕一的日本科技工作者，他首次成功进行了基质辅助激光解吸。田中耕一在获奖自传中写道：1985年2月，他误将甘油混入用于实验的钴超细金属粉末，由于舍不得将试剂丢掉，他想待甘油挥发后余下的钴粉还可以使用，便把其放入真空室中抽干，再联想到激光的能量能加快甘油的挥发，于是又打开激光源对钴粉进行照射，由于急于想知道钴粉是否可以再次使用，他还打开了监控设备。这时他注意到信号中出现了一个在以前的噪声峰中从未出现的微弱信号峰，多次收集数据后这个峰都没有消失，且始终出现在同一位置，进一步调查后确认这种混合基质确实可以使生物大分子实现软解吸。可以这样说，在1985年之前，是没有人会把田中耕一归入拔尖创新人才的，甚至在2002年之前都没有人认为他是拔尖创新人才，他只是一家小公司的普通科技人员。

与田中耕一相似的情况反复出现，说明机会和运气对个体创造力的成长和发挥有决定性作用，因此国家是否能给更多的人拥有平等的发现和发展机会，才是最重要的。拔尖创新人才培养最靠谱的方法，就是坚持做好面向每一个人的科学教育，通过对整个教育体系、理念、方法进行优化，不断推进课程、教学、环境、评价的多样化，而不是把宝押在一小部分人身上。创造力是与生俱来的，人人都有成为拔尖创新人才的可能，过早的选拔分流，不仅对基础教育产生负面影响很大，还会进一步加剧教育“内卷”，实际上对那些被寄予厚望的一小部分人的成长也是不利的。因此，构建面向全体学生的拔尖创新人才培养模式正逐渐成为学界的新共识。

人工智能对世界科技发展的影响

爱因斯坦认为现代科学的两块基石是公理演绎和系统实验。但是，当前，以 ChatGPT 为代表的强人工智能技术得到了突破，成为全球关注的科技前沿焦点，对科学研究的影响十分深远。

1956 年夏季，美国达特茅斯学院举行了一次长达 2 个月的会议，约翰·麦卡锡（John McCarthy）、马文·闵斯基（Marvin Minsky）、克劳德·香农（Claude Shannon）、艾伦·纽厄尔（Allen Newell）、赫伯特·西蒙（Herbert Simon）等一批年轻的科学家，在这个马拉松式的会议上，一起讨论用机器来模仿人类学习以及机器智能方面的议题时，创造了人工智能（Artificial Intelligence，缩写为 AI）这个名称。此时，距 1946 年人类发明第一台通用电子计算机（ENIAC）和 1947 年肖克利（Shockley）、巴丁（Bardeen）和布拉顿（Brattain）研制出一种点接触型锗晶体管，仅仅过去了十年，人工智能的进化史由此开启。

人工智能 1.0 始于 20 世纪 50 年代，基于传感技术和晶体管微处理器创造了机器的“感”和“应”，实现了机器的反应式控制。比如，当洗衣机内箱水位到达预设的位置时，水位传感器会产生电信号，并将其传递给微处理器进行逻辑判断，关闭入水口。因此，自动化控制系统是人工智能的开始。

人工智能2.0始于20世纪80年代，随着计算机技术的快速发展，算力不断提升，计算机可以对一定范围的数据进行参数分类，机器达到了“知”和“算”的能力，实现了机器的程序性互动。1997年IBM科学家利用制造的超级计算机“深蓝”（Deep Blue）和人类对弈国际象棋，战胜了国际象棋大师卡斯帕罗夫。掀起了人工智能第一波高潮，2001年著名导演斯皮尔伯格还拍过一部片名为《人工智能》的电影，在伦理上对AI技术进行了催人泪下的演绎。

人工智能3.0始于21世纪初，2006年8月，Google首席执行官埃里克·施密特（Eric Schmidt）在搜索引擎大会上首次提出“云计算”（Cloud Computing）的概念，人类由此实现了通过互联网让大量超级计算机协同计算的能力。超大规模的云计算中心，甚至会超过上百万台服务器一起运作，大大拓展了机器的算力。如果说一台计算机好比人脑中的一个神经元，云计算实现了计算机和计算机之间犹如大脑神经元之间的协同，使人工神经网络（Artificial Neural Networks，ANN）算法得以大放光彩，实现了机器的“学”和“练”，使机器智能拥有了分析能力。2016年，Google的DeepMind公司利用深度学习工具AlphaGo，与韩国围棋国手李世石对弈，结果AlphaGo以4∶1取胜，再次掀起了人工智能新的高潮。

而ChatGPT带来的人工智能4.0，是人工智能的又一次巨大飞跃，使机器有了“觉”和“悟”，实现了机器生成式创造。2017年起，OpenAI公司开始运用自我注意力机制变换器模型（Transformer）进行自然语言学习训练。与以往的分析式人工智能（利用机器学习掌握海量数据，实现分类、预测等任务）相比，GPT生成式预训练变换器（Generative Pre-trained Transformer）实现了生成式人工智能（AIGC），能在学习归纳数据分布的基础上，同时学习数据产生的模式，并用自编码器创造原先不存在的新内容。简单地说，就是实现了人脑外的智慧和创造性。2022 年 11 月 30 日 ChatGPT 开放公众测试，用户数在两个月中就突破了上亿，其强大的人工智能内容生成，包括文本问答、多语种翻译，通过其他辅助工具，还能实现图像生成、自主编程、创意设计。仅仅过了三个多月，OpenAI 公司又推出了 GPT-4，因为加入了“思维链技术”——一个把解决问题分步骤的简单技术，使人工智能在数理知识理解上得到了突飞猛进。

显然科学家还不明白机器是如何突然涌现出智慧的，但如果比照人类意识是如何产生的，我们也不必太纠结，因为到现在，我们也没有掌握人类产生意识和智慧的机制。人类几十亿年的生命进化史浓缩在每个人在母亲子宫里短短的九个月中，而每个人从“感”到“知”再到“觉”的意识和智慧产生过程，也浓缩了地球生命神经系统的进化史。人工智能的进化史只有短短的几十年时间，但其“感”到“知”再到“觉”的发展历程与人类智慧产生的历程具有高度的相似性，对我们审视自身的意识涌现机制有极大的启发。

人类经历了几百年的文化进化，从直立行走到学会用工具，再到学会说话和发明文字符号，其核心是技术应用的不断发展。马克思说过“手推磨带来的是封建领主的社会，蒸汽磨带来的则是工业资本家的社会”。那么，人工智能技术对人类文化进化会产生何种推动力呢？2023 年 3 月 15 日，习近平总书记在北京出席中国共产党与世界政党高层对话会议上指出：“现代化的最终目标是实现人自由而全面的发展。”笔者认为这是对人工智能技术未来发展最好的阐述。

在远古时代，腿部有残疾的人很难在恶劣的环境下生存，但在现代社会中可以凭借飞机、汽车等技术，与正常人一样周游世界。ChatGPT 实际上是一种知识工具，能让普通人进行编程设计、撰写宏伟的小说、开展复杂的科学研究，人与人的智力差异将不再成为人不平等的原因，这个革命性技术，为实现所有人自由而全面的发展，奠定了全新的基础。

强人工智能对人类科技的发展有两方面巨大影响，一是其强大的机器智能，能为研究者提供更好的智力放大器，加快我们的思维进化进程，增强学习和创新能力。这就意味着一个智力平平的普通人，也能成为科学工作者，甚至创造拔尖创新的成果，使人人都能创造的时代来临了，对人类文化进化来说必将是一次“文化的寒武纪生命大爆发”；二是更加复杂、更加强大的计算机系统和算法，可以超越人的感官限制。虽然“人类的一切工具，都是器官的延伸，没有例外”，但是这种说法是所有工具基于人类控制情况下的结论，一旦有脑外智慧，那么就能在科学研究方面，突破人类自身的极限——机器不知疲倦，机器可以分析超大规模的数据，对智慧涌现、生命结构等复杂问题的研究，会从归纳、演绎、猜想、验证等传统科学研究方法中进化出一种全新的相关性研究方法，本书后续章节会专门阐述。

以新药研发为例，人体是非常复杂且多尺度的网络，要理解并治疗某种疾病，就要多尺度多角度考虑，既要看组织层面，又要看分子层面，并找到疾病的靶点，才能用针对性药物进行治疗。现阶段很难对人体各维度的数据同时做一个精准的测量，更困难的是面对大量且复杂的多尺度数据，同时对其进行并行分析，并从中抽取非常微妙的信号来理解疾病，寻找疾病的靶点，这超越了传统的生物学家或医学家人工分析的能力。但是，人工智能开始展现了其优势：通过分析数据和多样模型，对各种原有药物的结构和功效进行学习，对已知疾病的靶点进行相关性分析。比如，预测这种蛋白是不是疾病的靶点，扰动这种细胞，是否会产生某种有效的现象？这些都可以通过大数据模型进行预测。预测后，需要做的试验目标就大大减少，这样可缩短新药的研发周期和降低成本。

案例 6　英矽智能端到端药物研发平台 Pharma.AI

2021 年 11 月 30 日，人工智能药物研发头部企业之一的英矽智能（Insilico Medicine）宣布，在 ISM001-055 的首次微剂量人体试验中，已完成第一例健康志愿者的临床给药。在人工智能平台的支持下，从靶点发现，到化合物筛选，再到完成临床前试验，提供临床前候选化合物（PCC），英矽智能仅用了 18 个月的时间，药物研发成本仅为 260 万美元。通常情况下，一个药物研发项目从确定靶点到提供临床前候选化合物可能需要上亿美元，而且时间方面也是以年为单位来计算的。请注意，这还是两年前基于分析式人工智能技术开展的新药研发。

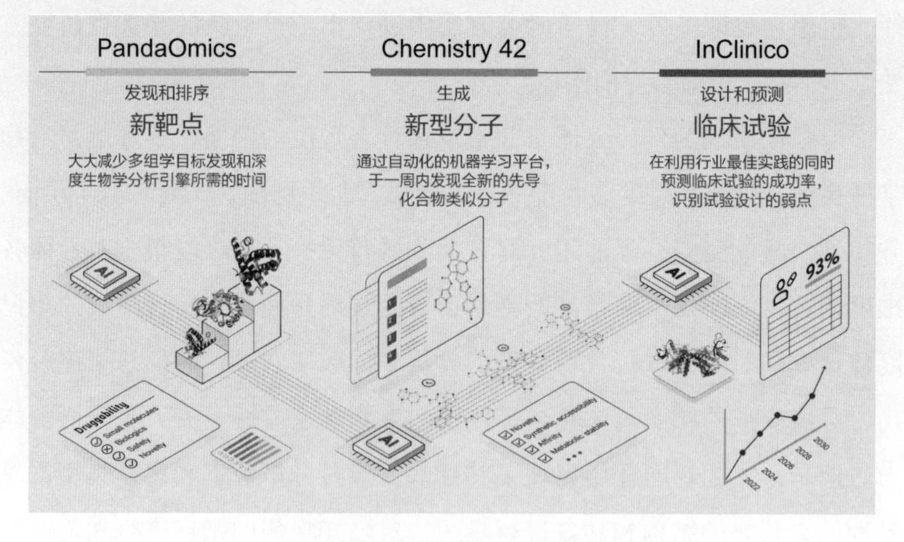

图 2-2　英矽智能端到端药物研发平台 Pharma.AI

新科技背景下
科学教育的出路

在新文化运动中，鲁迅和陶行知都指出科学教育的目的是“使大多数人有科学的头脑和工艺的手”，从而“在科学的世界中创造科学的中国”。当前，普遍认为科学教育的目的是普及科学知识，提高公众对科学的认识和理解，促进科学与社会的交流和互动，推动科技进步和社会发展。通过科学教育，人们可以了解到科学的基本概念、原理和方法，掌握科学思维和科学方法，增强科学素养和创新能力，提高科学与技术的应用水平，为人类的可持续发展和全面进步作出贡献。这个判断无疑是正确的，但也存在一个很大的问题，把科学技术看成是绝对正确的结论，在科普中人们处于被动接受教育的状态，被动接受已知的科学原理和方法，从本质上来说这是一种静态的科学教育观，已经不适应人工智能时代的发展需要，迫切需要基于新科技观的科学教育。

科学教育的主要目的不再是掌握科学知识的多少，而是更加注重传递科学的态度和方法。人工智能是当前科技发展的一个代表，这个时代的基本特征是信息大爆炸，每个人都可以通过各种网络平台获取和发布信息，科技知识快速发展，每两年世界上的知识就会翻倍，每个人一周接触到的信息量比 18 世纪一个人一辈子接触到的信息量还要多。与之相对应的是，我们每个人大脑的学习能力并没有提升，我们每个人所能拥有的学习时间也并没有增长，因此每个人的学习能力停滞不前和世界知识加速增长之间的矛盾越发突出。特别是 ChatGPT 等生成式人工智能技术出现后，知识的获取将更加便利，科技知识将从冷知识转变为热知识。冷知识就是经过沉淀和反复论证的经典科技知识；热知识就是在知识发生的过程中相关知识就已经呈现在公众面前，在其发展方向、应用价值尚不明了的情况下，已经成为大家需要了解和运用的知识工具。冷知识的学习越来越偏向于机器化，而热知识的学习将越发需要科学的判断力和批判能力，因此科学的态度和方法将远比科学知识本身重要。其内涵包含以下几个关键方面：一是要理解科技的力量具有两面性，其利弊空间是同时打开的，因此科技伦理的教育十分关键；二是要理解科学并不代表正确的结果，而是发现问题和解决问题的理性过程，科学教育中形成问题意识十分关键；三是理解现代科学并不总是证明因果关系，更多的是描述事物之间的相关性，因为科学中到处存在着“不确定”和“混沌”，而人工智能的突破在科学研究方面，将改变原来以演绎归纳为特征的“猜想—实验—验证”的传统研究方法，转变为用相关性大数据分析和生成式机器智能来实现科学发现，学会用新的知识工具进行学习和科学研究是关键。

高质量科学教育需要超越兴趣，实现创造性学习。以往的科学教育往往以开展科普阅读、看科幻电影、听科普讲座或到科技场馆参观体验等形式为主。这种方式导致教育对象对科技的理解一直停留在兴趣层面，无法形成对科学与技术的深入理解和掌握。

著名儿童教育家玛利娅·蒙台梭利（Maria Montessori）说过：“我听过了，我忘记了；我看过了，我记住了；我做过了，我理解了。”对科技的理解和掌握，需要听和看，更需要动手做，只有在互动中才能有更好的体验和新发现。科学教育的内容包含几个非常重要的环节：一是科学现象的呈现可以通过视频、虚拟现实等技术来实现，但是真实环境中的科学现象呈现显然更能打动人心；二是科学现象的解释和理解，通过课堂教学和现场讲解来满足学习者的需要，如果借用ChatGPT等技术，就可以即时回应众多学习者个性化的疑问，因此有必要集中力量开发和训练相关的科学知识问答的AI平台；三是基于科学现象的应用和新发现，变“输入式”科学教育为“输出式”科学教育，这是科学教育的高级状态，只有到了这个阶段，才会实现超越兴趣，达成科学教育的真正目的。美国教育心理学家布鲁纳是认知学派的领袖，他把学习看作认知过程，看作学生主动获取知识和不断发展智慧的过程。他认为，学习就是学习者大脑中类目及编码系统的形成，教师应当向学生提供具体的东西，以便让学生“发现”自己的编码系统。但是，“输出式学习”，不仅在大脑中形成编码系统，还会形成编程系统，同时通过大脑中形成的编程系统实现知识的再创造，如果学习者学会了“生产者学习”的方法，就能实现学习最终的目的——输出，且输出大于输入。

要实现这个目的，必须充分架构家校社科普协作机制。在学校中提供更多的创新实验室让青少年去动手实验；倡导建立家庭科技角，让孩子在家里经常有机会开展基于身边材料的实验探究；社会力量中的科技场馆、科普企业要开发更多的科技玩具、科创小工具和科学活动的空间，让孩子从小就有很多玩科技的机会。最好的科普方式一定是实践探究，伽利略对科学真理的判断，到现在依然是科学教育最好的注解：“科学的真理不应从古代圣人的蒙着灰尘的书中去寻找，而应该在实验中和以实验为基础的理论中去寻找。真正的哲学是写在那本经常在我们眼前打开着的最伟大的书里面的。这本书就是宇宙，就是自然本身，人们必须去读它。”借助人工智能技术，学习者动手探究的空间进一步打开，甚至可以实现在知识储备不足的情况下也能开展许多创造性和生成性的科技发明。

人工智能时代的科学教育将更加突出大概念的育人作用。强人工智能将颠覆以特定知识与技能传授为目的的传统教育，同样，科学教育如果继续突出传递特定的科技知识，也不再有太大价值。科学教育必须更加关注学习的品质，促进青少年从科学兴趣到科学志趣的形成，而最主要的价值取向就是培育科技大概念，在这个由物质世界、精神世界和数字世界组成的新世界里，系统与平衡、规模与层次、守恒与演变、结构与功能、模块与控制、多样与共生、连接与极限、周期与进化、虚拟与共生，这些大概念将越发显得重要，无论是在科学课堂中还是在科技展陈上，都将成为浓墨重彩的主角。

科学素养评价的悖论

1979年在米勒的建议下，美国首次在公民科学素养调查中按照公众科学素养的三个维度（公众理解科学研究过程、学科中基本的科学概念和命题、涉及科学技术的当代政治问题）编制试题，并开展两年一次的公民科学素养调查。1989年，米勒等人将这三个维度表述为：一是掌握足以阅读报纸和杂志上相互竞争观点的基本科学术语；二是理解科学探究的过程和本质；三是理解科学技术对个体和社会的影响。因其长时段稳定性和国际可比性，这一调查方案一直被使用至今，成为各国了解具备基本科学素养的公民比例最重要的方法。我们可以把米勒的科学素养模型维度概括为：科学知识、科学方法、科学意识。

2006年国务院颁布的《全民科学素质行动计划纲要》提出了中国有史以来第一个科学素质概念："公民具备基本科学素质一般指了解必要的科学技术知识，掌握基本的科学方法，树立科学思想，崇尚科学精神，并具有一定的应用它们处理实际问题、参与公共事务的能力。"中国科学技术大学"中国公民科学素质测评指标及实证研究"课题组将该定义阐释为科学知识、科学能力和科学意识三个维度，并依据这三个维度设计了测评指标，进行了抽样测评。与米勒的科学素养测评不同之处在于：科学知识包括科学素质概念中的科学技术知识与科学方法；科学能力是指应用科学技术知识、科学方法、科学思想和科学精神处理实际问题、参与公共事务的能力；科学意识是指树立科学思想与崇尚科学精神。

这种科学素养评价存在三个主要问题。首先是科学知识、科学方法、科学意识三个维度之间关系密切，甚至是高度相关的，不存在科学知识不及格，却掌握了很好的科学方法和科学意识的情况；其次是对科学素养大规模的测评，基本采取的是纸笔测试和问答方式，科学知识还可以有较好的鉴定度，但是科学方法中最基本的探究实践往往很难体现出来。科学意识属于意识形态范畴，纸笔测试和问卷的结果，完全有可能通过记忆的方式来完成答题，而非自己的真实认知和价值观。这种情况会导致知行不一，产生十分严重的危害。为了解决这个问题，大规模科学素养测评往往采取低利害考试的方式，即测试结果与测评对象自身不相关，从而避免因个人的趋利避害而导致测评失真的情况产生。但是，这种做法导致了第三种情况，就是测评对象所在的政府部门和学校会因其高利害，而对测评对象进行劝导和要求，甚至提前进行模拟测试，导致测试结果群体性失真，更严重的是，这种弄虚作假的行为已属于反教育的行为。

因此，评价总会对某个个人和群体产生一定的反馈作用，甚至会产生高利害的影响，评价工具对复杂问题永远存在不完备的情况，评价内容本身也存在无法回避的相关性，这三个问题实际上形成了一个难以破解的科学素养评价悖论。无论是米勒的科学素养三维模式，还是我国的科学素质，其测评的实质是使用西方近代以来自然科学中习以为常的“分析方法”，将复杂的有机系统问题进行分解与还原。在公民科学素养普遍较低时，这种评价有一定价值，但当基本具有科学素养的比例达到一定程度时，这种科学素养评价就开始出现问题，对科学教育的高质量发展产生的负面影响也越来越显现。

科学教育最难的是针对青少年学生校内的科学课程学习质量的评价，

这是一个世界性难题。我们传统的科学课程，基本上是基于大工业时代的课堂教学，以知道、理解和掌握科学知识为导向，以纸笔测试为主，通过大量反复做习题形成机械性反应，才能在科学课程的考试中取得高分。实验操作考试难以操作，导致教师讲实验而非做实验。在一次国际论坛上，一位知名的华裔科学家这样说："在中国，动手操作实践是为了证明课本上的理论和结果。学生只需要用相同的方法和仪器，做相同的实验，希望得出相同的结果。然而，在美国，动手操作活动的目的是发现课本上以及课本以外的理论和结果。因此，学生进行不同的实验会受到鼓励，用不同的方法和材料，并得出不同的解决问题的方案和结论。"

动手实验能力提升还可以通过增加实验操作考试来实现，实际上我国多个省已经在初中和高中理科课程的学业水平考试中增加实验操作考试，效果还是比较明显的。但是，解决实际问题的能力、合作能力和创造性思维的测试难度更大，实际上很难在有限时间里用纸笔测试的方式来得到每个学生这方面的实际水平。目前解决的办法是，一方面鼓励青少年在日常学习中增加学科实践和跨学科项目活动，让他们在实践中提高相关能力；另一方面通过综合素质评价的方式来记录学习的经历和过程，这也是我国新高考、新中考改革的大方向。但是，在实际操作过程中难度极大，最根本的原因有两个：一是社会上认为分数面前人人平等，综合素质评价得出的成绩被认为是不公平的；二是综合素质如果用分数来呈现，学理上也存在困难——一个学生通过高科技手段来研究细菌对环境的影响；另一个学生通过社会调查的手段来研究学生过度浏览短视频对学习的影响。这两个实践活动到底哪一个分数更高？哪一个研究质量更高？实际上综合素质评价体现的是学生的兴趣取向、价值判断和思考的深度，确实无法用分数来反映。综合素质评价正确的做法有两步：第一步是对学生的研究和学习过程有客观的记录，第二步是高一级学校通过对这些记录的研判，加上对学生的面试，来进行价值判断与评价。在招生过程中，首先是通过大规模纸笔测试，筛选出对科学知识理解和掌握表现优异的学生，这个靠分数；然后对达到一定标准基础上的学生进行综合素质评价，选出认为适合自己学校需要和喜欢的学生。只有这样才能破除唯分数论英雄的难题。当然这种招生方式的成本非常大，更需要社会的理解与支持。

我们不妨学习一下，2023 年国际文凭组织（IBO）对物理、化学、生物等三门实验科学课程大纲的巨大调整。实际上，国际文凭组织对这三门课程改革拥有完全相同的变革思路和架构，其出发点是摒弃死记硬背知识点的学习方法，从概念广泛联系角度出发理解知识点内在的联系，以对概念的理解作为科学思维的基础工具，重新组织和扩展相关课程的知识网络。大量增加新科技发现的内容，更注重连接生活事实、科学范式和元认知的理解，从而让学生能以创造性、生成性的学习方式，将学到的科学知识与技能，在理解的基础上转化和应用到新的环境中。

课程内容更注重促进学生对“观察、规律与趋势、假设、实验、测量、模型、证据、理论、证伪、共享合作、科学的全球影响”等科学本质的理解；强调“统一与多样、结构与功能、变化与守恒”等大概念；细化“思维技能、研究技能、自我管理技能、沟通技能以及社交技能学习”五个方法；突出科学探究的逻辑——如何来描述和解决一个真实问题，当新的理论猜想被验证并形成一个新的理论或科技成果时，同时也一定会有新的实验结果促成新问题的产生；把科学探究必须掌握的方法工具拓展为“数学、实验技术和数字化技术”三大类，突出建模能力，重视运用数字化传感器采集数据，并用微积分等数学工具、数字化软件来分析处理数据。

注重当代科学前沿问题的传授，三门科目都把以往选修部分的科学前沿内容全部整合为必修内容，实际上是更加强调和拓展了基础知识的系统性。同时按照大概念学习的要求对课程知识进行了对应的增改删减，如物理课程中强调了“熵”“康普顿散射”等对物理世界、材料世界认识十分重要的内容，化学课程中删除了“顺逆磁性的判断、生化需氧量”等关联性不强的内容。保留了帮助学生理解科学研究伦理的课程目标，因为科技对人类可持续发展的负面影响正在越来越突出。

在评价方面，更是采取了日常评价和集中考察相结合的方式，特别强调教师对学生学习表现的观察和记录。虽然 IB 课程对教师的教学和评价能力要求极高，但这确实是一种可借鉴的、勇敢的探索。

FULCRUM

给我一个支点，我可以撬动地球。

——阿基米德[1]

① 阿基米德：古希腊伟大的物理学家.

FULCRUM

第三章 支点

- 科学观察的进阶
- 概念的来源
- 探究的质量
- 实验的奥秘
- 学科教育的价值
- 非正式教育的价值
- STEM 教育的逻辑

科学观察的进阶

《兰亭集序》中有一句“仰观宇宙之大，俯察品类之盛”，这里的“观”是指整体地看，远远地看，看了又看；“察”则是指靠近观察物，近距离仔细地看。因此，有“远观近察”之说。“观”是指用人的眼、耳、鼻等五官来感知获取对象的信息；“察”是指通过对感官获取的信息进行分析思考，从而实现对观察对象的认知。显然，观察不只是视觉过程，而是以视觉为主，融合其他感觉于一体的综合感知。著名科学家哥白尼曾说过“善于观察的人，绝不会是一个失败的人”。科学观察是科学最基础的能力，是指有目的、有计划地感知事物状态、关系和变化的过程。科学观察能力的核心是发现，就是从众多的偶然性中发现新的现象，再从极平凡的现象中发现其价值所在。

观察在时间维度上，主要看同一对象的变化；在空间维度上，主要进行不同对象之间的比较和寻找相互之间的关系。观察能力的提升是一个长期的过程，实际上我们能看见东西，绝大部分的信息来自大脑以前观察学习获得的脑神经元连接，如果没有前期的观察储备，对新发生的现象就会视而不见。因此，训练我们的观察能力就显得十分重要。

故事6 弗莱明和他的青霉素

许多伟大的科学家往往拥有非常出众的观察能力，能非常敏锐地发现一些特殊的现象。1945年诺贝尔生理学或医学奖授予了三位发现青霉素的科学家，弗莱明（Fleming）、弗洛里（Florey）和钱恩（Chain）。据说在1928年7月末，放暑假了，弗莱明没有像那些勤奋的工作人员一样处理实验室，他没有用消毒水冲洗，也没有清洁细菌培养皿，四五十只葡萄球菌培养皿就这样放在工作台上。他还忘了关上实验室窗户。9月3日，他回到了实验台前重新开始工作。在观察工作台上的培养皿时，他发现有一只培养皿被霉菌污染了，在霉菌菌落附近的细菌发生了溶解。这说明这些霉菌不但阻止了细菌的生长，而且事实上还杀死了周围的细菌。弗莱明没有丢弃“被污染的”培养皿，相反，他开始大量培养这种霉菌，并从霉菌中分离到一种萃取物，命名为“盘尼西林”，也就是我们口常所说的青霉素。英国病理学家弗洛里和生物化学家钱恩在弗莱明的研究基础上，在显微镜下观察后发现了青霉素的作用机理是抑制细菌细胞壁的合成，而人类细胞没有细胞壁，所以青霉素只对细菌生长起抑制作用而对人体无害，从而使青霉素进入药用层面，挽救了无数人的生命。

实际上，弗莱明发现青霉素，物理学家伦琴发现X射线，生物医学家詹纳根据观察到挤牛奶女工不患天花的现象发明了预防天花的牛痘疫苗，都是所谓的“机遇给有准备的大脑”，这个有准备的大脑就是指他们拥有与众不同的观察能力。

不同的人，其观察能力是不同的，可以把观察能力分为四级。第一级是常规观察能力，是常人都拥有的发现一般事物变化的能力。第二级是特殊观察能力，有些人会拥有比其他人更敏锐的感觉系统，如拥有特殊的香味识别能力或色觉识别能力。像水哥王昱珩在《最强大脑》节目中，挑战微观辨水，在520杯同质同量同水源的水中一眼辨认出目标水杯，实际上是通过高强度的训练达成的。第三级是有韧性的连续观察能力，如丹麦天文学家第谷连续35年用肉眼观察和记录行星的运行轨迹，最后为开普勒发现行星运动三大定律打下了基础。第四级是洞察能力，达尔文前后花了27年时间进行观察，最后从生物的多样性中认识到物种起源进化论，达尔文曾对自己做过这样的评论："我既没有突出的理解力，也没有过人的机智。只是在觉察那些稍纵即逝的事物并对其进行精细观察的能力上，我可能在众人之上。"

案例7　赫歇尔发现红外线

1666年物理学家牛顿做了一个非常著名的实验，他用三棱镜将太阳光（白光）分解为红、橙、黄、绿、青、蓝、紫七色色带，从而发现太阳光（白光）是由各种颜色的光复合而成的。1800年英国物理学家威廉姆·赫歇尔（William Herschel）在研究各种色光的热量时，把暗室中唯一的窗户用暗板堵住，并在板上开了一个矩形孔，孔内装一个分光棱镜。当太阳光通过棱镜时，便被分解为彩色光带。赫歇尔用温度计去测量光带中不同颜色光所含的热量。为了与环境温度进行比较，赫歇尔又在彩色光带之外放了几支作为比较用的温度计，来测定周围环境的温度。在测量过程中，他偶然发现了一个奇怪的现象：放在光带的红光外的一支温度计，比室内其他温度计的示数都高。经过多次测试，这个所谓热量最多的高温区，总是位于光带最边缘红光的外面。于是他宣布太阳发出的辐射中除可见光线外，还有一种人眼看不见的“热线”，这种看不见的“热线”位于红色光外侧，所以称为红外线。能看到别人看不到的东西，就是洞察能力，这个能力是科学观察中最重要的能力。

下面介绍几种能提高科学观察能力的基本方法。

第一，低幼阶段训练儿童的感官敏感度。最好的方法是把儿童放到自然界中，因为自然界中有最丰富的色彩、最全面的声音、最系统的形态，在低幼时期通过与环境的互动，给儿童形成最初的脑神经元的连接。儿童的观察能力是在每一次动手操作练习和对自然环境的注意力中建立起来的。

第二，鼓励儿童养成广泛阅读的兴趣以形成足够的知识储备。只有在脑神经元中存在相关的知识，才能观察到相关知识呈现出的科学现象，通过观察发现新的现象，完全是每个人大脑中的知识体系在发挥作用。因此，观察是“脑动”，而非“眼动”。

提高儿童观察的持久力和系统性。科学家研究发现，低龄儿童在观察图形时，刚开始眼球运动的轨迹是杂乱的。随着年龄的增长，儿童的眼球运动轨迹才越来越符合图形的轮廓，这意味着通过持久观察，在对事物或现象有更深理解的同时，儿童的眼脑系统是在不断完善的。增加持久性的最好做法是提高儿童观察的系统性，让儿童知道可以从多角度来观察，可以从整体到局部来分解观察，可以利用多感官去观察同一事物，与人分享自己观察的结果。一个人有了持久的观察习惯，他能克服观察过程中所遇到的各种障碍和困难，把观察进行到底，这种“锲而不舍”正是观察力得到锻炼和提高的过程。科学观察的持久与系统，会产生结构化观察结果，才能揭示自然界中一些潜在的、不易被人觉察到的本质。

故事7　会跳舞的葡萄干

在浮力课上，教师首先问学生葡萄干在水中是上浮还是下沉，学生们七嘴八舌，有说下沉，有说上浮，还有人说悬浮在水中。然后教师把葡萄干放入一杯水中，观察到所有葡萄干全部下沉。

教师要求学生自己动手在杯中装入3/4体积的水（水中事先已添加了适量的食醋），然后加入葡萄干，可以看到所有葡萄干全部下沉，此时向水中加入一些苏打粉，发现葡萄干上下浮动，就像在跳舞。这一现象大大出乎学生的意料，深深地吸引了所有学生的注意力。终于有学生发现，原来在葡萄干表面皱褶的缝隙中有一些小气泡，增大了葡萄干受到的浮力，使葡萄干上浮，到达水面后小气泡破裂，气体逸出，减小了葡萄干受到的浮力，所以葡萄干又下沉了。

有学生问，葡萄干表面上的气泡是哪里来的？教师要学生在课后查资料，最终学生们了解到苏打和醋发生化学反应生成二氧化碳，就像可乐里的气泡一样。

好奇心是学生开展研究性学习最好的动力，而观察是“做科学”最首要的科学过程的能力。上述案例中会跳舞的葡萄干激发了学生的好奇心，而小气泡对葡萄干的影响不是通过简单的观察就可以发现的，只有经过一段时间非常耐心的观察才能发现。

第三，从专注观察到兴趣养成。贝弗里奇说：“培养那种以积极的探究态度关注事物的习惯，有助于观察力的发展。在研究工作中养成良好的观察习惯比拥有大量的学术知识更重要，这种说法并不过分。”人类对被感知的事物，必须达到一定强度的刺激，才能感知得比较清晰，这个强度有外在刺激源的本身原因，如打雷时洪大的声音会让我们大吃一惊，但观察造成的刺激强度最根本的原因还是在人脑中出现的神经元之间的联动反应。用功能磁共振成像技术研究人的大脑，有强烈好奇心的人在观察到自己有兴趣的现象时，整个大脑会像放烟花一样，这是创造性发现在大脑中的体现。可见，保持好奇心是提高观察能力最重要的因素。

当然观察能力中还包含描述和记录发现的技能，如在没有照相技术之前，通过显微镜观察细胞或通过望远镜观察天文，都是需要把所看到的科学现象真实生动地画下来。有时候对观察对象的相关变量需要进行详尽的记录，如强弱、轻重、远近、大小、高低、疏密、软硬等情况要进行表格或其他方式记录，这些都是科学研究非常重要的基本功，哪怕这些工作现在完全可以用现代化工具来摄录像或用电子表格来进行记录分析，其基本技能是相似的。

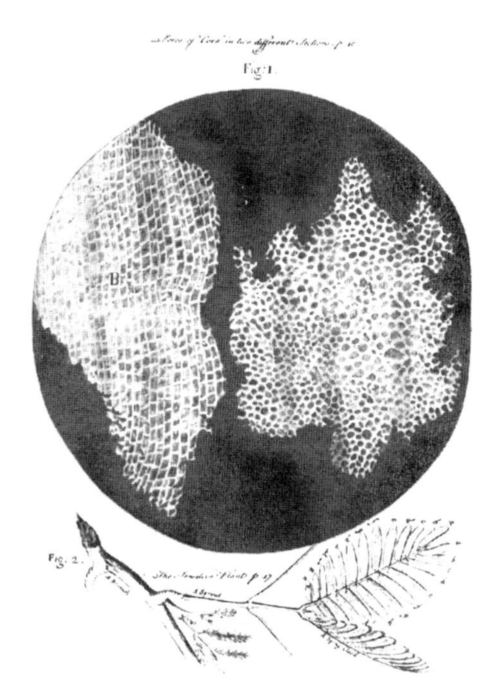

图 3-1 罗伯特·胡克绘制的显微镜下细胞图像

人类的观察能力虽然受人感官系统的限制，但是随着技术的发展而不断进化。刚开始是动物性的自然观察，如观察一颗种子在泥土里生长发芽的过程，这是完全基于人的感官能力实现的对物质世界各种现象的认识，到现在依然是科学观察中最基础的能力。但是，通过观察来归纳科学规律会出现偏差。比如，17 世纪比利时化学家扬・巴普蒂斯塔・范・海尔蒙特发表了创造老鼠的配方：他拿了一个容器，在里面放入一件脏内衣和小麦，然后把容器在角落里放置了 21 天，等他再次回来观测时，他看到了一只成年老鼠，这在他看来就是证据，他认为找到了创造老鼠的有效配方。

后来，人们开始使用工具来延展人类的感官能力，如 1609 年伽利略用望远镜观察月球表面，发现了月球表面凹凸不平，后来发现了木星的四颗卫星、土星光环、太阳黑子、太阳的自转、金星和水星的盈亏现象，以及银河是由无数恒星组成的天文学现象。最后，科学观察才能超越人的感官限制，通过科学工具，把自然现象中人无法感知到的现象转化为人类能感受到的信息，实现科学发现疆域的拓展。比如，现代医学中可以用 X 射线的穿透能力和对胶卷的感光能力来拍摄 X 光照片，结果实现了骨折检查。2023 年诺贝尔物理学奖表彰的领域是“产生阿秒光脉冲以研究物质中电子动力学的实验方法”，就是科学家制作了阿秒（1 阿秒 = 10^{-18} 秒）级别的频闪激光，在超短时间尺度内，可以把微观世界中发生的现象记录下来，让我们洞察匪夷所思的动态过程。

概念的来源

当一个人在思考等一会儿外出是乘坐网约车还是乘坐地铁时，就会调用到“乘坐”“网约车”“地铁”等概念，这些概念在思维过程中十分自然地出现，并成为每个人思维过程中最基础的单元，可以说“无概念，不思维”。当人们进行交谈时，之所以可以互相沟通，是因为大家对大多数语言表征的概念都有共同的认知，同一概念在不同人之间具有普适意义的意识特征，这些概念不仅成为个人思维的基石，更是人与人赖以交流的基础。

在日常生活中存在大量自然概念，许多概念伴随着人类社会发展而形成的，是对自然界不断深入认识的结晶。比如，我们一说到“太阳”，在大脑中一般首先出现的是“太阳”两个字，如果再想一下就会呈现出太阳的基本样子，可见概念是人脑反映客观事物本质的一种思维方式，通过把所感知的事物的共同本质特点抽象出来并加以概括，最后在大脑中形成某种稳定的形态意识来代表这种事物。在没有语言之前，概念在大脑中可能是用某种具象的方式来呈现的，在有了口头语言还没有文字之前，概念在大脑中可能是用某种特定的声音来呈现的，而现代人通过阅读等方式，实现了概念在意识层面的文字化。但是，盲人无法实现普通文字的阅读，在盲人大脑中呈现的同一物体的概念形态与正常人肯定是不同的。因此，概念并非天然是词汇，而是词汇天然代表了某种概念，而用词汇等符号抽象出来的概念，使人类思维的效率大大提升。

概念包含内涵和外延两个部分。概念的内涵是指反映在概念中对象的本质属性或特有属性，概念的外延是指具有概念所反映的本质属性或特有属性的对象，即概念的适用范围。概念内涵是靠逻辑定义的方法明确的，而概念外延是通过划分的方法来明确的。

如太阳这个概念，从来就是太阳这个事物本身在大脑中形成的特定关联意识，这个从古至今都没有变化。但是，太阳的内涵随着人类认识的深化而在不断变化。古代人认为太阳是：天上挂的大圆盘，白天升起，发光发热，晚上落下。现代的科学概念是：位于太阳系中心的恒星，直径大约是 1 392 000 千米，质量大约是 2×10^{30} 千克；太阳质量的四分之三大约是氢，剩下的大部分是氦，包括氧、碳、氖、铁和其他元素的质量分数少于 2%，采用核聚变的方式向太空释放光和热；围绕银河系中心公转，周期约 2.5×10^{8} 年，也在围绕自己的轴心进行自西向东自转；太阳是黄矮星，黄矮星的寿命大致为 100 亿年，目前太阳大约为 45.7 亿岁。

太阳这个概念的外延就是太阳自己，因为太阳这个概念的内涵太明确了。概念的内涵属性越多，则符合这个属性的外延范围就越小，内涵属性越小，符合这个属性的外延范围就越大。比如，天体、恒星、太阳三个概念，天体是对宇宙空间物质的真实存在而言的，也是星际物质和各种星体的统称，显然恒星包含在其范围之内；恒星是指在宇宙中存在的一种天体，它由气体和尘埃组成，通过核聚变产生能量，并且持续地释放出光和热，因此恒星的外延包括太阳。

有些概念并不是指向某个事物，而是指向某种现象，如燃烧、下雨；有些概念指向的并非现实世界里的真实存在，而是某种心理上的感受，如恐惧、思念。但是，概念总是通过抽象化的方式从一类事物或现象中提取出来的反映其共同特性的思维单位，而人类创造新概念也有三种途径。途径一，发现一类事物或现象的特征属性；途径二，发现一类事物或现象的独特组合；途径三，发现事物与现象特征和特征之间的关系。

科学教育的内容包括科学概念、原理规律和科学理论。科学理论的形成包括三个过程：第一步从发现的事物整体表象出发，通过科学抽象，形成概念；第二步从科学抽象得出的概念形成关系，代表了规律原理；第三步科学概念和规律原理形成对某个领域系统的认识，由此上升为理论。可见，发现新事物、提出新概念是科学进步的第一步。科学概念的产生有四种基本方式：第一种是自然概念的转化，如水的科学概念，应该表述为“由氢、氧两种元素组成的无机物，无毒，可饮用，化学式为 H_2O”。请注意，作为概念的水依然指向的是同一种事物，只是其描述的内涵发生了重要的改变。第二种是科学理论演绎而成的理性概念。例如，动量 P，表示物体在其运动方向上保持运动的趋势，它的大小定义为物体的质量和速度的乘积（$P=mv$）。再如，动能 E_K 是物体做机械运动而具有的能，它的大小定义为物体质量与速度平方乘积的二分之一（$E_K=1/2mv^2$）。这些概念非自然感觉能直接感知，但可测量，与其他科学概念存在规律性关联。第三种是科学理论创造性推论。如广义相对论几十年前就推导出宇宙可能有黑洞和引力波，但近年来才得到科学真正确认。第四种是科学新发现，如发现物质的放射性和 DNA 的双螺旋结构。

科学教育的基本行为可以归结为细心的观察和对科学概念的学习。科学概念是构成科学课程内容的基本单位，是学习科学规律和理论的基础，更是形成科学思维过程的核心内容之一，因此科学概念教育一直是科学教育关注的焦点。每个人出生后，通过观察世界和与人沟通，都会逐渐把各种事物和现象在自己的大脑中习得概念，但在有些概念的内涵和外延上可能会存在一定的差异。因此，每个儿童在开始科学教育时，都不是一张白纸，而是已经在大脑中有了自己的知识网络，我们称之为前概念或迷思概念，这些概念是科学学习的基础，也会对科学学习产生一定的干扰。

建构主义理论认为：学习者学习科学概念靠传授是无效的，学习科学概念最基本的方式是基于原有经验的概念转变学习。概念转变就是指个体原有的“前概念”，由于受到与此不一致的新知识的影响而发生重大转变，从而对学习者原有的理解或解释做出调整和改造，实现由前概念向科学概念的转变。概念转变学习的要点是充分引起认知冲突，并凸显新概念在问题解决中的新价值和优越性，才能让学习者实现概念的转变。

当前国际科学概念学习正在从“概念转变”转向“概念理解”。概念理解是重在与概念之间建立起联系，让概念应用于不同的情境，并让学习者以不同的方式来表达概念。其具体的教学表现是在情境中开展活动。例如，解释、寻找证据、举例、概括、应用、类比等。又如，在初中时学习“金属受热膨胀”现象时，以往的教学是通过各种演示实验，让学生观察到受热膨胀的现象，从而接受金属受热膨胀这个概念。理解教育的不同之处在于会追问受热膨胀的原因，因为大多数学生已经有了物质是由分子组成的前概念，追问原因会暴露学生的迷思概念，如有的学生存在“受热以后，分子会膨胀”等迷思概念。实际上，受热膨胀的原因是分子本身没有膨胀，只是分子间距离变大。

从“概念灌输”到“概念转变”，再到“概念理解”，科学教育的新概念和新实践不断深化，其背景是科学知识爆炸式增长和儿童进入科学教育时“前概念”越来越丰富。概念掌握存在两面性，人的思考是模式化的，基础知识越好，思维模式的固化就会越强，那么跨模式、跨领域的思维能力反而会下降。有专家用实验表明：受教育程度会影响儿童对概念的激活方式，正规教育似乎增加了分类学思维，阻碍了主题性思维。只有通过概念的理解来互相激发，在儿童大脑中形成概念链和概念群，减少概念的封闭性，增强概念的开放性，让概念有更多的联系触角，才能通过科学教育培养更多潜在的拔尖创新人才。

探究的质量

具有科学探究能力是科学家最基本的特征。科学探究可以从两方面来理解：一是科学探究活动的程序；二是科学探究的精神。科学探究活动的程序表达了科学探究要先做什么，再做什么，是从实际科学探究过程中概括出来的一般过程。科学探究精神则是推动科学探究活动的动力，主要包括求知精神、进取精神和求实精神。如果说科学探究的基本程序是探究的“形”，那么探究精神就是探究的“神”，形神互相依存，是科学探究的本质与魅力，也是科学家有所发现的源泉。

科学教育中的科学探究又有两层意思：一是指作为科学核心的科学探究，属于学习内容；二是学生学习过程的科学探究，是一种学习的方法。成功的科学教育能使学生既学到科学概念又发展科学思维能力。科学教育中有效的学习要依靠多种不同的教学方法。有证据证明，探究式学习方法是学习科学的一个强有力的工具，能在课堂上保持学习者强烈的好奇心和旺盛的求知欲。学生在探究性学习中不仅能产生浓厚的学习兴趣，而且还能感受到自己失败与错误，通过纠正错误，逐步走向正确，真正体会到成功的喜悦。意义不能给予，只能发现，富有探索性的学科实践是发现科学现象背后意义的关键，也是科学素养形成的过程。

科学课不应是听课、记笔记、做实验、做习题的组合，而应是在教师指导和帮助下不断探究科学现象的本质与内在联系的过程，听课、记笔记、做实验、做习题都是促成形成内在联系的手段，将科学探究作为科学教育改革的指导思想，这是体现科学本质与促进学生科学素养发展相统一的要求，是国际科学教育发展的共同趋势。探究是人的一种需求，它和人的想象力和创造力直接相关。科学课程中的科学探究活动是学生发展的需要，是一种学生的体验活动，也是科学态度和精神的养成过程。如果剥夺了学生的探究权利，学生也就失去了学习的主动性和创造性。

学生的探究需要一般有以下两种来源：一种是在实际生活中发现了未知的现象；另一种是在学习或阅读中对已经明确的知识或规律产生的怀疑。他们通过向相关人员提问或查阅资料，甚至自己做实验来解决问题。可以说，这种需求生而有之。比如，儿童可能会问：天为什么是蓝色的？也可能从《两小儿辩日》的故事中得到启发，询问：到底太阳是中午离地球近还是早上离地球近？如果在学生满怀探究需求时，用各种粗暴的方法阻碍甚至伤害他们，或者用其他方式断绝他们探究的时间和空间，对他们是残忍的。

从根本上来说，科学家在依靠证据、利用假设、运用逻辑推理等方面是相似的，所以对科学探究的一般方法也有着共同的认识。然而，科学家在调查现象、开展探究工作、对实验数据和结果的分析等方法又是不同的。离开了具体的调查研究背景和实际的科学问题，科学探究就难以叙述清楚。没有一个简单的一成不变的步骤可以供科学家遵循，更没有一条道路可以确保正确地引导科学家最终必然取得科学发现。

科学探究一般包括六个基本要素：提出问题、作出假设、制订计划、使用工具和搜集证据、处理数据和解释问题、表达与交流。

第一，提出问题

爱因斯坦说：“提出一个问题，比解决一个问题更有价值。”从日常生活、自然现象、科学实验和其他情景中发现并提出与物理概念相关的问题，对科学探究具有重要意义。如果没有发现问题也没有提出问题，科学探究便无从谈起。从这个意义上来说，问题是探究环节的中心。但是，只有现象的发现而没有质疑，看到什么就在看到现象的后面加一个问号，这样的提问，是没有价值的。同样，没有以客观事实为基础的提问也是没有探究价值的。什么是好问题？下面的故事也许能说明问题。

故事 8　让牛拉人尿

1998 年，笔者出访美国时，去了纽约著名的布朗克斯科学高中，在学校里待了四天，主要是听物理课，因为这所 1948 年建校的高中出了 7 名诺贝尔奖获得者。但是，在课堂教学的观察中，我始终找不到教学成功的原因。与教师交谈时，教师说："我们鼓励孩子提问，提好的问题。"我问："什么是好问题？牛顿问苹果为什么从树上掉下来，这个问题是好问题吗？"教师就笑了，说这个周末学校有一个活动，你来参加，也许能明白"什么是好问题"。虽然周末前我们已经回到费城，但是到了周末，我和其他 5 位学员再次来到布朗克斯科学高中，参加 80 位优秀高三毕业生科学研究展示交流会。这 80 位学生在高二暑假开始就走出校园，到社会上寻找科研机构或高科技企业，进行课题研究，到了年底，每个人做好展示板，和导师、家长一起分享自己的研究成果。

有一位女生研究的课题名称为"让牛拉人尿"。我和这个女孩交流，问她究竟做的是什么课题。她说她一直有一个疑问："为什么人的膀胱壁那么薄，却不会漏尿？"所以，在暑假里就去敲了纽约大学医学院一个教授的门，教授听了这个有趣的问题后就把她留了下来。女孩发现人的膀胱很薄，但是不能用塑料袋来替代。她还发现，实验室里其他科学家正在人尿里提取物质，她很好奇。教授告诉她，人的膀胱壁会分泌一种物质，这种物质会溶解在人尿里，如果把这种物质从人尿中提取出来，可当药用，用于抢救生命。女孩问："为什么不从牛尿里提取呢？"教授说牛尿里没有这种物质。女孩问："为什么牛尿里没有这种物质？"教授说不知道，可能是人要憋尿，牛不需要憋尿，憋尿会对人体产生毒素，这种物质也许是用来化解尿里的毒素的。女孩问："能不能用转基因技术，让牛拉人尿呢？"教授说："你可以试一试。"于是女孩就在实验室中专注做实验，最终实现了让牛拉出的尿里包含人尿中这种特有的物质，并完成了"让牛拉人尿"的课题。

第二，作出假设

猜想与假设是科学思维的一种高级形式，是对所提出的问题根据已有的科学知识作出的一种猜测性陈述，对问题中事物的因果性、规律性作出的假定性解释。猜想和假设是科学探究，乃至整个科学研究中最具有创造性的一个环节，猜想和假设一旦得到实验结果的支持，它就可能发展成为科学的结论。假设过程有两个基本特征：一是对客观事实的质疑作出假定；二是研究者需要运用已有的知识、经验对假定作出逻辑证明，构成假设。要使学生获得对猜想与假设的正确认识和能力，最根本的是让学生经历猜想和假设的过程，这个过程在课堂教学过程中的表现，就是教师在提出一个开放性问题后，必须努力实现有多个差异较大的回答。猜想与假设基于逻辑，更基于批判与想象。我们不妨通过案例 8 简单尝试一下猜想与假设的过程。

案例 8　地球的第二水循环系统

汪品先院士在《深海浅说》一书中讲到，1994 年在罗马举办过一次针对海底的国际研讨会，以“海底的观测、理论与想象”为题，把诗人、哲学家、作家请来，同科学家一起参加圆桌讨论。因为科学家在海底深潜过程中，发现了海底有许多不断向海水中喷射出的“黑烟囱”和“白烟囱”，这个水是从哪里来的呢？最后得出的猜想是“海底是漏的”。据估算，大西洋海底渗出的海底地下水每年有（2～4）$\times 10^8$ km^3，相当于大西洋河流输入量的$\frac{4}{5}$～$\frac{8}{5}$。那么，海底中渗出的水是从哪里来的呢？你肯定会猜想，海底下存在储水库。实际上，海底下的储水库有两种：一种是海洋底下的海洋；另一种

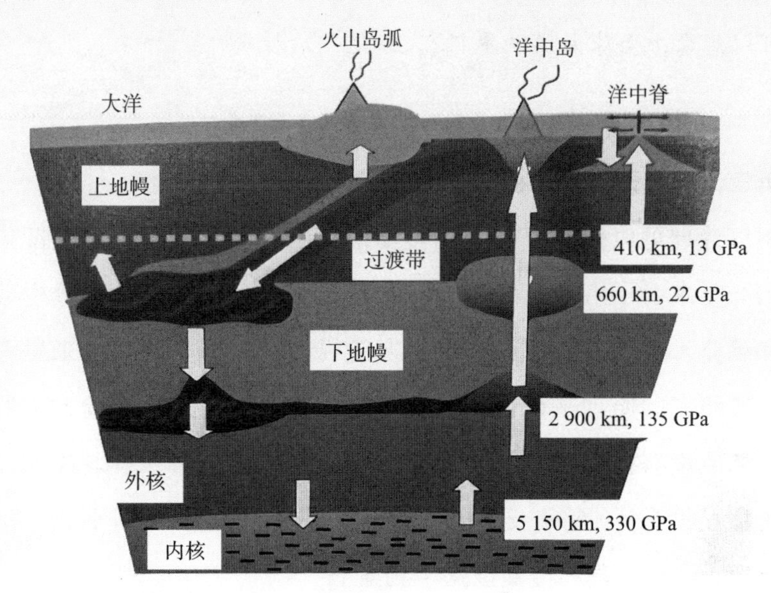

图 3-2　地球内部水循环[①]

① 汪品先 . 深海浅说［M］. 上海：上海科技教育出版社，2020.

是存在于地幔矿物的晶格中，晶格中的水在一定条件下会释放出液态水。那一直往外冒水，海底下的水会流完吗？而且海水好像也没有变多。这时候你就会想，既然海底是漏的，当然海洋里的水也会漏到海底下面。实际上，大量的海水是通过地壳板块的俯冲带，水随着俯冲板块片进入地幔的深处。海底是一个水流动的双向世界：既有从海面向下的运动，也有从海底向上的运动。这时候，科学家才明白，除了在地表发生的降水、蒸发和径流等地表水循环系统，还有一个深海海底与地幔之间发生的第二个水循环系统。科学家发现，第二个水循环系统有一个恐怖的现象，就是每年从海沟俯冲下去的水比从海底喷出来的水要多，与5亿多年前的“寒武纪生命大爆发”时相比，地球上的海水已经减少了6%～10%，按照这样的速率可以想象，全球大洋的水将在20亿年后枯竭。

第三，制订计划

制订计划可以使探究者明确搜集信息的途径和方式，确定搜集信息的范围与要求，了解探究所需的实验器材和设备，以及建立分析数据的方法和思路。根据探究假设来确定实验目的，根据实验目的来思考实验原理，按照实验原理来设计实验程序和步骤，这是设计实验方案的基本线索。如果没有探究计划，科学探究的操作也就失去根据。探究计划不当或实验方案不妥，将直接影响到探究结果的可靠性和科学性。

第四，使用工具和搜集证据（测量）

科学实验是检验科学假设的唯一标准，也是检验方案是否可行的重要途径。当然，在实验过程中通过使用各种工具来调查、观察、查询、测量等搜集相关证据也是非常重要的。没有实验探究，所探究问题的结论就不能形成。如果搜集的数据失真，将会对探究结果产生严重影响，甚至可能得出与真正科学结论完全相反的结论。

实验过程中出现问题和误差是在所难免的，关键是要正确对待搜集信息过程中出现偏差的原因。因此，实验和搜集数据的过程，是一个动手动脑的过程。特别是在实验过程中会出现意想不到的现象和结果，这些现象和结果本来就是新研究的开始。在科学史上不乏由于关注到实验中出现的问题而产生的重大发现。

第五，处理数据和解释问题

实验数据并不等于科学探究的结论。对实验数据或证据进行分析论证，对实验结果做出解释，回答提出的问题，分析、综合、归纳、演绎等科学研究中的基本科学方法，在科学探究中是必不可少的。

对实验证据和数据进行分析，首先要明确数据分析的物理原理，只有把所研究的物理量和实验数据之间的关系梳理清楚后，才可能从数学方法角度分析数据。数据分析的数学方法就是对数据进行比较，寻找数据之间的规律。常用的处理方法有图像法、列表法等。在此基础上进行因果分析，从而得出相应的结论。对结论要进行评估和论证，要关注探究结果和探究假设之间的差异和探究过程中没有解决的问题，从而通过评估使探究过程得到优化。

第六，表达与交流

交流得出的结论，共享探究的成果，并在一定范围内进行合作，将得到的新知识运用到其他情景中，让探究的结果体现科学知识的价值是非常有意义的。由于实验探究往往不是一个人完成的，需要在探究过程中发挥实验参与者的积极性，使每个人都贡献自己的聪明才智。合作是一种互相分工、相互关联、互相制约的活动。科学探究中的合作是一种尊重他人、互相学习的过程，这个过程应该贯穿整个探究的全过程。要合作必须要有交流。在探究小组内的交流使探究活动的合作得到实现，在合作和交流过程中，学会与体验合作交流，为学生在各种场合下构建自己的合作和交流个性能力提供有价值的帮助。

撰写实验报告和对实验过程及结果的交流是表达的重要环节，实验报告要体现探究过程中的思考和出现的现象，并简洁清晰地呈现搜集到的数据和数学分析，并通过小组或更大范围的交流，审视探究过程中的问题和结论的科学性。《初中物理课程评价与改革探索》曾经总结了交流与合作的六个要求：（1）能写出简单的探究报告；（2）有准确表达自己观点的意识；（3）合作中注意既坚持原则又尊重他人；（4）思考别人的意见，改进自己的探究方案；（5）有团队精神；（6）认识科学探究过程中必须有合作精神。

科学教育中开展科学探究一般存在以下问题：

一是探究活动中忽视学生的实际情况，让学生一步达到较高的探究要求，使学生迷失方向。有人认为，科学探究就要像科学家当初研究自然界中科学规律时所进行的科学研究活动一样，把学生置于无序、开放、动态、多元的学习环境中，使其进行无序探究，大胆尝试，才能实现自主学习，这才是探究的真谛。但是实践表明，探究活动的组织和对学生探究能力的培养，应循序渐进，由简单到复杂，从有序到无序。科学探究是师生交往、共同发展的互动过程，探究应成为在教师指导下学生主动的、富有个性的学习活动。可见，探究式学习和科学家开展的探究活动是不同的，科学家针对某个感兴趣的问题会做大量的思考和调查、尝试，目的是发现。但是，学生的探究主要是为了在有限的时间和条件下学习构建知识、提高能力。

针对这种情况的解决策略是：把握好学生探究活动的层次性，先让学生体验某个探究环节，逐步提高探究的能力，即使到了高年级，也不是总要体现探究的全部过程，而要关注学生探究关键点的突破，提高探究和思维的质量。

二是课堂中只强调探究而忽视其他有效的教学方法。在许多科学课堂的公开教学活动中，有时我们发现，授课教师总想把课上成探究课，总要用“探究”来吸引听课者的眼球。好像没有探究，公开课就不成功，授课教师也就没有新课程理念，听课者就会感到失望，科学探究似乎成为一种时尚。毫无疑问，科学探究在课堂上能保持学生强烈的好奇心和旺盛的求知欲，探究式学习也是学习科学的一个强有力的工具。但是，如果不管教学内容、教学条件和教学资源，不顾学生的认知规律，每堂课都上成探究课是不现实的，也是没有意义的。科学探究并不是学生学习科学的唯一方式，也不要求学生在学习所有科学知识时都参与探究，也并非所有的教学任务都要通过探究活动才能完成，要具体问题具体对待。实际上真理总是在两极之间，把握好探究式教学和接受式教学的关系，是使科学探究成为学生喜爱的学习方式的重要保证。

针对这种情况的解决策略是：针对不同内容和要求设计不同的学习方式。一般来说，针对认知水平要求不高、认知领域已经构建良好、认知的结果具有收敛性、能力要求较低的内容，可以采用接受式方式，学习效率较高，而且学生也容易产生成功感。相反，对那些认识水平要求较高、认知领域构建不完整、认知结果比较开放、能力要求属于远迁移的内容采用探究式，更加体现学习的效果。

三是探究活动成了动手操作活动，丢失了探究的灵魂。考察科学教育的现实，我们发现最大的问题在于对证据搜集、解释形成和求证的处理方式上。如何根据有限的线索确定证据搜集的方向，如何在不止一个可能合理解释的面前做出决策？对科学探究来说，这些才是至关重要的内容。可是，它们往往被教科书或教师包办代替了。学生学阿基米德定律就是一个典型的例子。一般教科书对此的处理在表面上看仿佛是从事实得出规律的，但关键的问题是，人们一开始怎么会想到要设法去搜集刚好由于物体的浸入而被排挤开的液体呢？在阿基米德发现浮力奥秘时大喊“尤里卡”的故事，才是最奥妙、最有魅力的一段，而对学生来说，一旦把这变成“阳关大道”，发现阿基米德定律就等同于几步测量操作。

针对这种情况的解决策略是：教师要把握探究式学习的本质，设置情景让学生围绕问题逐步开展探究活动，避免探究活动成为实验灌输。当然教师也要提高自身的专业素养，了解相关科学知识和规律的来源和背景，从而能敏锐地感觉学生探究的关键点，使探究活动变得生动有趣，提高探究质量。

实验的奥秘

科学实验是科学探究和科学验证最重要的方法，每个科学概念的建立和每个定律的发现，都要通过其他研究者利用实验来反复验证才能被科学共同体所接受。因此，实验赋予科学发现坚实的基础，实验赋予科学思想和内容，同时科学实验自身也是不断发展的。

科学实验是在有目的改变事物的过程中观察事物、探索规律的科学研究方法。一个具体的科学实验可以简单地分为五个基本步骤：一是研究者必须掌握问题的相关理论基础，任何实验都需要一定的理论作为指导；二是要进行实验方案的制订和设计；三是需要实验仪器的制作和准备；四是观察与记录实验结果；五是处理实验结果并给出合理解释，形成实验报告。

在科学教育中的实验教学与科学研究的实验有共同之处，但也有相当大的区别。科学实验的主要特点有：（1）实验条件可以严格控制；（2）实验可以重复；（3）需要借助各种仪器；（4）可以在特殊条件下或特殊环境下进行。教学实验与科学实验在本质上有许多共同之处。教学实验是有选择地把一部分研究或探索科学现象和规律的实验及事实，在集中的时间内呈现给学生或由学生实现探究。当然，科学实验最终能否得到满意的结论是未知的，但教学实验往往有肯定的结果，而且相对来说比较容易得到结论。

实验作为重要的科学研究方法，有其非常丰富的内涵。像实验中的控制变量、测量与数据处理、误差分析和实验评估等都有一定的科学规范和方法。归纳起来，物理实验一般来说有六大要素。

要素一，观察

观察是搜集自然现象所提供信息的基本途径之一，同时也是物理实验中最基本的手段。离开观察，实验就失去了获得信息的渠道。观察是一种方法，同时也是一种研究能力。不同的人其观察的角度、观察的广度和观察的持久度都是不同的，观察甚至与观察者的知识结构和心理习惯也有关系。我们经常会对一些事物视而不见，同样在实验中，我们也往往会只关注预期的实验结果，而忽视在实验过程中出现的不寻常的现象，实验观察有些是瞬间的，有些需要很长时间。有时观察还需要先进的实验工具才能完成。

巴甫洛夫说过："观察是收集自然现象所提供的东西，而实验则是从自然现象中提取它所愿望的东西。"并非所有的现象都能通过实验来控制分析，太阳系中行星的运动、星系中心的巨大黑洞等，只能在观察中来寻找规律或印证理论推演的结论。

要素二，假设

一般来说，科学实验总是源于假设。假设就是用来说明某种现象但尚未得到证实的论题。假设一般分为三个步骤。第一步是依据发现的事实材料和已知的科学原理，通过创造性思维，提出初步假定；第二步是依据提出的假定，进行推理，得出假定性结论；第三步是依据假设，设计实验方案，进行实验验证。如果假设得到证实，假设转化为科学理论，如果实验没有提供预期的结果，假设就没有证实，需要修正，甚至否定。

要素三，变量

做实验，离不开控制变量。在科学实验中，变量有四种：第一种是实验变量，也称自变量，是实验者所操纵或给定的因素、条件。第二种是与之相对应的反应变量，又称应变量，是随着实验变量的变化而引起的变化和结果。通常实验变量和反应变量之间有因果关系，实验目的是发现和解释这种因果关系。第三种是无关变量，无关变量是指实验中除实验变量以外不能影响实验变化和结果的因素或条件。第四种是额外变量，额外变量是实验中原来认为是无关变量却能引起实验变化的变量。无关变量和额外变量是无法完全排除的，这不仅是实验者必须面临的，同时也是实验者新发现的源泉。

要素四，控制

控制是实验的第四个要素。控制变量是实验中处理实验变量关系的重要方法。实验中往往要严格控制实验变量，以获取反应变量的变化结果，在许多情况下要求做到一个实验变量对应观测一个反应变量，即“单一原则”。

要素五，对照

对照是实验控制的重要手段，目的在于消除无关变量对实验结果的影响。通过设置实验对照，可以排除无关变量的影响，还可增加实验结果的可信度。所以实验常分为实验组和对照组。实验组是实施实验变量处理的对象组，而对照组则不接受实验变量的处理。

要素六，获取和解释

科学研究的实质是在于获取观察或实验中出现的事实、现象和数据，通过论证和说明来解释实验中出现的自变量与应变量之间的因果关系。有时候，实验者获取的自变量与应变量之间可能只是相关，而非因果。有些实验甚至会获取一些错误的事实和现象，这从某种程度上来说是科学实验充满魅力的原因之一。

科学实验是有规范的，但有规范的科学实验并不一定带来科学发现，科学实验需要更多的思考和创意。

科学教育中的实验同样包括以上六大要素，但更指向不同于阅读、讲授等方式的学习过程，它对学生的心理发展，提高合作意识和能力、体验和感悟科学本质等方面都有不可替代的作用。好的实验设计，不但能激发学生的学习兴趣，还有利于克服思维定式，发展学生思维，激励学生的创新愿望。实验是一种有目的性的操作行为，学生动手做实验不但可以满足学生动手操作的愿望，更重要的是可以让学生不断体会“发现”和“克服困难、解决问题、获得成功”后的喜悦，从而增强学习的信心、自觉性和愿望。

大家知道，科学概念和规律都是从大量具体事例中抽象出来的。在教学中，如果离开实验，学生纯粹从理性角度来理解这些规律，那么科学就失去了其自身的价值。通过实验，可以让学生对规律和过程获得感性认识，这是形成概念、掌握规律的基础。从生活中得到的感性材料通常过于复杂，本质的因素和非本质的因素交织在一起，对学生来说比较难以建立概念和认识规律。教学实验则是精心选择过的、经过简化和纯化的感性材料，它能使学生对科学事实获得明确、具体的认识。充分挖掘实验的典型性、可重复性和趣味性，让学生走进一个活生生的科学世界，突破教学中的重点和难点，是提高科学教育质量的保证。

讲到科学实验，人们往往认为一定离不开测量。确实，在某些领域的科学研究中必定离不开测量和数据处理，科学研究中的对象大多数是可测量的，且可以被量化的，可以说科学就是用数学来描述概念和观念之间量化的规律。有的实验能达到的定量测量的精度极高，如光速 c 的测量结果已达到 9 位有效数字，这些实验称为定量实验。定量实验就是在实验过程中需要通过定量测量获取实验数据，并通过数据处理获取实验结论的实验，目前大多数学生实验属于定量实验。定量实验要有意识地引导学生逐渐学会设计表格和规范地记录数据，让学生关注到不同观察者对同一现象读数时会出现的偶然误差，也要让学生逐步学会对数据进行分析和处理，判断实验所得数据的合理性。

其实并不是所有的科学实验都必须达到很高的精度，有些实验只要求看到明确的现象，根本不需要数据记录，或者只需要记录少量的简单数据，这就是定性实验和半定量实验，而在定性实验中根本不需要数据记录或数据比较，是现象或结论非常清晰的一类实验。著名的泊松亮斑实验，就是一个典型的定性实验，不必精确测量阴影中的光强分布，只要看到阴影中心确实有亮点就足以证明菲涅耳的波动说战胜了牛顿的微粒说。

故事 9 泊松亮斑

1818 年，法国科学院提出了征文竞赛题目：一是利用精确的实验确定光线的衍射效应；二是根据实验，用数学归纳法推求出光通过物体附近时的运动情况。在法国物理学家阿拉果与安培的鼓励和支持下，菲涅耳向科学院提交了应征论文。

他用半波带法定量地计算了圆孔、圆板等形状的障碍物产生的衍射花纹。菲涅耳把自己的理论和对实验的说明提交给评判委员会。参加这个委员会的有：波动理论的热心支持者阿拉果；微粒论的支持者拉普拉斯、泊松和比奥；持中立态度的是盖·吕萨克。菲涅耳的波动理论遭到了光的粒子论者的反对。

在委员会的会议上泊松指出，根据菲涅耳理论，应当能看到一种非常奇怪的现象：如果在光束的传播路径上，放置一块不透明的圆板，由于光在圆板边缘的衍射，在离圆板一定距离的地方，圆板阴影的中央应当出现一个亮斑，对当时来说，这简直是不可思议的，

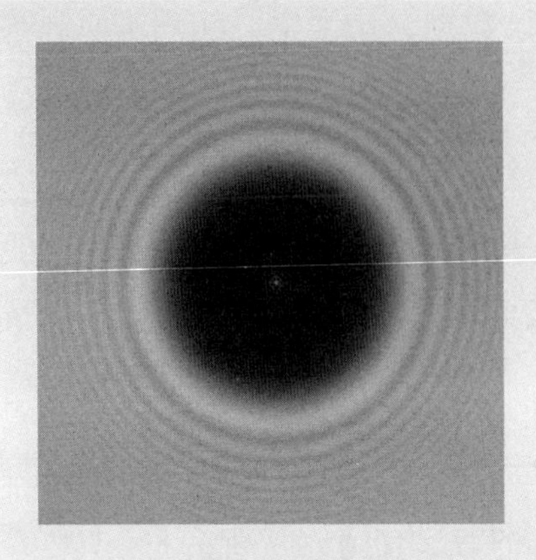
图 3-3　泊松亮斑

所以泊松宣称，他已驳倒了波动理论。菲涅耳和阿拉果接受了这个挑战，立即用实验检验了这个理论预言，非常精彩地证实了这个理论的结论，影子中心的确出现了一个亮斑。

这一成功，为光的波动说增添了不少光辉。泊松是光的波动说的反对者，泊松根据菲涅耳的计算结果，得出在一个圆片的阴影中心应当出现一个亮点，这是令人难以相信的，过去也从没有人看到过，因此泊松认为这个计算结果足够证明光的波动说是荒谬的。但是恰巧，菲涅耳和阿拉果在实验中看到了这个亮斑，这样，泊松的计算反而支持了光的波动说。过了不久，菲涅耳又用复杂的波动理论计算表明，当圆片的半径很小时，亮点才比较明显。经过实验验证，果真如此。因此，菲涅耳荣获本届科学奖，为了纪念泊松为实验提供了方法，人们把这个亮点称为泊松亮斑。由此菲涅耳开创了光学的新阶段，他发展了惠更斯和托马斯·杨的波动理论，成为"物理光学的缔造者"。

实际上有些定性实验之所以这样清晰简单，是因为在假设过程中，实验者充分综合和归纳了已知的知识和经验，把假设集中到一个关键点上的缘故。在这一阶段有时会有相当复杂的定量运算，如泊松亮斑的结论就是从非常复杂的波动理论里推演出来的。定性实验虽然看似简单，但意义深刻，历史上许多关键性实验恰恰正是这种定性实验。我们平时在课堂上所做的演示实验，很多都属于定性实验。

历史上一些著名的理想实验，实际上也属于定性实验。理想实验方法是人们在真实观察的基础上，以科学实验为依据，运用逻辑推理对实际的物理过程进行深入分析，忽略次要矛盾，抓住主要矛盾，进而在思想中塑造的理想过程和分析方法。例如，物理学中伽利略研究惯性定律的斜面实验就是理想实验。在近代物理学史上爱因斯坦与哥本哈根学派就量子力学的基本观点进行辩论时就涌现了许多脍炙人口的经典理想实验。

半定量实验就是在实验中有一定的数据比较，但实验结论不必进行数据分析就可以直接得到的一类实验。伽利略为推翻亚里士多德关于“物体下落速度与其重量成正比”的学说而进行的比萨斜塔实验（见第一章中案例 1），堪称半定量实验的典范。这个实验不必精确测量两个质量不同的球的下落速度，只要看到两球几乎同时落地就可以了。之所以称其为半定量实验，就是因为实验关联到了质量的大小和下落快慢两个变量，但这两个变量不需要用实验仪器精确测量，仅凭感觉和观察就可以得出需要的实验事实。

案例 9 用金属汤匙做实验

取一普通金属汤匙，用长约 1 米的细线在中间绑住汤匙，两端缠绕在手指上，放入两耳中，使汤匙处于悬挂状态下敲击坚硬的物体，学生就会听到洪钟般的响声。这就是非常典型的定性实验。如果用不同材料或不同大小、形状的汤匙来做实验，探究其规律，那就是半定量实验。如果继续研究，利用示波器或传感器来测量不同状态下的频率，并得出规律性结论，那就是定量实验。因此，定性实验、半定量实验、定量实验实际上是相互关联的，关键是要看学生探究到什么层次。选择不同的实验，可以适合不同学生的需求。

定性实验和半定量实验是极其重要的，是非常具有策略性的。它能以较小的代价得到事半功倍的效果。科学家在进行探索性实验研究中，往往都是从定性或半定量实验入手的。如果在一个简单的定性实验中已看到成功的希望，则可以着手进行更深入更精确的实验；如果在定性实验中已得到否定的结果，则再做更精确复杂的定量实验就可能是浪费时间、金钱与精力。从某种意义上说，定性或半定量实验相当于粗调，定量实验相当于微调，而实验总是应该先粗调后微调的。因此，学习设计和进行定性或半定量实验，是实验教学中不可缺少的环节。

实验教学之所以重要，最难能可贵的是：实验时由于环境不同、器材不同、操作过程不同，会出现许多意外，这些意外会导致实验不成功，发现实验中的问题并进行分析，对学生科学素养的培育来说是十分宝贵的资源。凡做实验，必有意外，其意外甚至可能导致新的发现，因此动手实验是从重解题走向解决问题最理想、最靠谱、最简单的方法。无论是做实验，还是玩实验，在青少年时期做过或玩过 100 个科学小实验的人，对科学的兴趣和理解将与其他人有很大的不同。

学科教育的价值

学科的第一种含义是按照学问的性质和依据学术的性质而划分的科学门类，代表的是人类长期以来对客观世界不断增长的某个方向的认识，在劳埃德撰写的《形成中的学科》一书中，他指出学科的形成实际上与人类行为有关，并指出这八大领域即哲学、数学、历史学、医学、艺术学、法学、宗教学和科学。当然每个领域还会有细分的学科，如科学领域中的生物学科告诉我们生命世界的现象与演进规律，物理学科告诉我们物质世界的结构特点及其运动规律。每门学科是从不同的角度呈现同一个世界，用不同方法来研究同一个世界。

学科的第二种含义是指在学校教学中的科目，如中小学校的学生每学期都会接受十几门学科同步开展教学，有些学科会覆盖整个中小学阶段，如语文、数学等，有些只在某些年段开设，如物理、化学等。作为一门学科，无一例外都拥有非常经典的知识内容和框架，每门学科都有其独特的教育价值传递功能和责任，称为学科教育。学科教育与学术领域的学科，有很强的关联性和对应性，实际上中小学生接受教育的学科，很大程度上是学术领域中学科已经明晰的系统性知识，其知识内容由相关学科的专家提炼形成的。学术领域中学科最新的成果往往并不在中小学的学科教育中反映，这里存在一个明显的时间差。因此，学科教育与学术领域的学科有时还会有完全不一样的面貌，如现代物理学研究的前沿内容，中学物理教师可能完全不了解，物理课堂上的教学活动有时退化为解题活动。

刚开始人类研究世界时是不分学科的，所以古代会涌现出很多通才。屈原是战国时楚国的政治家，他写了一首长诗叫《天问》，全篇 374 句、共 1 553 字，一口气问了 170 多个问题，包含对“天地”、对“宇宙”、对“人性”、对“道德”、对“自然”等方面的“拷问”。

案例 10 屈原《天问》

《天问》的前九问，实际上问的都是自然科学的问题，更是哲学方面的思考。

遂古之初，谁传道之？（请问远古开始之际，有谁能将此态传道？）

上下未形，何由考之？（天地尚未成形之时，又从哪里得以考证？）

冥昭瞢暗，谁能极之？（明暗不分混沌一片，谁在哪里探究原因？）

冯翼惟象，何以识之？（现象那么迷迷蒙蒙，用什么方法能识别？）

明明暗暗，惟时何为？（白天光明夜晚黑暗，究竟它是如何做到？）

阴阳三合，何本何化？（阴阳参合而生万物，何为本原何为演变？）

圜则九重，孰营度之？（苍穹结构传有九重，有谁能去环绕量度？）

惟兹何功，孰初作之？（如此巨大规模工程，是谁开始把它建成？）

斡维焉系，天极焉加？（天体轴绳系在哪里？天极不动架在哪里？）

在西方，最早的学科分类思想源自柏拉图，他的学生亚里士多德首次明确提出“学科”概念，并把包罗万象的哲学分为理论科学和实践科学，理论科学包括物理学、数学和形而上学；实践科学包括伦理学、政治学、经济学，另外还分了一个有关诗的科学。我国早期学科分类思想源自周代，最早分类有“六艺”，之后出现过“七略”“四部”等不同的分类方法，形成了中国传统知识系统的典型代表。学科源自人类对知识的分类，虽然在古代教育中有了学科的雏形，但现代理工学科还是基于近代科学发展的产物。随着人类认识能力和主体意识的提高，近代科学取得了革命性突破，科学知识逐渐分化，原本较为笼统的知识体系被分解成若干相对独立的学科。学科很像洛阳铲，可以更好地钻探世界隐藏的奥秘，这种研究方法极大提升了人的认识并促进了科学的发展。可以说，学科的产生具有一定的历史性和必然性，学科和科学存在相互影响和相互促进的关系，科学决定学科的出现和发展，学科是科学发展成熟的产物，学科的发展又反过来推动科学的发展。随着对世界认识的不断加深和拓展，对研究对象和领域不断细化，也形成了越来越多的学科，目前我国在研究领域和教育领域采用的学科分类，基本上采取的是西方的学科分类方法。

在现代社会中，儿童在进入学校开始接受学科教育前，就已经自然习得了语言能力，大多数儿童还掌握了一系列令人惊讶的技能，如能背诵很多古诗歌，会唱歌弹琴跳舞。还有一些人因各种原因，一辈子也没进过学校，因此也从未受过系统的学科训练，甚至识不了几个字，但同样拥有交流能力、思维能力、工作能力，甚至拥有辩论和幽默等能力，也能在社会中正常地生活。那么，学科教育的价值何在呢?

学科有一套自己的符号系统和概念系统，通过学科教育，主要是能在不同人群中形成相同的认知，哪怕在不同国家或不同地区的人，接受过学科教育的人往往拥有对世界基本相同的认知，对符号和概念也有基本的认同，这样在工业社会中，容易产生人与人的协作和人与机器的协同，这个好处是显而易见的。但是，学科教育最根本的特点在于形成学科思维，并且有一部分人能成为学科专家，并在原有学科知识的基础上产生新的知识，从而不断推进社会与科学技术的发展。这也从一个侧面证明，为什么在很长时间的封建社会中，大多数人都不识字，受学科教育的权利掌握在少数人手里，那么参与社会发展和知识进步的人也就十分稀少，导致整个社会上千年停滞在一个水平上重复。西方文艺复兴后，由于工业发展需要，开始了大规模的学校教育，参与学科教育的人数大幅度增长，导致继承和发展学科知识的人数也大幅度增长，因此社会与科学技术的发展就一直处于加速发展状态。

特别是在科学学科的教育中，系统的概念学习和对自然规律的把握，使学习者对世界的认识会超越人的自然感觉范畴，深入抽象层次，需要较长时间的符号训练和概念间学习训练，才能理解。比如，对微积分、宇宙的演变、量子世界、基因和蛋白质工作的原理等内容，如果不从小进行系统的学科教育，很难准确理解其真正的含义。怀特海有非常精辟的论述："对观念结构的欣赏是文化智能的重要方面，这只能在学科学习的影响下得以生长。""唯有学科学习能对普遍观念的准确结构予以欣赏，对结构化关系予以欣赏，对观念服务于生活予以欣赏。如此，学科化的智能应当既更抽象，又更具体。它经过对抽象思想的理解和具体事实的分析得以锻炼。"实际上，学科最大的优势是结构化，这种结构化是知识、概念、原理、理论一层层叠加关联的过程，一旦这些结构化的学科事实被人掌握，就会上升到学科观念层面，从而使学科思维能力上升到普遍的问题解决能力，这是人脑适应学科教育的一个非常有趣的事实。

教育从来是有两面性的，学科教育一方面在形成独特的学科思维能力和抽象的概括能力方面存在育人的优势，另一方面也会固化一个人的思维模式，导致人创新能力的丧失。学科教育发挥效益最重要的两个变量：一个是学科教育内容的选择；另一个是学科教育方式的选择。教育内容从来不是越多越好，发展学科思维的基本方法是对少量的、经典的学科内容展开深度学习理解。面面俱到地记忆大量学科事实，事无巨细地训练大量学科技能，反而有损学生学科思维的发展。教育方式的选择，在不同学科教育中是不同的，这与学科的核心素养有关。比如，语文学科肯定有一些死记硬背的要求，经典的文章通过滚瓜烂熟的背诵，会内化为自己撰写文章的范句。物理学科一定是需要有实验观察、验证和探究的教学环节，否则就丧失了物理学科作为实验科学的根本要求。在选择学科实践活动和跨学科学习的内容和方法时，也需要理解学科教育存在的两面性，适度和适切从来是学科教育中最重要、最需要把握的原则。

非正式教育的价值

公共文化、体育和科普资源具有重要的育人作用。社会上大量的博物馆、纪念馆、公共图书馆、美术馆、文化馆（站）、电影院、体育场馆都是青少年可以随时随地进行学习的地方，更是每个人一生中接触最多、时间最长且收益巨大的非正式教育空间。2015 年，联合国教科文组织发布了《反思教育：向“全球共同利益”的理念转变》的报告，强调我们要重新反思教育、重新定义教育。教育不限于学校，校外非正式教育形式丰富、内容多样、领域广泛，其价值绝对不少于学校正规教育。联合国教科文组织国际教育规划研究所雅克·哈拉克认为：“非正式教育是一种典型的终身过程，每个人通过日常经历，通过来自周围环境的教育机会和教育资源，即家庭、邻里、工作场所或闲暇活动、市场、图书馆及大众传播媒介，习得各种态度、价值观念、知识和技能。”

改革开放以来，我国经济社会发展迅猛，主要矛盾也从“人民日益增长的物质文化需要同落后的社会生产之间的矛盾”转变为“人民日益增长的美好生活需要和不平衡不充分的发展之间的矛盾”。基础教育从基本均衡走向优质均衡发展，高等教育进入世界公认的普及化发展阶段，教育高质量发展已经成为国家层面和老百姓共同的愿景。在这种情况下，校内教育已经无法满足青少年充分发展的需要，校外非正式教育越来越成为每个青少年成长必需的内容，这给校外非正式教育带来一波新的发展机会，也是国家经济社会发展的新动能，更是教育高质量发展的新空间。

第一，非正式教育能满足社会越来越强烈的多样化需要。学校的正规教育，其内容和教学方式往往相对统一，这确保了党和国家意志的实现，也确保了正规学校教育公平。但是，文化、体育、科技项目内容丰富，学校只能努力满足基本需要，随着社会发展，人的多样化需求不断增长，当经济社会发展到一定程度，人们对文化、体育、科创方面的高质量需求会梯次爆发。二十年前上海人均 GDP 约为 4 000 美元，几乎每个家长都会让自己的孩子在校外学一门艺术课程；十年前上海人均 GDP 约为 1.42 万美元，几乎每个孩子开始在校外至少学习一门运动技能；2022 年上海人均 GDP 达到 2.69 万美元，越来越多的家长开始让自己的孩子在校外参加科技创新类项目的学习。目前全国人均 GDP 约为 1.23 万美元，大概是上海 2012 年的水平，因此从全国范围来看，已经进入大多数家庭都有让孩子在校外学习一门艺术和一门运动技能的需求，这个量非常巨大。如果全部采用市场化、资本化运作，必然会不断推高价格，导致中低收入家庭产生经济压力。只有公共文化体育和科普场馆免费或低价向青少年开放，并且提供充分的文体科技方面的活动课程，才能满足强大的市场需求，同时抑制消费价格。

第二，非正式教育有学校教育无法替代的作用。就每个人而言，学习不存在正式和非正式的说法，只存在学习内容的差异和学习兴趣程度的差异。但是，从教育角度看，学校教育比较规范，比较正式，原因是有课程标准、课堂教学规范和考试评价的要求，加上相应的学历和文凭的制约。非正式教育的教育空间、教育内容、教育方式、教育评价就随意得多，实际上这是非正式教育的特点和优势。学校教育课程化程度高，教育要求往往需要在规定时间里完成，因此个性化兴趣的培养往往体现不充分。人的兴趣差别实际上主要是在非正式教育中形成的，从以往的成功经验中发现，在艺术和体育方面出现的拔尖人才，其启蒙教育几乎都是在校外进行的。人的全面而有个性的发展，有时候并不能通过高度课程化的正规教育来实现，而是需要在比较宽松和相对自由的环境中养成。青少年离开学校环境进入博物馆、科技馆等校外的学习环境中，往往会带来新鲜的空间感和全新的人际关系，学生之间因学业压力带来的竞争性也会减少，合作、游戏等学习方式会更加明显。不同环境、不同人物、不同学习内容、不同学习方式，给青少年学习带来新的意义和新的激励，更为家庭亲子活动提供机会，有助于增强家庭成员之间的亲密关系，减少代际关系紧张，减少青少年心理问题的形成。

第三，非正式教育有助于青少年形成终身学习的习惯。人的一生，在校学习时间也就是十几年，只有养成在社会大课堂中不断学习的习惯，才是实现每个人终身发展的根本。研究表明，一个人从小习惯去博物馆、图书馆，从小喜欢到剧场看演出、听音乐会，从小经常去运动场馆锻炼和观看比赛，长大后喜欢去这些场馆的概率会极大提高。一方面提高了个人的文化品位和生活质量，另一方面也提高了整个城市、整个国家的公民素质和文化产业的体量。

要真正发挥校外非正式教育的作用，深入开展中小学课程和评价改革是基础。校外非正式教育空间很大，但要发挥其作用，首要在于校内课程改革，必须要把中小学校内的课程改革做好，无论是“减作业、减培训”，还是招生考试评价改革，都是想把青少年过重的学习负担减下来，否则再多的校外资源，学生也没有时间去利用。国家新课程新教材改革，特别强调学科实践和项目化学习，这些内容需要大量校外非正式教育资源，同时也需要青少年拥有更多的学习时间。时间从哪里来？这是一个根本性问题。唯一的选择是减少必需的共同学习的内容要求，减少重复训练，减去过多的考试。规定每周有半天时间，走出校园，到校外文体场馆和科技空间去，上海基础教育十年前推出了“快乐活动日”，十分有效果。鼓励“馆校合作”项目，使许多学科课程到科技馆、博物馆去进行现场教学，其主要形式是参观导览、学生讲座、校园展览、文化活动、教育读物编写和教师培养。比如，上海科技馆目前已经与400多所学校开展了“馆校合作”，培养学校教师到博物馆上课的能力，并授予“博老师”头衔。通过这种方式，越来越多的教师开始喜欢和经常带着学生到博物馆上课。通过增加政府投入和购买服务，落实博物馆、纪念馆、公共图书馆、美术馆、文化馆（站）按规定向学生免费开放政策，有条件的公共体育设施、科技馆和各类科普教育基地免费或低收费向学生开放，那么校内校外协同育人的格局就形成了。

当前，在义务教育阶段已经普遍实施放学后学校为学生提供课后托管服务，在“双减”初期，这种做法可有效减少家长在放学后带孩子去校外培训机构补课的可能性，但是校内活动资源有限，把学生长时间留在学校中的做法，会导致学生自由活动时间被挤占的情况，教师在校工作时间过长，会导致教师身心疲惫。最好的做法是增加校外资源供给和服务能力，如博物馆、科技馆在上午可以晚一点开馆，下午延长闭馆时间，这样放学后学生就有机会进入各种场馆，开展非正式教育。当然，也可以去电影院看电影，可以进入社区学习中心和社会上的体育场馆，参与形式多样的文体活动。

非正式教育开展，特别需要避免活动过度课程化的倾向，增加更多的自由度。非正式教育本质上是提供自由学习的空间，让学生自组织学习。校内紧张的学习气氛，导致师生关系紧张，学生害怕犯错误，害怕跟不上教学节奏，那么校外非正式教育就不能延续这种不良的情况。学生专注自己有兴趣的事，是最好的心理调节器，学生发发呆，浪费一点时间，比一直紧绷神经要好得多。哪怕花上一两个小时观察地上的蚂蚁，对他们形成自己的专注力、放松身心，都是利大于弊的。在非正式教育中甚至可以允许学生躺平一段时间，允许他们犯错——如果一个学生连犯错都没有机会，那么实际上是很难成长的。对教育者来说控制是一项需要高度技巧的活，教育结构化一方面会有效提高学习效率，另一方面也会增加学生被动学习的强度，减少学生学习的自主性和积极性。保持一定的失控程度，减少教育过多的组织化，是校外非正式教育的优势，需要充分重视和挖掘。

由于学校教育的严肃性，在课程标准制订、教材编写、完成教师培训后，学校教育的相关课程才能正式进入教育教学领域，这个周期至少需要 3～5 年的时间，但是现代社会的基本特征是科技发展太快，导致校内课程的滞后性越来越严重，因此校外非正式教育的重要地位也越来越突出。实际上，现在青少年在学校里学到的内容大多数是用来应对考试的，学生掌握的考试之外的大量知识并非来自课堂，学生懂的东西，很多教师都不懂，甚至听也没听说过。在博物馆、科技馆等非正式教育场所，可以及时把最新的科技成果展示出来，从而弥补学校教育越来越滞后科技发展的硬伤。博物馆的“场效应”，就是以最大的速度展示新发现和新技术，以最先进的展示方式来激发学生的学习兴趣，以最多样化的方式来满足学生个性化需要，这需要校外教育场馆不断增加研究力量，增加展教力量，增加学习信息资源直达学校和学生的可能性。进一步提高校外资源的统整力度，需要形成更加明晰的协作流程，形成枢纽型平台，降低学校和学生获取校外非正式教育的机会成本。

校外非正式教育并非单纯的知识输入，实际上其学习方式的多样性要远高于校内教育。比如，青少年可以在场馆担任各种志愿者，通过适应性培训后担任讲解员、引导员、安全员等角色，也可以跟着科学家和技术研发者一起做研究者、小助手，像科学家、工程师一样学习和研究。也可以担任优化展陈的错误发现者。实际上，许多场馆文字解释中的小错误是学生发现的，在上海科技馆、上海自然博物馆和上海天文馆，已经多次发生学生指出展陈中标示和讲解存在错误的情况。这表明，非正式教育在激发青少年学习的主动性方面有极大的机会。相信学生，激发学生，就要给学生提供更多的空间和舞台。

从现存的校外非正式教育资源角度来看，主要在于整合性开发，而非建设性开发，并不需要增加大量的投入。校外非正式教育资源，绝对不限于公共的科技场馆和文体场馆。大量的社区和企业拥有无数的资源，哪怕是学校周边的面包店、咖啡店，也有大量学生开展劳动教育和科技教育的内容。例如，面包是如何发酵的？咖啡是如何拉花的？如何保持食品的安全性？如何针对不同顾客提供更好的服务体验？……学生走出校园，通过有效的组织形式，都能实现非正式教育的目的。很多人认为，在偏远的农村地区的学校会缺少校外学习资源，这种想法实际上是片面的，因为农村地区有城市中没有的资源，在农村的学生可以去研究土壤、生态环境、各种农作物的生长，可以利用泥土和植物来制作各种有趣的作品。当然，如果各地政府给学校科学教师进行有效培训，每个学校配一名科技工作者，给偏远地区赠送流动科技馆，建立更多乡村少年宫，通过现代化信息化设施设备，给学生提供更多的网络课程，那么偏远农村地区的学生，完全有可能拥有与城市学生一样丰富的非正式教育机会。

当所有学生都只能做同样的事，挤在同一条跑道时，就容易出现惨烈的竞争和教育内卷，形成越来越多的教育焦虑。一旦教育空间打开，全社会都能为学生的成长提供资源，实现每个学生不一样的成长机会，学生能在“玩中学，做中学，创中学”，形成各有侧重的学习专注度和好奇心，最终都能拥有引以为傲的个性化特长和兴趣爱好，那么我们的教育才真正实现了进化，教育的高质量发展才真正走向了正道。

非正式教育是一门大学问，也是时代给全社会出的一道需要大家来解答的共答题。对非正式教育中青少年的学习认知、学习边界与学习方式的研究，挖掘其中不可低估的价值，与校内正规教育形成良性的协同互动，需要教育理念的更新，更需要全社会一致的行动。我们已经看到了现在教育中存在的问题，我们也知道必须去改变，但我们同时又感到似乎自己无论如何去努力都很难改变现状，显得十分无助，只能随波逐流，那么说明我们太需要去拓展新的教育空间。在原来有限的学科教育、有限的学习时间和有限的学习目标里挣扎，只会导致越来越“卷”。破解教育内卷的唯一方法，就是跳出局限，在更开阔的世界里寻找发展空间，你、我和所有人，都有责任和机会。

STEM 教育的逻辑

北京时间 2023 年 5 月 22 日深夜，在巴黎举行的联合国教科文组织（UNESCO）执行局第 216 届会议经过充分磋商，一致通过一项决议：在中国上海设立教科文组织 STEM 教育一类机构。11 月 9 日，联合国教科文组织第 42 届大会正式通过了这一决议。这是继 1986 年美国国家科学委员会发表《本科的科学、数学和工程教育》报告，推进 STEM 教育集成战略以来，世界科学教育的又一个里程碑式的大事。STEM 是由科学（Science）、技术（Technology）、工程（Engineering）、数学（Mathematics）四门学科英文首字母缩写而成的，这几个领域在现代社会的发展中正发挥着越来越重要的作用，许多国家把这四个领域中的人才数量和质量作为国家科技力量的标志。STEM 教育不是指这四个学科的分科学习，而是着重在加强对青少年科学素养、技术素养、工程素养和数学素养四个方面一体化的跨学科教育。

科学的核心是通过探究发现新现象、构建新知识；技术的核心是通过设计把某个现象应用到解决问题的实际过程中；工程的核心是有目的、有组织地应用各种技术来改造世界；数学是研究数量、结构、变化、空间以及信息等概念的一门学科，核心是用抽象与建模的方式形成理性的分析工具。通过科学、技术、工程和数学领域的紧密融合，推进人类认识与改造世界的能力加速提升。但是，从教育领域来看，科学、技术、工程、数学在很长时间里作为独立的学科存在，相互割裂，各自有自己的课程逻辑和规范。STEM 教育的基本逻辑就是通过跨学科统整的方式来打破学科壁垒，寻找一种新的教育模式来提高学生的综合素养，培育适应快速发展世界的新型人才。STEM 教育的要点是注重实践、注重动手、注重过程，通过项目化学习的方式促进学生自己建构知识与能力，有三个最基本的特征：

第一，跨界思维。跨界思维是形成教育创新的好方法。跨界的第一含义是让原本毫不相干，甚至矛盾、对立的元素擦出灵感的火花和奇妙的创意。其主题词是：交叉、联通、跨越。跨界的第二含义是大世界大眼光，用多角度、多视野、全过程的方法来看待问题和提出解决方案。其主题词是：多元、全程、整体。跨界的第三含义是改变事物属性，颠覆应用价值，用品质创造全新价值。其主题词是：重构、颠覆、突变。通过学科跨界，创造不确定的关系，创造不稳定的环境，创造不凝固的活动，提供不寻常的机会。STEM 教育是对科学、技术、工程、数学的概念、方法和思想进行跨界设计，以形成学生思维的跨界。爱因斯坦说过，“我们不能用制造问题时的同一水平思维来解决问题”。跨界是超越思维局限的好方法。

第二，真实问题解决。STEM 教育的内容来自生活中的真实问题，不一定属于高科技内容，因此在农村地区也有许多学习资源。比如，在农村地区可以做一个小型沼气池，或搭一个田间暖棚，都是非常好的内容。因为是真实问题，所以就存在需求分析、环境限制、材料选用、制作工具选择和施工顺序。不同年龄阶段的学生都可以基于自己的知识与能力基础形成自己通过观察而发现的内容。比如，小学生可以在家设计制作一个给猫自动喂食猫粮的机械，初中生可以在学校楼道里设计制作一套自动控制的夜灯，高中生可以到养老院为老人设计制作一套紧急呼叫器。找到自己感兴趣的真实问题，鼓励学生观察世界，把问题上升到项目，并尝试组织力量去解决。

第三，项目化学习。项目是指在有限时间、有限资源、有限人力条件下完成一项工程。真实的工程项目通常包括工程的论证与决策、规划、勘察与设计、施工、运营和维护，还可能包括新型产品与装备的开发、制造和生产过程，以及技术创新、技术革新、更新改造、产品或产业转型过程等。可见，社会中各种项目的核心是工程，就是把一件事做成所需要的系统性设计与实施。作为STEM教育项目，虽然不追求过分复杂的过程，但其核心也是工程思维，工程思维是指把一件想象的事做成功需要经历的整个过程。工程质量和完成进度是由工程中最短的板块决定的，这是一个非常有意思的事实。

案例11　搭一个暖棚

在校园或农田里搭一个小型暖棚，可以在冬天种植新鲜的蔬菜。第一步，厘清需要。要了解准备在多大的一块地上搭棚，要种什么蔬菜，大约需要多高。第二步，实地考察。要分析搭棚土地的位置、泥土的特点和周边的风力、光照等情况，并进行精细的测量。第三步，概念设计。按照实际情况，设计暖棚大致的概念图形，明确入口设置和通气温控的方法，与用户进行沟通后选定方案，并大致形成工程预算。第四步，精细设计。画出平面图、截面图、结构图、比例图、功能分区图等，详细标注不同位置的长、宽、高等数据。第五步，选定材料。按照设计图，统计棚架和覆盖薄膜材料及其他固定器械，购买相关材料。第六步，按照设计图施工。使用各种工具剪切材料，先搭棚架，再覆盖薄膜，并在相应的位置进行固定。第七步，功能测试。在不同天气和时段中，测量暖棚内外的温度，并做相应的调节。第八步，交付使用。要与用户进行沟通，交代使用过程中的注意点，并随访观察实际使用的情况。

做项目最大的好处是可能出现意外，意外对科学家来说是十分珍贵的发现新的机会，而对学习者来说则是最好的思考和解决问题的机会。比如，在做暖棚的过程中，任何一个环节都有可能出现意外，如需要的材料弄不到，就需要调整材料，这会导致预算调整、与用户沟通等变化；在施工时遇到恶劣天气，这也会影响工期或搭建的难度。这些意外和书面解题完全不同，是STEM教育的价值所在。

STEM教育最大的价值，在于促进学习者对概念的深度理解。在图3-4中，可以清晰地描述概念建构的层级。在正式学习前，学习者通过习得，可以对事物有一个感觉层面上的前结构概念。当进行具体的概念学习时，首先会对某个单点事物形成初级概念结构，然后对多个事物逐步形成多点的离散概念。在此基础上通过交流、实验和做习题等方式，逐渐对相关的事物建立概念之间的关联。这时，如果采取项目化学习等深度学习的方式，会进一步抽象和拓展概念结构，使概念在实践层面形成生动的应用。

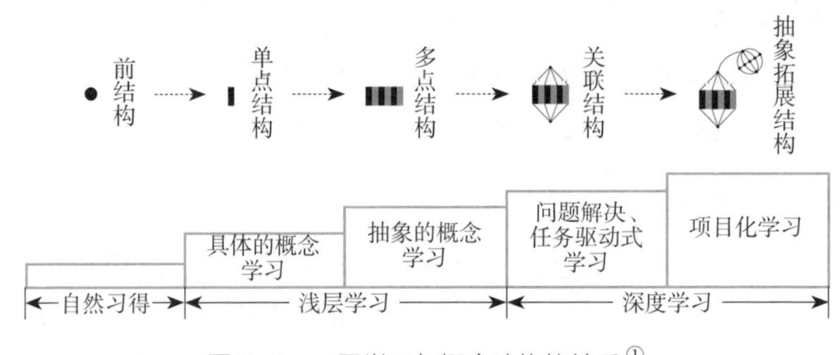

图3-4 不同学习与概念建构的关系[①]

在实施过程中，很多教师会担心没有足够的项目可以让学生去学习，担心在实际实施项目过程中，出现安全问题或学生无法独立完成。实际上，STEM的教育项目并不像采矿或考古，就那么多东西，你挖到后来就没有了。项目越实施，越去探索，学生发现问题和项目的机会就越多。

① 陈锋．初中科学概念进阶教学范式的创新研究［J］．教学参考，2021（3）：70—76.

为了完成项目，选题很重要，在实施前需要让学生做可行性分析，甚至组织小型论证会进行头脑风暴，大家共同分析是不是在有限的时间和条件下能完成，这相当于真实项目的立项论证。为了提高项目的安全性，在施工时需要规范地做好防护，如戴头盔、戴手套和护目镜、穿工作服等。

STEM 教育并不是只有设计与制作这种教育方式，尝试发明与创造、参与科创机器人比赛，甚至在学生剧社自编自导自演一部课本剧、在野外进行一天生存训练，都能通过跨学科学习来实现学生的价值判断、解决问题路径的选择、锻炼思维与技能、提升沟通与表达能力，在合作与竞争中实现项目的育人价值。因此，有很多国家和地区，会不断拓展 STEM 外延，采用“STEM+ 艺术（Art）”“STEM+ 阅读（Reading）”等办法来形成自己的特色，演变成 STEAM、STREAM 等形式，其主要的逻辑是一致的。

STEM 教育的项目有大有小，在学生刚起步时，不应追求太复杂的项目，而是先努力形成科学、技术、工程和数学之间的概念联系及协同思维。比如，要求做一只飞得尽量远的或尽量高的或尽量在空中停留时间长的纸飞机，可能只需要一节课的时间，但这个过程同样有材料的选择、工具的使用、环境的适应和不断试飞与调整的过程。由于一个学生的时间有限，我们不应鼓励学生只进行项目学习，一学期有一两个必须完成的长项目，就已经非常不容易了。

从笔者对 STEM 教育实施的情况来看，做得越充分越好的学校，相关学校学生学习的主动性会大大加强，学生表现得更自信，发生心理问题学生的比例也会减少。有意思的是，s、t、e、m 四个字母组成的单词“stem”在英文中有其自己的意义，就是植物的“茎”，茎是植物体的主干部分，上部一般生有叶、花和果实，下部和根连接。STEM 教育能不能成为教育的主干部分，仍然是有争议的，但是对其探索和实践不应设禁区，特别是在高年级阶段的研究实践空间还很大，也许是破解应试教育的一条可行道路。

世界的永恒秘密就在于世界的可理解性。

——康德[①]

① ［德］康德．纯粹理性批判［M］．中国人民大学出版社，2011.

INSIGHT

第四章　洞察

- 结构与功能
- 系统与平衡
- 变化与恒定
- 多样与统一
- 规模与尺度
- 模块与控制
- 物质、能量、信息

结构与功能

任何事物都有结构，也一定有其相应的功能，科学教育中大部分知识和事物的结构与功能相关。在哲学上，有一种观点认为结构和功能是相互依存的，也就是说，结构和功能的关系是双向的，彼此影响，相互作用。这种观点认为，结构和功能是构成事物本质的两个方面。

结构（structure）是指事物自身各种要素之间的相互关联和相互作用的方式，包括构成事物要素的数量比例、排列秩序、结合方式、相对运动方式和变化，而不仅仅是事物本身的空间结构。比如，太阳系的结构，就包含其间的星体、各星体的质量分布和位置分布、各星体之间的运动关系以及星体与星体之间的作用力。功能（function）是指一个事物作用于其他事物的能力，实际上是这个事物本身的某个现象被功能化的过程，如喷气式飞机的机翼在高速移动时能产生升力是一个科学现象，利用这个现象就能实现飞机在空中飞翔的功能，而人们利用这个功能来运货和运人就变成了应用。因此，事物的结构与功能之间存

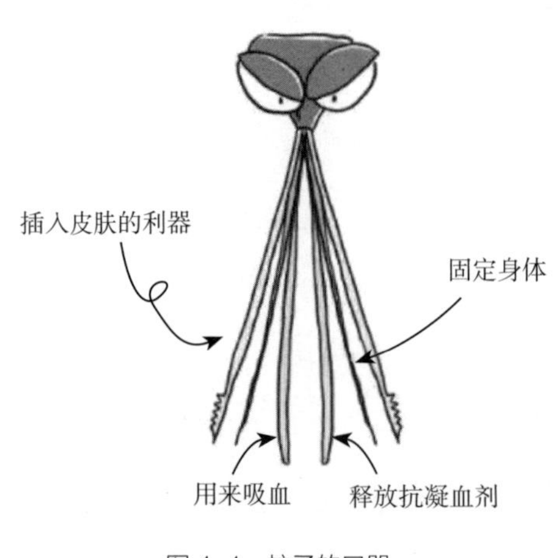

图 4-1　蚊子的口器

在这样一种链条关系——事物、结构、现象、功能、应用。不妨再举一个例子：蚊子有一个口器——事物，口器中有六根针，最里面两根针中空且非常尖锐——结构，尖锐的东西可以刺破其他物体的表面，中空的东西可以作为流动液体的转移管道——现象，蚊子可以用这个口器来吸食动植物的体液——功能，人们利用仿生技术发明了注射器——应用。在物质演变、生命进化过程及工程技术的发展过程中，还存在功能对结构的反作用现象，基于一个低级结构所产生的功能，会形成一个更高一级的结构，并因此产生新的更复杂的功能，生命领域从细胞到组织，到器官，再到系统的过程，这就是结构与功能互相促进演化的过程。

事物的结构与功能从自然界角度看，本来是完全依存的，与人类的发现、应用没有关系，如人的眼睛这个复杂结构能让我们看见世界，其结构与功能就是生命自然进化的结果，与科学无关。科学的价值在于发现眼睛的结构并研究其功能产生的原因，并把结构与功能对应的现象形成新技术，当眼睛出现病变时，就可以进行有效治疗，以便更好地为人类服务。有些事物的结构被发现时，我们可能只看到了它的现象，对其功能有可能尚未理解，如引力波被人类发现并测量到，其时空涟漪的结构科学家可以分析，但引力波现象有什么功能还不清楚，有结构必然有功能，这一点未来的科学家会给我们一个答案。

从现象学角度看，结构与功能是事物可以被感知的两类性质。结构包括形状、关系、运动等，早期的科学家喜欢把它们称为物质的第一性质，可用数量或图形的方式描述，它们是客观事物本身所固有的属性，而功能是事物结构这个属性的反映，它们不是物体本身所固有的属性，而是事物的一种能力。因此，结构是唯一的，具有决定性，而功能具有多样性和适应性。同一个结构往往有多种功能，如热水瓶有容纳的功能，可用来盛水，但也有共鸣箱的功能，你把耳朵贴在空热水瓶口就可以听到“嗡嗡”的声音。需要再次强调的是，事物的结构并非单指事物的组成与形态，还包含结构中各组成元素的作用与功能，否则就很难理解许多现象，如你把一台电冰箱的电源关了，电冰箱的形态结构没有变，但是那些依靠电力的元器件不再发挥作用，电冰箱制冷的功能就丧失了。

科学教育是把科学已经发现的事物相关的结构与功能通过某种方式传递给学习者，同时也把相关知识的未知领域呈现给学习者，以形成接力式的研究。但是，在学科学习时，结构与功能本身不是一个具体的科学概念，它们属于高度抽象的跨学科概念，是认识论层面的东西。学科教学中的基本线索是基于学科具体概念形成教学内容和要求，并没有给结构与功能留出显性的地位，更没有很多有关结构与功能的练习题，因此教师如果不注意引导，那么学生也就很难知道在学科具体概念上还有一个更高层面的大概念。

第一，在科学教育时要强化描述事物结构的基本方法。比如，在讲述原子结构、苯分子结构、DNA 双螺旋结构等、地球板块结构内容时，需要在讲清楚相关结构的同时，也要让学生不断理解描述不同结构的基本方法，这对学生未来的研究与工作都是十分有益的。事物结构的描述，几乎是科学教育中最基础的内容，但是在日常的科学教育中经常被忽略，这也是导致学生不能理解科学、不喜欢科学学科的原因之一。

第二，在科学教育中要通过不同的事物结构，让学生理解结构的层次性。物质世界从微观的原子、分子到宏观的生活世界，生命世界从蛋白质、氨基酸到细胞和生命体，都有不同层级的结构，不同层级的结构遵循不同的科学规律，并呈现不一样的功能。站在系统论角度看，当低一级层次的多个结构组合，形成一个高一级的新结构时，就会产生一种完全有别于原来层级组合的功能；不同规模的事物结构在产生的功能方面也会出现巨大差异，如几个神经元细胞组成的脑与上千亿个神经元细胞组成的大脑是完全不同的，前者只能处理简单的应急反应，而后者会涌现出意识与智慧。但是，在自然界中也存在不同层次结构在形式上的重复性，称为分形，如花椰菜，其外形的生长规律具有微观和宏观的自相似性。从整体上看，分形图形是处处不规则的。例如，海岸线和山川的形状，从远距离观察其形状是极不规则的。但是，在不同尺度上，图形的规则性又是相似的，上述说到的海岸线和山川形状，从近距离观察，其局部形状又和整体形态十分相似。

图 4-2　花椰菜的分形

案例 12　海岸线与分形

1967 年，数学家曼德勃罗（Mandelbrot）在美国权威的《科学》杂志上发表了一篇《英国的海岸线有多长？统计自相似和分数维度》的论文，如果单从文章标题来看你肯定觉得这是个标题党，英国海岸线有多长量一下不就出来了啊？但这是一篇十分严谨的学术论文，文章最后的结论表明：英国的海岸线长度是无法精确测量的！因为，当我们用越来越小的尺子去测量英国海岸线的长度时，得到的结果将会越来越精确，所以海岸线的长度其实是和测量工具的尺寸挂钩的。当测量工具尺寸越小，得到的数值就越精确，相应的长度就会增加。所以，如果你使用的测量工具无限小，英国的海岸线长度将会趋于无限。

第三，在科学教育时要突出结构与功能的关系，让学生提炼和体验“事物、结构、现象、功能、应用”的逻辑关系，特别是在一些特殊事物结构的教学过程中，更要给学生留出自己整理概念的时间，如电场、磁场等概念，只有站在结构与功能的角度去教学，才能让学生准确理解场这种物质的特殊性。在结构中存在一种“对称”的情况，自然对称的形状往往表明物质对称的发展过程。比如，几乎所有的陆地动物都是左右对称的，这源于早期胚胎细胞的对称分裂分布。中国古代在建筑中其对称的结构形式顺应力学规律，在建筑物的重力传递与支撑中可以达到较好的效果，同时使建筑结构本身既富有美学表现力，又安全经济。

第四，在科学教育过程中要有意识地采取跨学科比较教学法，让学生能把在不同学科学习中累积的结构与功能知识，产生对比和分析，从而实现对跨学科大概念的深度理解。经常做一些跨学科的比较讨论，会加深学生对结构与功能的理解。比如，树状结构的比较与分析：树木、珊瑚树、河流入海口有相似的树状形态结构，实际上大脑神经元细胞、宇宙在 10^{26} 米大尺度视角下的星系也呈现树状的形态结构。为什么这些完全不同的事物在其结构形态上会如此相似呢？因为它们的形成特点有相似性——生长。明白这一点后，可以再让学生去搜集自然界中或实验室中能产生具有相似树状结构的现象，进一步分析形成树状结构的原因，并讨论其独特的功能。

图4-3 树

图4-4 珊瑚

图4-5 河流入海

第五，在科学教育过程中要尽量弥补在工程设计方面学习的缺陷，让学生有更深刻的体验。我国科学教育在工程设计方面基本上是一个空白，而结构与功能集中体现在工程设计方面，有两种加强的范式：一种是基于科学概念，引申到结构与功能的应用，如一张纸如果做成瓦楞纸形态，其结构在承受压力方面会大大加强，可以通过实验探究验证，让学生有直观的理解。另一种范式是基于实际项目的需要来经历结构与功能设计的全过程，如搭建一个古代建筑，其榫卯结构的奇巧，可以通过学生动手搭建来理解结构与功能间的关系。

图4-6 敦煌壁画中的建筑之美特展展品——榫卯结构

现代工程中有一个普遍的现象，就是流程的标准化和构建的模块化，这是一种特殊的结构与功能。比如，一部手机大概有主板、屏幕、后盖、中框、中板中框、音量键、home键、前置摄像头、后置摄像头、听筒、话筒、电池、芯片、基带芯片、扬声器、电源控制器、传感器、排线、尾插、运存、存储等二十多个大零件，大零件又由上万个小零件组成。这些零件往往是在不同国家、不同工厂生产的，最终在总装工厂完成手机的整机组装。其好处是显而易见的，可以大大降低工业生产的成本，而各种零配件的标准化和模块化，是实现全球化供应链生产模式的核心。但是，全球供应链是一个复杂系统，还涉及政治、经济等方面的局限性，在关键技术方面经常会出现“卡脖子”现象，会关联到国家经济、军事、科技方面的安全。

系统与平衡

在人体中存在八大系统，如消化系统、呼吸系统、循环系统等，这八个“系统”是小概念，是在细胞、组织、器官层级之上的人体组成部分，代表了一些器官进一步有序地连接起来，共同完成一项或几项生理活动，并构成了这些系统。但是，系统更是一个超越学科领域的大概念，如在生态环境方面存在生态系统和生物圈等概念，在社会领域中存在国家、地区、城市、公司、家庭等层次的概念，它们都具有系统的特征。系统是指彼此间互相作用、互相依赖的组分有规律地结合而形成的整体，生命系统是能共同完成一种或几种生理功能的多个器官按照一定的秩序组合在一起的整体；生态系统是指生物群落与无机环境相互形成的统一整体，如森林生态系统、草原生态系统、海洋生态系统等。地球的生物圈是由地球上所有的生物和这些生物生活的无机环境共同组成的，是目前所知的最大的生命系统。可见，系统是一个跨学科概念，显然不限于生命科学。

“系统”一词来自日本人对英文 system 的音译，再传入我国，也就是说在古汉语中没有“系统”这个词，当然这并不代表古汉语中没有代表“系统”这个词意的表达。不过“系统”这个音译还是很有意思的，因为系统由“系”和“统”两个字组合而成，“系”可以理解为系列和联系的意思，是指相关的各组成要素，“统”可以理解为统合、统一、统整是指各要素之间形成的某种稳定的关系。当某个组合体形成一个稳定结构时，我们就可以把它作为系统来看待，如太阳系就是一个系统，各天体通过万有引力组合形成一个相对稳定的系统。系统下面可能存在子系统，子系统是在大系统内的某个部分可能成为一个独立的系统，如地球和月球组成的地月系统。

自然界中的各种物质，虽然就组成、结构、功能而言，都是相对独立、相对隔离的，但它们都以系统的形式存在。系统有层次的差别，每一层次的物质系统，都是由低一层次物质系统所组成的，而它自己又只是高一层次物质系统的组成要素。层次结构是自然界中物质存在的普遍形态，它呈现为按空间尺度和质量大小等特征排列成的、具有质的差异和隶属关系的物质客体序列，这也是世界组成的一个系统化特征。

系统一定存在一个边界，就是系统与它的外部环境区分开的区域，如植物细胞是一个系统，其边界是细胞壁，细胞壁是细胞整体的边界，也是细胞内外发生关联的过渡体，存在与内容十分不同的边界效应。一杯盐水是一个系统，在盐水表面和空气、杯体相区分的区域就是盐水系统的边界，这个表面存在一种叫表面张力的作用力，和液体内部存在不一样的结构。在科学教育过程中，系统的边界问题是教育者应十分关注的概念，无论是物理学科中光的折射，还是化学学科中金属表面露置在空气中时的生锈现象，都是在边界上发生突变的典型例子。

系统存在开放性、封闭性和孤立性三种情况。如果一个系统需要并能与系统外部环境进行交换物质、能量或信息，那么这个系统就是开放系统；如果一个系统阻止自身与环境交换物质、能量或信息中的任何一个，则该系统就是一个封闭系统，如拧紧瓶盖的一瓶矿泉水，在物质交换层面就是一个封闭系统，但还存在热传导等能量交换的情况；如果一个系统阻止自身与环境交换物质、能量与信息。那么，就是一个孤立系统，如保温性极其出色的保温瓶就是一个孤立系统。开放性、封闭性还是孤立性，与系统的边界性质直接有关。实际上，世界上完全的孤立系统是不存在的，系统究竟是开放、封闭还是孤立，是相对而言的，是边界上物质、能量和信息交换的不同程度的体现。

系统首要而重要的特征是整体性，整体性不是加和性，系统内部各部分是不同的，且通过某种方式整合而成的系统会涌现各部分原来并不具备的功能，呈现整体大于个体之和的特征。能称为系统的一定是内在要素形成了一定的平衡（balance）结构，如果要素组合无法达成平衡则事物就会分崩离析，也就不能称为系统。一幢大楼或一个草原形成系统时，必然会体现出某种要素之间的平衡，最显著的特点是，在系统内某个要素发生一定程度改变时，其他要素会与之形成一定的收敛关系，存在让这个要素回归到原来状态的力量。比如，大楼由于强烈的风吹，导致大楼向一边倾斜时，会有一个回归的力让大楼回到原来的位置，哪怕有一段时间的振荡，也是围绕着某个位置展开的，最终会回归到初始状态。当草原上的兔子突然发生增长时，能供兔子消耗的草量就会被过度消耗，这就会导致兔子的数量增长受到抑制，从而让兔子数量和草原提供的草量重新达到一种平衡。但是，如果组成系统的某个元素变化产生超过平衡的力量，会出现系统崩溃的情况，那么原来的系统就不复存在。

故事 10 恐龙的产生与灭绝

恐龙有陆地王者之称，它们生存于 2 亿 2 500 万年前至 6 500 万年前的中生代，其间历时约 1 亿 6 000 万年。在这段漫长的岁月里，陆地上的植物也随着时代的变迁而发生变化。三叠纪（2 亿 4 800 万年前至2亿800万年前）是中生代的第一个时期，当时所有的陆地形成了一个超级大陆，现在称为盘古大陆，北半部称为劳拉西亚古陆，南半部称为冈瓦纳古陆。当时地球上的气候很暖和，极地甚至都没有冰层覆盖，沙漠在内陆地区扩展，显花植物尚未演化出来。侏罗纪（2亿1 000万年前至1亿4 000万年前）是中生代的第二个时期，在亚洲针叶树和银杏树繁茂，盘古大陆继续分离。白垩纪（1亿4 000万年前至6 500万年前）是中生代的第三个时期，虽然恐龙不断繁盛，但在这个时代末期都灭绝了。实际上在同时代灭绝的还有大量其他物种，显然是由于地球生命系统的平衡被某种原因破坏了，科学家普遍认为其原因是6 500万年前，一颗直径为10千米的小行星碎片，撞在现在的墨西哥尤卡坦半岛附近，对全球的生态系统造成了毁灭性影响。

实际上生态平衡系统被打破，往往是系统外出现了某种超出预期的力量，使系统自身无法通过要素之间的关系调整回归到原先的状态。因此，所有系统出现崩溃的例子都发生在开放系统中。在科学教育过程中，一方面需要让学生了解系统自身存在实现平衡的力量，另一方面也需要让学生了解如何使内部和外界的力量控制在适度的范围内以保持系统的平衡。

就平衡形态而言，存在稳定平稳、不稳定平衡、亚稳平衡和随遇平衡四种情况。稳定平衡是指某个物体在外力作用下，总会恢复到原来状态的情况；不稳定平衡是指物体一旦受到外力作用就无法再保持平衡状态；亚稳平衡是指物体在某种限度下受到外力作用尚可恢复，偏离稍大就失去平衡的状态；随遇平衡是指有些物体，无论在什么情况下都一直保持平衡状态，如一只小球在一个无限平直的水平面上，那么这只小球就会始终处于平衡状态。在科学教育过程中，这四种情况都有可能出现，但是能形成系统的只有两种情况——稳定平衡和亚稳平衡。不稳定平衡和随遇平衡都不可能形成系统，不稳定平衡无法形成系统是容易理解的，随遇平衡之所以无法形成系统，是因为随遇平衡意味着要素无法与其他要素发生关系，那么这个要素就不是构成系统的一部分。大多数自然形成的系统，其形成过程中各要素不断磨合形成良性关系，因此基本上属于稳定平衡或亚稳平衡系统。但是，人类创造的系统，有许多属于不稳定平衡，因此经常会出现系统迅速崩溃的情况，如创业者创建新的公司，其成功率十分低下，主要是一开始公司内部的各要素无法形成平衡关系。

维持不同系统的平衡，其内部要素的相互作用关系并不相同，这是科学教育过程中不同学科的教学内容。站在系统平衡的角度去理解不同学科中系统要素的作用关系，将有利于学生把握概念和概念之间的关系，从而对系统和平衡的概念有更深刻的理解，也能让学生站在整体角度来把握系统内相关变量发生作用的基本特点，从而更好地形成解决问题的方法。

有些系统内的相对平衡，会由于某个因素发生变化而产生很大的增益效应，如气象学家洛仑兹在 1963 年讲述“蝴蝶效应”现象：南美洲亚马孙雨林中一只蝴蝶偶尔扇动了几次翅膀所引起的微弱气流变化，对地球大气的影响可能随时间增长而不断加强，甚至可能在两周后在美国得克萨斯州引起一场龙卷风。这个现象主要表达的意思是有些复杂系统内各要素之间的关系，可能超越了现代科技能理解的范畴，对系统与平衡的认识，必将随着科技水平的发展而不断加深。

变化与恒定

最早将“变化（change）”突显出来的是赫拉克利特，他的名言是“人不能两次踏进同一条河流”，但他把“火”看成是万物的始基，是“永恒的活火”。因此，人类研究“变化”问题和“恒定（constant）”问题是同时开始的。

世界是变化的。变化是指事物在时间维度上其状态发生改变的现象，也指空间维度上事物不同部分表现出的差异，如某个图案的各个组成部分存在差异，但空间维度上的变化往往归结为事物的结构。科学教育中，主要研究时间维度上的变化，当研究空间维度上的结构不同时，实际上也是从时间维度上来研究其形成原因。我们日常观察到的变化，有嬗变、演变、衍变、蜕变等形式。嬗变：彻底改变，如一种元素在核反应中变为另一种元素。演变：逐渐的、经历了长时间的，并不一定是彻底改变的变化。衍变：横向衍生的、基于原来包含范围有所扩展的变化。蜕变：出现了与原来事物相互脱节的、出现了新的状态的变化。科学中最有趣的情况是事物变化背后往往存在某种恒定不变的规律，因此在科学教育中学习和理解变化的目的，就是为了掌握每个变化现象背后隐藏的规律，并在掌握规律的基础上形成对未来变化的预判，这实际上也是科学最核心的要义。

科学中的事物变化，首先要能被观察到，在此基础上才可以被描述和测量记录，可观察和可量化的科学概念，称为物理量。物理量一般都有单位，科学界认定的七大基本物理量和基本物理量的单位为：（1）热力学温度，开尔文。（2）长度，米。（3）时间，秒。（4）物质的量，摩尔。（5）电流，安培。（6）发光强度，坎德拉。（7）质量，千克。其他物理量都可以由这七个基本物理量通过某种规律来描述和表达。比如，速度 = 长度 / 时间，速度的单位是米 / 秒。物理量和物理量的单位都有一个国际通用的字母符号来描述，比如温度用 T、温度单位开尔文用 K 来描述，力用 F、力的单位牛顿用 N 来描述。单位中字母大小写的规律：如果用人名作为单位的话，一般用大写字母来表示，开尔文（K）和牛顿（N）都是人名，而米（m）和秒（s）用小写字母表示。

事物的变化如果用物理量来描述，那么相关量之间通过测量后，就有可能通过数学工具来发现物理量与物理量之间存在的某种关系。比如，一个物体如果做匀速直线运动，其位置是在不断变化的，但其位移与时间的比例是恒定不变的，这个恒定不变的物理量就是速度（v，m/s）；如果一个物体在做匀加速直线运动，其速度是不断变化的，但其速度变化量与时间的比例是恒定不变的，这个新的恒定不变的物理量就是加速度（a，m/s^2）。因此，科学家一旦发现变化中存在某个新的稳定量时，往往会定义一个新的物理量，也就是说物理量一定存在某种状态下恒定不变的情况，当其发生变化时一定伴随着其他关联物理量之间的变化。比如，一个闭合电路在正常工作时，其回路中的电流（I，A）是恒定的，当回路中某个电阻（R，Ω）大小发生了改变，那么电路中的电流就会发生变化。

在化学、生物学等领域中，在研究事物变化过程中同样存在测量和建立相关物理量之间关系的情况，但是有可能相关量的数据会更复杂，需要统计、概率、图像学等数学工具来处理。

科学描述的变化存在三种类型：趋势变化、周期变化、无序变化。

坠落的石块速度变化、胎儿在母体子宫里的孕育、岩石中放射性元素的衰变等都是典型的趋势性变化，这种变化往往可以和时间轴之间建立某种数学关系，因此科学家一方面可以预判接下来事物发生的状况，另一方面还可以从事物的状况来判断其变化所处的阶段。比如，科学家可以从岩石中放射性物质的残余量来发现岩石形成的时间，甚至可以从两个物种细胞中脱氧核糖核酸的数量差异推测它们在多少代之前曾有一个共同的祖先。

周期变化是为大家熟知的，如太阳每天的东升西落、气候的四季更迭、单摆小球的运动、琴弦振动等，其特征是变化的幅度从最小值至最大值有规律地重复出现。周期变化存在一个相对稳定的重复时间，正常情况下我们每个人的体温都是有周期性变化的，变化幅度大约为 1℃，重复周期大约为 24 小时，体温峰值通常出现在傍晚。有的周期变化时间非常短，如电子振荡器的周期不到十亿分之一秒，并产生高速振荡的电磁波；有的变化周期可能长达数万年，如地球的冰川纪出现，虽然我们很难判断其发生的精确时间，但从大的周期来看，是必然发生的。一些周期性变化会因某些原因而被打破，如琴弦振动幅度过大会断裂，强风推动大桥周期性摆动，如果出现共振现象，可能会摧毁大桥。

故事 11　哈雷彗星和历史断代

哈雷彗星是每约 76 年环绕太阳一周的短周期彗星，因英国物理学家爱德蒙·哈雷（1656—1742）首先测定其轨道数据并成功预言回归时间而得名，它是唯一能用裸眼直接从地球表面看见的短周期彗星。哈雷彗星上一次回归是在 1986 年，下一次回归将在 2061 年中，是我们很多人一生中唯一以裸眼可能看见两次的彗星。其实在历史上从公元前240年起的每次回归我国都有记载，因为哈雷彗星每隔大约76年都会按时回归，所以通过哈雷彗星回归时间的记载，我们可以对古代历史进行断代。比如，《淮南子·兵略训》说："武王伐纣，东面而迎岁，至汜而水，至共头而坠，彗星出，而授殷人其柄。"据天文学家推算，周武王伐纣之年是公元前1057年。

无序变化在复杂系统中比较常见，如我们很难判断空气中的某一个原子下一秒会出现在何处，但是在互相通过万有引力作用的三个星体之间，也存在无序变化的情况，三体问题不能精确求解，是《三体》小说中三体人痛苦的源泉。实际上，哪怕是在趋势变化还是周期变化中，由于真实世界的复杂性，也存在细微的无序变化的情况。一些细微的无序变化，会对大的变化产生从量变到质变的效应。复杂系统内部个体的无序性，并不表示复杂系统整体也是无序的，恰恰相反，许多复杂系统整体往往呈现一定的稳定性。在物理学中，我们把同一种物系呈现出的相对稳定状态称为相，相是指物系中性质相同或性质均匀的部分。相变就是物质在不同物理状态之间的转变，如通过蒸发或沸腾水从液态转变为气态，冰升华成气体，都属于相变，其本质是外界气压、温度、磁场等条件发生变化，对原有物质之间的稳定关系产生破坏。

总之，变化的本质是物体与物体之间存在相互作用的关系，变化是表象，相互作用才是本质。边界、临界、极限等概念，本质上是产生变化的相互作用关系发生了变化，但由于在变化的临界面上一些量会存在延续性，就会出现过冲现象，如切断和打开电源开关的瞬间，就会出现瞬时高压的情况。

在科学教育中，能让学生清晰地把握变化规律，有四个很重要的步骤。第一是弄清分析事物对象，第二是弄清对象的状态，第三是弄清某个状态对应遵循的恒定规律，第四是弄清状态变化的边界。比如，一辆在公路上匀速行驶的汽车突然冲出并掉下悬崖，对象当然是汽车，但其状态变化存在一个边界——冲出悬崖的一瞬间之前汽车的状态是匀速直线运动，其合外力为零；冲出悬崖后汽车做平抛运动，受重力作用，这两个不同状态就要用不同的规律来研究。但是，两个状态在边界上有一些量是高相关的，如汽车匀速运动的末速度是平抛运动的初速度。

在封闭系统中存在系统内物理量恒定的现象，科学家称之为守恒。物理学目前已经发现了 12 种守恒，如能量守恒定律、动量守恒定律、角动量守恒定律等。20 世纪有一位不太为大家熟知的德国物理学家兼数学家艾米·诺特（Emmy Noether，1882—1935），她提出的诺特定理揭示了物理系统对称性与守恒量之间的深刻联系。诺特定理：在一个物理系统中，如果发现该系统具有某种对称性，那么一定存在一种与之对应的物理量，这个物理量在该系统中是一个守恒量，也就是说物理系统的对称性与守恒量是一一对应的。

我们生活的宇宙所遵循的物理定律都不会因时间的改变而发生变化，这种关系就是对称性或不变性。我们生活的这个物理系统具有“时间对称性”，根据诺特定理，这种“时间对称性”一定对应系统中的一种守恒量，这个守恒量就是能量。打个比方我们就能理解其中蕴含的道理。如果我把一本书从桌面上推下来掉到地上，再过一段时间我把这本书第二次从桌面上推下来掉到地上，物理规律不随时间改变，那么书两次掉到地上时的速度应该是一样的。但是，如果物理规律随时间改变，那么两次落地时的速度就会不同，如第二次落地速度大于第一次，这表示两次同样的落地过程在不同时间里会产生额外的能量，这显然与实际观察到的情况不符。因此，物理规律时间平移对称性对应的是能量守恒定律。

同样，牛顿第二定律的形式不论是在地球上还是在月球上都是一样的——物理定律的表达不会因空间位置的改变而发生变化，这种关系也是一种对称性，从而我们可以得出结论，“物理定律关于空间位置是对称的”，根据诺特定理，它也一定对应一种系统中的守恒量，这种守恒量就是动量。

当然某种对称性的破缺，就意味着相对应的变化过程不再守恒，就会涌现新物质、新能量和新现象。宇宙的演化中正是超统一相变等对称性破缺，时间和空间开始分化，并产生引力、强力、弱力和电磁力四种基本作用力；也正因为弱相互作用的左右不对称（宇称不守恒）、正反物质不对称、时间反演不对称等对称性破缺，才使宇宙大爆炸后的能量没有均衡分布，产生了星系和我们的物质世界。生命起源中的对称性破缺也十分引人瞩目：在自然界中的氨基酸有右手螺旋与左手螺旋，但生物蛋白质只由左手螺旋的氨基酸组成。天然糖有右手螺旋也有左手螺旋，但生命遗传物质核糖核酸和脱氧核糖核酸中的核糖却全是右手螺旋的，蛋白质和核酸各自的左右螺旋的不对称性是生命起源的秘密之一。意识的产生与大脑神经元从无序向有序转化的自组织过程相关，脑结构通过有序性增加、对称性降低的对称性破缺方式，涌现了意识。

多样与统一

辩证唯物主义哲学观认为，世界物质统一性原理包括三个基本观点：世界是统一的，世界统一于物质，世界的物质统一性是无限多样（diversity）的统一（unity）。科学则是回答世界是如何在多样性中实现统一的，对世界物质性和统一性的认识过程就是科学不断演进的历史。科学假设宇宙是一个巨大的单一系统，在这个系统的任何地方，基本规律都一样适用，我们用来解释地球表面苹果为什么从树上掉下来的科学规律，也适用于月球和其他星球。宇宙中的物质世界虽然无限多样，但都是由 118 种元素组成的，这 118 种元素的原子又是由质子、中子构成的原子核和核外电子构成的，核外最外层电子的排列决定了原子如何与其他原子结合，并形成物质，这也是化学学科最基本的起点。现在，如果从原子的统一性角度来理解元素周期表就非常容易，但是从科学发展史角度来看，元素周期表的发明远早于原子基本结构的发现，正是元素周期表形式上的统一性，让科学家意识到元素周期表背后一定存在某种物质层面上的统一性。

说到元素周期表，大多数人马上会想到门捷列夫发现元素周期性的故事。实际上，对元素周期表的研究，门捷列夫不是第一人，也不是最后一人，元素周期表的演进，凝聚了一代又一代科学家对物质世界多样性与统一性的不断认识。

法国著名化学家拉瓦锡首次将元素定义为基本物质，并于 1789 年出版了第一张元素表。他的元素表共列出了当时已知的 33 种元素，但实际上只包含了 23 种元素，因为他把一些非单质以及光和热也列为元素。1803 年，英国化学家道尔顿为了解释化学实验现象，创立了一种新的原子理论。他还发表第一张相对原子质量表，为后人测定元素相对原子质量奠定了基础。1862 年，法国地质学家尚库尔图瓦斯（De Chancourtois）发表了一个被称为“地螺旋”（Telluric Screw）的周期律方案。1864 年英国科学家纽兰兹设计的元素周期表，是根据元素的相对原子质量进行分类的。他发现周期律与八音律有异曲同工之妙，因此将该周期表命名为“八度律”。门捷列夫花了几年时间潜心研究和搜集元素数据，并把每个

Ueber die Beziehungen der Eigenschaften zu den Atomgewichten der Elemente. Von D. Mendelejeff. — Ordnet man Elemente nach zunehmenden Atomgewichten in verticale Reihen so, dass die Horizontalreihen analoge Elemente enthalten, wieder nach zunehmendem Atomgewicht geordnet, so erhält man folgende Zusammenstellung, aus der sich einige allgemeinere Folgerungen ableiten lassen.

			Ti = 50	Zr = 90	? = 180
			V = 51	Nb = 94	Ta = 182
			Cr = 52	Mo = 96	W = 186
			Mn = 55	Rh = 104,4	Pt = 197,4
			Fe = 56	Ru = 104,4	Ir = 198
			Ni = Co = 59	Pd = 106,6	Os = 199
H = 1			Cu = 63,4	Ag = 108	Hg = 200
	Be = 9,4	Mg = 24	Zn = 65,2	Cd = 112	
	B = 11	Al = 27,4	? = 68	Ur = 116	Au = 197?
	C = 12	Si = 28	? = 70	Sn = 118	
	N = 14	P = 31	As = 75	Sb = 122	Bi = 210?
	O = 16	S = 32	Se = 79,4	Te = 128?	
	F = 19	Cl = 35,5	Br = 80	J = 127	
Li = 7	Na = 23	K = 39	Rb = 85,4	Cs = 133	Tl = 204
		Ca = 40	Sr = 87,6	Ba = 137	Pb = 207
		? = 45	Ce = 92		
		?Er = 56	La = 94		
		?Yt = 60	Di = 95		
		?In = 75,6	Th = 118?		

1. Die nach der Grösse des Atomgewichts geordneten Elemente zeigen eine stufenweise Abänderung in den Eigenschaften.

2. Chemisch-analoge Elemente haben entweder übereinstimmende Atomgewichte (Pt, Ir, Os), oder letztere nehmen gleichviel zu (K, Rb, Cs).

3. Das Anordnen nach den Atomgewichten entspricht der *Werthigkeit* der Elemente und bis zu einem gewissen Grade der Verschiedenheit im chemischen Verhalten, z. B. Li, Be, B, C, N, O, F.

4. Die in der Natur verbreitetsten Elemente haben *kleine* Atomgewichte

图 4-7　门捷列夫的元素周期表

元素分别写在卡片上，并在卡片上写上相对原子质量以及相关信息，制成了一副由 63 张牌组成的“扑克牌”，1869 年 2 月 17 日门捷列夫终于形成了他的化学元素周期表，随后发表了《元素的性质与其相对原子质量的关系》。门捷列夫的元素周期表是按照元素的相对原子质量从轻到重进行编排的，并且元素的性质会发生周期性变化，虽然缺少了尚未发现的惰性气体一族，但其高明之处在于他在元素周期表中为未知元素预留了空间，还对元素镓、钪和锗进行了成功预测。

故事 12　元素周期表的力量

1875 年，法国化学家布瓦博德兰，从闪锌矿中发现了镓元素，元素符号定为 Ga，中文名称为镓。门捷列夫预测镓的密度为 5.9～6 g/cm^3，而发现者测定的密度仅为 4.7 g/cm^3。1876 年 5 月，法国科学院在院刊上公布了布瓦博德兰关于镓的新发现。不久，布瓦博德兰就收到了门捷列夫写来的信件，信中说让他重新测定一下镓的密度。于是，布瓦博德兰把镓提纯后重新进行了测量，镓的密度实测值为 5.96，与门捷列夫的预测十分吻合！布瓦博德兰甚是惊讶，他还写信对门捷列夫表示感谢。这件事在欧洲引起很大震动，大大提升了门捷列夫元素周期表的影响力。

生物学一开始是一门以分类学为主要研究方法的学科。生物分类主要是根据生物的形态结构和生理功能等相似程度，把生物划分为种和属等不同的等级，并对其特征进行科学描述，以弄清不同类群之间的亲缘关系和进化关系。分类等级包括域、界、门、纲、目、科、属、种。比如，人类的生物学分类为：真核域—动物界—脊索动物门—脊椎动物亚门—哺乳纲—真兽亚纲—灵长目—人科—人属—智人种。种一般是最小的分类单位，有时还在种的下面分“亚种”，人有几个亚种：黄色人种、黑色人种、棕色人种等。1953 年沃森、克里克提出 DNA 分子的双螺旋结构模型，使生物学进入分子生物学阶段。分子生物学（molecular biology）是从分子水平研究生物大分子的结构与功能从而阐明生命现象本质的科学。分类生物学表达的是生物的多样性，在多样性中呈现进化梯度，让那个时代的生物学家相信其中必然蕴含统一性，而统一性就是逐渐被揭示和归一的遗传物质，因此分子生物学实际上是在分子层面实现统一的新的研究阶段。

案例 13 干细胞与干细胞技术

英国科学家胡克（1635—1702）是和牛顿同时代的科学家，他是发现细胞的第一人。他在研究软木的显微结构时，发现软木表面有大量中空的小室，像马蜂窝一样，就把它命名为“Cell”，即我们所说的细胞。胡克观察到的细胞早已死亡，仅能看到残存的植物细胞壁，但这个发现开了细胞生物学的先河。科学界现在知道，生命中能存在的最基本的组成部分是细胞，它包含细胞器，类似于人体的器官，执行专门的功能。人体中有 200 多种各种功能的细胞，都是源于同一个受精卵逐渐分化而成的，因此，1868 年著名的德国生物学家恩斯特 · 海克尔（Ernst Haeckel）首次使用“干细胞”一词来描述受精卵产生生物体所有细胞的特性，刚开始受精卵分裂而成的胚胎细胞都是干细胞。干细胞是一类尚未分化、具有自我复制、多向分化和归巢潜能的原始细胞，是我们机体的起源细胞，是形成人体各种组织、器官的始祖细胞。随后的研究表明，干细胞不仅存在于胚胎，而且存在于成人体内，可以从脐血、脐带、胎盘、骨髓、脂肪、血液等组织中分离出相应的干细胞。

干细胞技术，是指通过对干细胞进行体外培养、分离、纯化、扩增及定向诱导等过程，在体外繁育出全新的、正常的甚至更年轻的细胞，并最终回输到人体以达到体态年轻化，预防慢性病、预防延缓器官衰竭、防癌等目的。笔者曾经探访过上海东方医院干细胞实验室，这里已经能实现量化扩增干细胞，并通过诱导生成神经元细胞等十多种人体细胞。

人体内虽然有多种细胞、组织、器官、系统，但起源是同一个卵细胞，人的孕育生长过程就是从单一细胞走向细胞分化的过程，其蕴含的统一性归结于卵细胞这个起点。宇宙起源于一个奇点，我们现在面临的自然科学中四大基本问题——宇宙的演化、物质的结构、生命的起源、意识的产生，都是从宇宙大爆炸一刹那演化而来的，因此这四大基本问题，从本质上来说也存在深刻的统一性，并归结于这个奇点。从这个角度，我们就能理解为什么宇宙那么大，非常遥远的星球蕴含的物质和我们熟知的地球上的元素并不会有太大的不同。

世界是如此精彩复杂，却又如此简洁完美，如果我们懂得对称性，就可以只需要知道一片雪花的六分之一，就能了解整个雪花的全部。如果我们掌握一粒沙子的所有微观结构，就可以洞察整个物质世界的奥秘。"一沙一世界"就是多样和统一最好的阐释。如果统一是乐谱，多样便是音符，唯有两者结合，才有纷繁的旋律。

规模与尺度

事物所包含的范围存在着不同的规模（scale），这些规模有时间尺度（dimensions）上和空间尺度上的，也有质量尺度上和数量尺度上的，还有能量尺度上的，不同的规模会呈现不同的现象和规律。规模存在一定的层次性，有些事物的博大或渺小，远远超出我们的直觉理解能力，但是人类可以通过技术发展来观察和研究、用数学等工具来描述和表达其现象与规律。

生命世界中，从最小的基因片段到宏大的生态系统，其质量规模跨越了 30 个数量级以上。哪怕是哺乳动物，最大与最小的质量规模也跨越了 8 个数量级，最大的哺乳动物蓝鲸有 200 吨，最小的哺乳动物是鼩鼱，鼩鼱长得特别像老鼠，但它不属于鼠科类，这种动物最早源于白垩纪，是一种胎盘类生物，体长为 4～6 厘米，不过它的尾巴非常长，几乎和身体一样长，而且眼睛非常小，视觉很差，在它们外出的时候会一只咬着另一只的尾巴，排成一个队列，以确保安全。鼩鼱的体重只有 2 克，和蓝鲸之间竟然差了 1 亿倍！但是，从规模角度来看，它们属于同一层次的，甚至地球

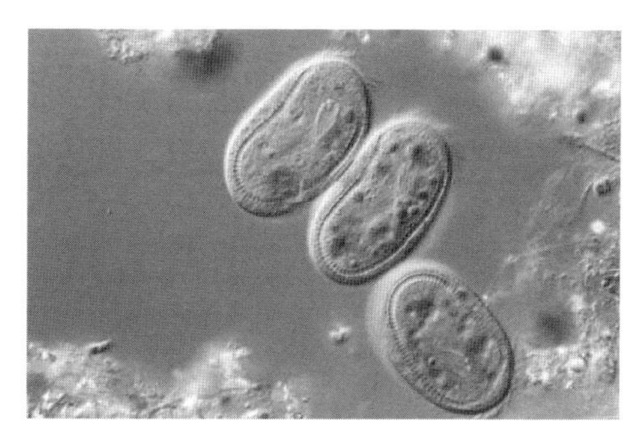

图 4－8　最小的单细胞动物 H39

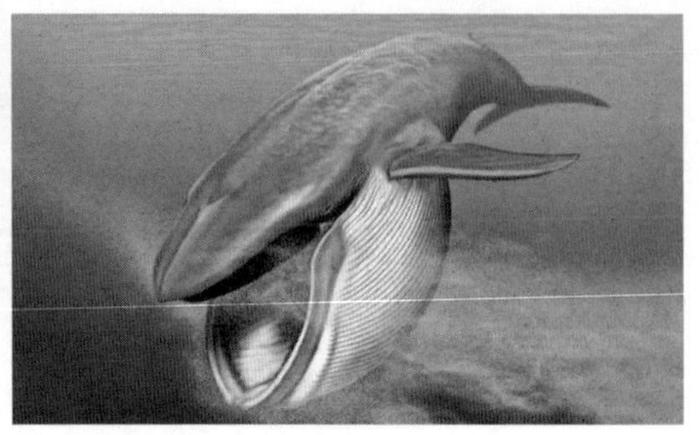

图 4-9　最小的哺乳动物鼩鼱

图 4-10　最大的动物蓝鲸

上所有动物，从最小的单细胞原生动物 H39 到蓝鲸，虽然其质量规模跨越了 1 500 万亿亿倍，但依然遵循着基本相同的规律。动物最基本的特征是稳定的身体形态、个体独立性，都有细胞构成，并且个体与外部环境间存在新陈代谢、刺激感应、运动和繁殖等。

当生命进化到真核细胞后，便有了动物和植物之分。最早的动物叫原生动物，是最低等动物，它的个体是由一个细胞构成的。虽然身体只有一个细胞，但它绝对是一个完整的生命活动体，拥有作为一个动物应具备的生活机能，如新陈代谢、刺激感应、运动和繁殖等，它的体内有了原始的分化，各具一定功能，形成了类器官。单细胞动物有变形虫、眼虫、疟原虫、草履虫等典型动物，而 H39 是最小的单细胞动物，最大直径长 0.3 微米，要有 1 000 万亿个放在一起，质量才有 1 克。它身体表面包着一层膜，膜上密密地长着许多纤毛，靠纤毛的划动在水里运动。它身体的一侧有一条凹入的小沟，叫口沟，相当于嘴巴。口沟内密长的纤毛摆动时，能把水里的细菌和有机碎屑作为食物摆进口沟，再进入体内，供其慢慢消化吸收。残渣由一个小孔排出。H39 靠身体的外膜吸收水里的氧气，排出二氧化碳。所以 H39 是用一个细胞就搞定了吃喝拉撒、呼吸、运动。单细胞动物除了被捕食或被寄生而死，或由于变异和环境不适应死亡外，可不断通过一分为二的繁殖方式而不死亡，因此科学家经常把它们作为研究衰老的模型。

在尺度差异巨大的哺乳动物中，一生的平均心跳次数大致相当，大约 15 亿次，体形较小的老鼠心跳较快，因此只能存活几年时间，而大型动物鲸心跳十分缓慢，则可存活 100 年之久。

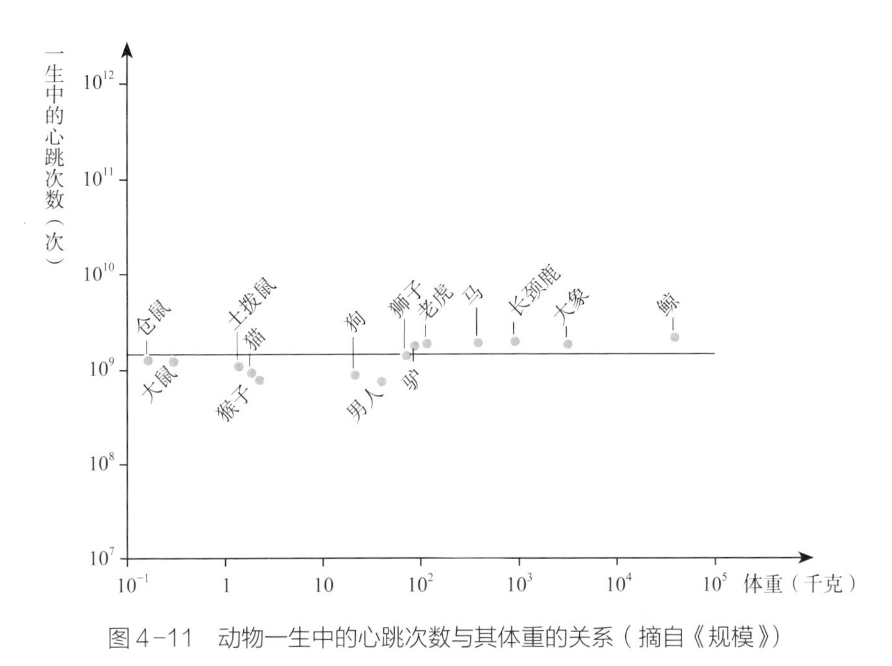

图 4-11 动物一生中的心跳次数与其体重的关系（摘自《规模》）

伽利略在被软禁期间，写了一本《关于两门新科学的对话》的专著，以三人对话的形式写就，在对话的第二天，书中的萨尔维亚蒂提出了一个有趣的问题：自然界中能否长出巨大的树木，人、马或其他动物的身高能否无限增长，能否造出巨大无比的轮船、宫殿或寺庙？伽利略明确回答这是不可能的。无论是自然界中的生物，还是人造物品，它们能长到多大必然受到基本的限制——当物体的长宽高等比例扩大一倍，在密度不变的情况下，其重量（或者说体积）会增长 8 倍，而强度（或者说面积）仅增长 4 倍。持续增长下去，最终的结果是自重会超越自身的承重能力，进而压垮自己。

实际上并不只有动植物或人造建筑，自然界中几乎所有的物体都受到规模和尺度的限制。比如，火星上的最高峰是奥林匹斯山，这座山高于火星基准面 21 287 米，远高于地球上的珠穆朗玛峰，这是因为火星地表的重力加速度只有地球的一半，而岩石能承受的压强是基本一致的。再如，星体大部分都是球体的，但是一些岩石星体半径在 300 千米以下的就会呈现出各种稀奇古怪的形状。这是因为在平均密度相同的情况下，天体的质量正比于半径的三次方，表面重力正比于半径，所以天体表面的山的极限高度反比于半径。山的极限高度和半径的比值反比于半径平方。在地球上，山的极限高度（大约为 14.5 千米）和地球半径（大约为 6 400 千米）的比大约为 1/441。在一个半径 300 千米的天体表面，山的极限高度和半径的比值接近于 1。此时，表面起伏已经达到半径的量级，所以已经没法分辨什么是山了，这个天体形状已经极大地偏离球形。灶神星半径大约为 260 千米，其形状已经偏离球形，这符合我们的预期。火卫一、火卫二则完全不是球体，像两颗奇怪的土豆。

图 4-12　灶神星

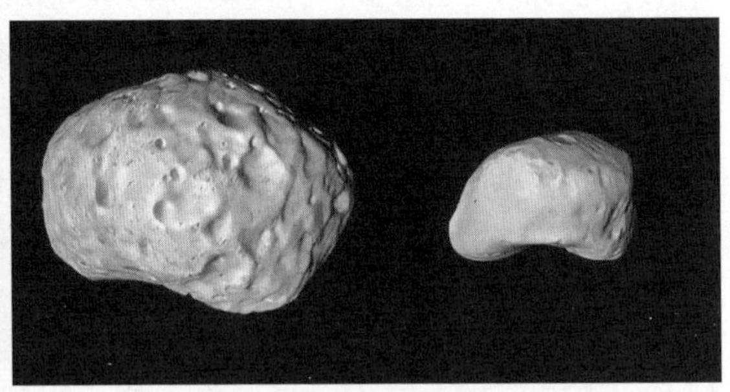

图 4-13　火卫一、火卫二

在规模和尺度的某个范围内，事物的变化往往是连续的，如果达到某个临界点，虽然事物依然遵循相同的内在规律，但往往会出现一种全新的现象。无论是原子弹爆炸，还是超新星爆发，甚至肥皂泡的破灭，都是一样的道理。

案例 14 原子弹核裂变的规模效应——临界体积

核裂变是一个中子撞击一个铀（^{235}U）原子，铀原子被打碎成2至3个小原子，在这过程中除了释放大量能量外，还会抛出2至5个中子，这些中子会继续撞击其他铀原子，随着中子数量的不断增加和撞击的不断加速，就会导致不可控的链式核裂变反应发生，从而造成原子弹爆炸。铀-235属于放射性材料，在一定条件下向外散发中子，由于原子核体积只占铀原子的很小部分，不能保证中子撞到原子核，所以核材料必须具备一定的体积，只有体积足够大才能保证有中子撞到原子核并发生裂变反应同时散发足够数量的中子，才能让链式核裂变反应持续发展下去，这就是临界质量和体积。因此，原子弹实际上是核材料超过临界体积后的规模效应。

规模存在临界现象，规模更有一种涌现机制，一旦发生涌现，实际上就是自然界构筑了一个新的套娃，在这个新的套娃上，世界会呈现一种全新的层次。比如，密闭空间中只有一个运动的分子，我们并不能称其为气体，但在密闭空间中存在大量气体分子时，就会涌现出宏观的压强和温度，甚至可以用仪器来测量和研究压强、温度与体积之间的关系，其实质是我们已经不在分子层面上观察个别分子的现象，而是把气体作为一个整体来研究，这个涌现是新对象、新概念、新现象的形成。又如，神经细胞不会以单个的、游离的细胞形式存在于生物体内，神经细胞必须有一定规模才能发挥作用，当大脑神经元细胞达到千亿级时，甚至产生了意识这种现象。意识是如何涌现的？这是当前科学界最具挑战性的问题，可以肯定地说，如果想通过研究每个神经元的工作机制来研究意识的涌现，这一定是一条死路，因为单个神经元工作的机制虽然已经基本搞清楚，但是意识并非神经元工作机制之和，而是一种所有神经元协作之上的整体。

有意思的是，我们一般比较关注空间尺度和数量尺度上的规模现象，很少关注时间尺度上的规模效应，这与人的寿命有关，我们往往对超长周期的变化难以感知。比如，大家知道地球拥有强大的磁场，能将大量来自宇宙的高能粒子和太阳风阻挡在大气层之外，保护了地球上的生命和文明繁荣。但是，研究表明，地球磁场平均每 50 万年翻转一次，而最近一次的翻转发生在 78 万年前。如果地球磁场反转，这个过程需要 1 000～10 000 年才能完成。其间，磁场变得极端混乱不稳定，至少在 100 年的时间内，地球几乎处于无磁场状态。没有磁场的保护，地球将被置于太阳风和宇宙射线的轰击之下，臭氧层遭受毁灭性打击，全球也将发生极端天气变化。由于一百多年来磁场不断减弱，人们不禁担心，地球磁场的又一次“大变脸”是否即将来临？

当一只蚂蚁在大象身上爬行时，它永远不知道大象整体的存在，但是现在的人类在地球上行走时，可以理解远超我们人体自身规模的地球的存在。可是，宇宙中还有许多超长周期的现象和规律，由于我们观察时间的限制尚未发现，“夏虫不可语冰”说的就是这个道理；宇宙中一定有许多超越人类感知和想象力的事物在我们身边，但由于我们自身规模与尺度的限制而永远无法理解，“井蛙不可话海”说的就是这种情况。

模块与控制

虽然我们现在讨论模块（module）与控制（control）时，主要是从信息技术角度去考量的，但是模块与控制本身，在大自然中也是比比皆是。美国康奈尔大学研究人员领导的研究团队通过在计算机内模拟 25 000 代的进化情况后发现，生物进化中产生模块化组织的原因，并不是之前认为的为了更好地适应环境，而是由于模块化的组合进化会产生更少和较短的网络连接。细胞由细胞核、线粒体、高尔基体等形态和功能各异的小模块组成。许多形态相似的细胞及细胞间质会组成各种组织，如人体的皮肤。几种组织相互结合，组成具有一定形态和功能的结构，称为器官，如骨、脑、心、肺、肾等。相关器官组合在一起完成生命体的一个重要功能而成为系统，如呼吸系统由鼻、咽、喉、气管、支气管、肺等器官组成。在细胞、组织、器官和系统层面都是由许多生命的小模块组成的，其形成的核心要素是在细胞核内的 DNA 大分子，而 DNA 又是由许多小的基因模块组成的双链。基因又是由四种不同序列的碱基构成的，每个碱基分子实际上是更小的模块，而生命不同层级模块的控制，正来源于基因的力量。

案例 15　端粒控制细胞分裂的次数

我们为什么会衰老？无数科学家为了找到衰老的原因前赴后继，解开衰老奥秘的是一位叫伊丽莎白·布莱克本（Elizabeth Blackburn）的科学家。布莱克本对一种在池塘中随处可见的单细胞藻类——四膜虫的染色体顶端进行了测序，发现在染色体顶端存在一种重复的DNA 结构，这种结构称为端粒（telomeres）。一般细胞 DNA 每复制一次，端粒就会磨损和缩短一截，当端粒磨损殆尽时，相关的细胞就无法再复制，死亡就来临。但是，四膜虫存在一种奇怪的现象，这种单细胞生物似乎永远不会衰老和死亡——随着时间的推移，这些细胞的端粒并没有缩短，有时甚至会变得更长。经过努力，她和同事最终发现了一个前所未有的酶——端粒末端转移酶，后简称端粒酶，这种酶可以将新的 DNA 序列添加到染色体的末端并与端粒蛋白质结合，从而稳定染色体的结构。衰老的秘密第一次被揭开了，布莱克本等三人荣获 2009 年诺贝尔生理学或医学奖。

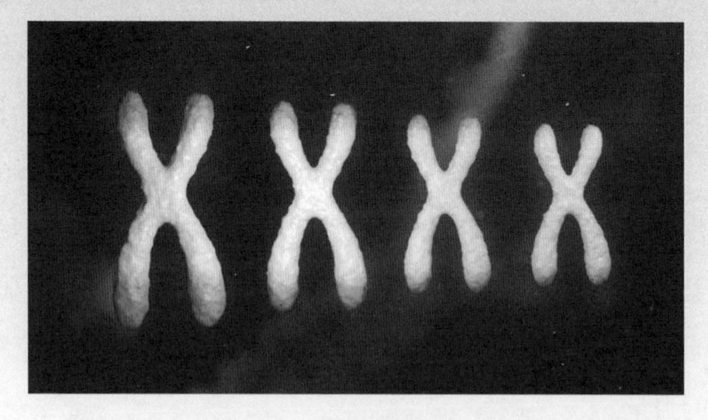

图 4-14　逐渐缩短的端粒[①]

① 本图片由药明康德内容团队制作 .

实际上，物质世界从微观的原子到宏观的星系，也是由不同层级的小模块一层层搭建起来的；无论是特大型城市，还是小规模城市同样是由不同层级的小模块一点点累积起来的。我们看到的那些鸿篇巨制，是由不同层级的文字、段落、章节拼搭而成的。甚至我们目前无法理解的意识世界，也必然是由神经元通过各种层级的连接而涌现的，研究发现大脑存在不同功能的脑区是最好的证明。可以说，整个世界形成发展进化的过程，都是不同层级的模块拼搭的结果，虽然不同模块间拼搭凝聚起来的作用力各不相同，但是其通过拼搭形成新事物新现象的情况是高度统一的，因为这种模块式组合的方式能大大降低组建和维护的成本，且能在保持稳定性的基础上呈现多样性。

在科学高度发达的今天，虽然人类对大脑活动机制的解释仍然无法形成完整的理论体系，但是以神经元细胞为基础，大脑形成集群方式的模块化功能是一个共识，不同脑功能模块间的相互协作形成意识感知，而且“模块化集群功能”构建的神经活动模型与其他事物的模块化构成并没有特别之处。复杂的神经系统活动可简化为四大类神经功能模块——外部信息采集模块、信息整合传递模块、信息接收感知模块和信息记忆储存模块。外部信息采集模块包括视网膜细胞、味蕾细胞、内耳毛细胞、嗅细胞等以集群方式形成独立的组织模块。比如，人类视网膜神经模块能分辨出 400～760 nm 的光波信号；人类的内耳毛细胞神经模块能采集到 20～20 000 Hz 声波振动频率。信息整合传递模块包括视、闻、嗅、味、触对应的各神经模块采集的外部信号，通过汇聚在脊髓、脑干和中脑部位的信息整合传递模块——神经核，对相关信息进行编码和转换，转化为大脑内部神经元可识别的电信号。以视觉信息为例，视网膜与丘脑后部的外侧膝状体核之间连接着 1 500 万个神经纤维，视网膜上由光点信息转换成的电信号，以 1/24 秒一幅视图的信息量为单位不停地连续发送到膝状体核进行编码。信息接收感知模块包括经神经核编码转换的电信号，被大脑中另一部位具有感知能力的神经元模块接收并形成神经感知，感知原理是电信号频率与感知神经固有频率相同而发生共振。这些参与感知活动的神经元模块分为两大部分——中脑部位的网状结构神经元群和颅外运动神经系统，前者形成神经活动的差异感知，后者形成生命的体验感知，两者既独立又相关。记忆信息储存模块在端脑，以神经元树突与轴突复杂连接为特征形成信息的记忆储存。端脑的两个脑半球中任何一部分伤残病变，或因肿瘤切除都不影响整体生命的存活，但会丢失以往储存的信息内容，或导致生命的局部功能丧失。

从以上例子可以判断，模块是能独立地完成一定功能的组织集合，具有基本的外部特征和内部特征。外部特征是指模块跟外部环境存在输入输出的接口，并把外部输入的物质或信息转化为新的状态，同时模块需要消耗一定的能量；内部特征是指模块的内部环境特有的自身结构，以实现物质或信息的转化。模块内部最重要的特征是具有反馈功能，这也是模块能发生稳定作用最重要的原理——控制。模块可能是一个独立的产品，也可能是独立的一个部件，但无论是一台发动机、一个操作系统程序，还是一个 CPU，反馈和控制是模块的灵魂，需要有效地应对系统内外各种不确定性因素的影响。比如，信号放大器是在信息领域中非常广泛应用的器件，由于电信号随传送距离的增加会逐渐减弱，需要用放大器将信号放大继续传送，但存在把信号非线性放大的情况，如低频信号放大了，高频信号却没有放大，那么传播的信号就会失真。同时放大器在将信号放大过程中，也会放大噪声，这就需要滤波技术。滤波器是在第二次世界大战期间，为了解决防空火力控制和雷达噪声滤波问题，维纳提出并定义了滤波问题，建立了平稳随机信号的维纳滤波理论。后来，滤波理论不断发展，目前在航空航天、通信与信号处理等众多领域中都有广泛应用，产生了深远影响。滤波模块的工作流程是，如果有一个信号 s 包含了一个噪声 v，那么在滤波模块 h 输入端的输入信号是 $x=s+v$，通过滤波模块 h 后，把噪声 v 尽量消除了。

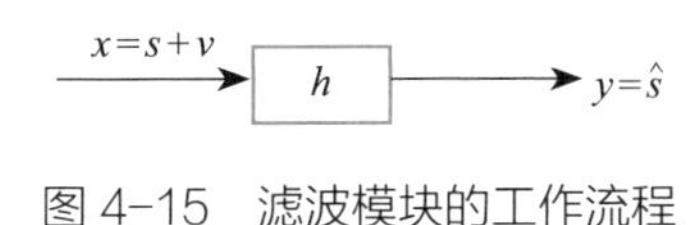

图 4-15 滤波模块的工作流程

如果模块无法消除反馈中出现的干扰，那么模块就可能出现失控的情况。比如，在唱歌时，有时候会遇上话筒啸叫的情况。出现啸叫的原因，主要是话筒位于音箱正面区域并指向音箱，这个时候音箱发出的声音会再次进入话筒，导致话筒和音箱的声音不断叠加，从而不断提高声音的响度。因此，在音响系统中需要有模块能识别歌唱者发出的声音和音箱放大后发出的声音，并进行过滤。现在有一种卡拉 OK 话筒上自带功放和小音箱，实际上就是很好地解决了音箱声音和歌唱者原声之间的反馈叠加效应。

许多儿童在小时候都有搭建乐高积木玩具的经历，通过积木的搭建，有助于提升儿童的空间感知能力和模块思维。在科学教育中，现在也可以非常方便地获取上百种电子传感器的功能模块，只要通过简单拼接各种模块就可以实现红外控制、人脸识别等应用，但是在模块学习中最重要的是学习和理解反馈及控制的原理，我们把它称为程序思维或计算思维，而非学习空间搭建模块，否则和搭建乐高积木又有什么区别呢?

2006 年卡内基 · 梅隆大学计算机科学系周以真教授将计算思维界定为计算机科学的独特思维。她认为计算思维是运用计算机科学的基础概念进行问题求解、系统设计、人类行为理解等一系列思维活动，计算思维不局限于与编程有关联的编程思维，而是将一个复杂问题，基于数字化和模块化工具，通过抽象、分解、迁移、模拟等过程转化为更熟悉、更容易解决的简单问题。在《STEM与计算思维》一书中，作者于晓雅列举了三个需要用计算思维来解决的问题。如果你接到了解决这些问题的任务，你准备如何去做?

第一个问题：如何绘制人类完整的基因组?

第二个问题：威廉·莎士比亚的著作是否全部为其亲笔所写?

第三个问题：是否能编写可自主作曲的智能计算机程序?

物质、能量、信息

物质（matter）、能量（energy）、信息（information）是构成世界的三大要素。哈佛大学的一个研究小组给出了一个著名的资源三角形：对人类来说，没有物质，什么都不存在；没有能量，什么事情都不会发生；没有信息，任何事物都没有意义。科学教育本质上就是在建立物质、能量、信息间的概念体系，让我们可以更好地认识世界。

世界是物质的世界，一切存在都是物质的存在，一切现象都是物质的运动现象。任何物质都有其存在的形式，也必有物质的多少。电场、磁场、引力场也是一种物质存在的形态，具有能量和质量，只不过其形态比较独特。物理学科研究的是物质的存在方式、物质的运动形式和物质之间的相互作用关系；化学学科研究的是物质的组成、结构、性质、转化及其应用；生物学科研究的是生物和生态系统的结构、功能、发生和发展规律；天文学主要研究宇宙空间天体、宇宙的结构和发展，包含天体的位置、构造、性质和运行规律等。

我们通常所见的物质有三态：气态、液态、固态，由分子、原子构成。处于气态的物质，其分子与分子之间距离很远；对于液态物质来说，构成它们的分子彼此已靠得很近，分子一个挨着一个，它的密度要比气态时大得多；对固态物质来说，构成的分子或原子牢牢地结合在一起。但是，除气态、液态、固态外，物质还存在其他状态。

案例16 物质存在的其他状态

大家知道，原子是由原子核和电子构成的，通常情况下电子都围绕原子核旋转。如果物质处在几千摄氏度以上的高温中，气态的原子会抛掉核外最外层电子，这样电子开始自由自在地游逛，而原子也成为带正电的离子，科学家把这种电离化的气体，叫作物质的“等离子态”，实际上太阳就是一种等离子体，雷电、极光，甚至我们点燃的火焰也是等离子体。除了高温以外，强大的紫外线、X射线也可以让气体转变成等离子体。

白矮星里面的压强和温度极高，原子之间的空隙被压得消失了，原子外围的所有电子层也被压碎，所有的原子核和电子都紧紧地挤在一起，物质里面原子间不再有空隙，这样的物质，科学家把其叫作“超固态”。假如在超固态物质上再加上巨大的压强，最终把原子核都挤破了，原子核中的质子会和电子结合成中子，这样一来，物质的构造全都变成中子，这就是物质的“中子态”。

当物质冷却到接近绝对零度（−273.15摄氏度）时，基本粒子的运动几乎完全停止，粒子之间开始凝聚而且完全步调一致，会形成“超级粒子”，称为玻色–爱因斯坦凝聚态。有些物质在极低温度下，两个自由电子会结合成电子对，从而可以在材料中畅通无阻，出现材料零电阻状态，就是物质的超导态。一些物质在极低温度下，会出现一种完全不具有黏性的状态，流动性超级强，如果将它注入一个环形容器中，它可以沿着环形通道永无休止地流动，这就是物质的超流体状态。液氦在温度低于2.17 K时，就会呈现超流体的特性。

物质的形态有多种，而能量的形式也有多种，包括辐射、物体运动、处于激发状态的原子、分子内部及分子间的应变力。最为重要的是，所有的能量形式不同，但都是可以等量比较的，在某种情况下一种形式的能量可以转变为另一种形式的能量，实际上世界上所有的现象变化，都是代表能量的转移或转化。能量的主要形式有：动能（物体由于作机械运动而具有的能量，它可分为位移动能与旋转动能两种）、势能（物体由于相对位置或位形变化而具有的能，主要有重力势能和弹性力势能等）、化学能（物质发生化学反应时释放或吸收的能量，其本质是原子的外层电子变动，导致电子结合能改变而放出的能量）、热能（物质内部原子、分子热运动的动能，温度愈高的物质所包含的热能愈大）、电能（正负电荷之间由于电力作用所具有的电势能）、辐射能（光和电磁波的能量）、核能（原子核内核子的结合能，它可以在原子核裂变或聚变反应中释放出来）。

能量现在看起来是一个常用和基础的概念，但又是非常抽象和非常难定义的概念。事实上，直到 19 世纪中叶物理学家才真正开始理解和使用"能量"这个概念，到目前为止还是有许多不同的定义。由于能量是一切运动着的不同物质的共同特性，能量尺度就是衡量一切运动形式的通用尺度，因此笔者比较认同的能量定义是：能量是用于改变一切物质的运动规模或运动模量的源泉。从能量转化角度来看，能量是用来表示物质系统做功的本领。在分子或比分子更低层次的物质结构中，能量和物质呈现出不连续性，存在能量的最小单位，这就是量子效应最初的发现。

能量与物质之间存在着微妙的关系，在低速和宏观层面上，物质与能量看上去完全是两种不同的概念，但是物质在微观世界和接近光速运行时会出现极强的相关性，物质与能量甚至可以相互转化，爱因斯坦用一条石破天惊的质能方程描述了质量与能量之间的关系：$E=mc^2$。因此，有人认为物质只是能量的一种表现形式。原子核裂变时释放出的大量能量，来源于核反应过程中的质量亏损，与质能方程非常符合。但是，从能量转化为物质的验证经历了很长时间，虽然物理学家布莱特（Breit）和惠勒（Wheeler）在1934年就提出了碰撞光子有产生电子和正电子对（物质和反物质）的可能性，但直到1997年，科学家才通过间接方式实现了光子碰撞产生物质。现在，使用相对论重离子对撞机（RHIC），科学家已经通过更加直接的方式用高能光子产生电子对。布鲁克海文实验室的丹尼尔-布兰登伯格说："我们还测量了这些系统的所有能量、质量分布和量子数，与理论计算的结果一致……我们的结果提供了明确的证据，证明光的碰撞可以直接一步产生物质—反物质对，正如布莱特（Breit）和惠勒（Wheeler）最初预测的那样。"

狭义相对论也表明，高速运动的物体其质量也会增加，只不过一般物体速度离光速还很远，所以无法测量到质量的变化而已。光子既是物质，又是能量，在微观层面物质与能量完全统一，这个原因体现了宇宙演化的过程——在宇宙大爆炸的一刹那，巨大的能量以被束缚的光的形式出现，超高密度的极高能量的光子之间发生碰撞，产生了有无数具有质量的基本粒子。也就是说，在宇宙演变的一开始，物质、能量本身就是一体的，只是随着演化的不断深入和宏观物质的形成，物质与能量才开始生成各自的规律。

"信息既不是物质，也不是能量，信息就是信息。"这是维纳在《控制论》一书中对信息做出的论断，科学家钱学森也完全认同这个观点。在生命系统等现实世界中，物质是本源的存在，能量是运动的存在，信息是联系的存在。但是，有关信息的定义也有"万物始于信息""信息是一种结构实体"等观点。需要强调的是，在讨论"物质、能量、信息"层面的问题时，这里的信息概念并非指人类对客观世界认识中获取的信号、数据和知识，而是描述世界的一个新的维度。只要事物之间有相互联系或相互作用，就会伴随信息的发生，信息早就存在于客观世界，只不过人类先认识了物质，再认识了能量，最后才关注信息，物质和能量本身及其变化都是世界信息的一部分。亚里士多德在阐述质料与形式的关系时说，青铜雕像的质料是青铜，雕像是形式，“雕像之为雕像，不在青铜，而在雕像的本质”。他认为某事物之所以成为某事物，不在于质料的规定，而在于形式的规定。笔者认为这个判断是亚里士多德对事物本质认识的偏差，青铜雕像的本质是用青铜做的雕像，任何事物都是物质性与结构性相统一而形成的，而结构性就是信息的表征之一。构成正常人体的原子数大约有 10^{28} 个，这些原子在 100 天不到的时间里就会全部替换成新的原子，但是我们还是我们自己；站在原子角度来看，构成我们每个人的原子差不多都有几十亿年历史，原子不死不灭，但我们只感受到生命的流逝，这说明生命是物质、能量和信息组合的复杂体。

可以确定地说，没有物质与能量，就没有信息，一旦有了物质与能量，信息一定相伴而生，宇宙中物质形态与能量形式的演化过程，也是信息不断演化丰富的过程。这三个概念是人类从宇宙的各种复杂现象中抽象出来的跨领域大概念，并以此构建了系统研究这个世界的基本框架，就好比建立了一个分别以物质、能量、信息为三个轴的笛卡尔三维坐标系，宇宙万物都能在这个坐标系中找到位置和演变的轨迹。

在数字世界中，物质、能量无法数字化，但是信息可以很好地用数字表达、处理和传播。因此，在数字时代，信息的作用将进一步被挖掘和开拓，但是伴随而来的是巨大的能量消耗。与之相比，蚂蚁仅用 0.2 毫瓦的功耗，就可以做包括打洞筑巢、交朋友、打架和养蚜虫等很多事，其计算效率远超现在 AI 领域中的深度神经网络训练。因此，新材料的研究、新能源的开发、新算法的突破依然是未来数字世界最前沿的研究课题。

EMERGENCE

自然与自然的规律，都隐藏在黑暗之中；上帝说："让牛顿来吧！"于是，一切变为光明。

——亚历山大·波普[①]

① 亚历山大·波普，英国诗人，牛顿墓志铭。

EMERGENCE

第五章 涌现

- 抽象的范式
- 思维的方法、程序和结构
- 理论和模型
- 数学的奇迹
- 工具的辩证法
- 沟通与协作
- 科学态度和科学伦理

抽象的范式

一切真理都需要经过抽象才可得出，我们身处的社会、一切的科学技术，都是构建在一层层的抽象之上，无抽象不科学。抽象的过程就是从感性认识出发，对事物纷繁复杂的现象进行分离、提纯、简约化，通过判断、推理，形成事物的概念并反映事物的本质及其规律。抽象用数学或理论来描述时，往往会有许多出乎人意料的结果。比如，有这样一道数学题：假如地球表面是十分光滑的，在赤道上我们用一根绳子紧贴地面围上一圈，如果这根绳子加长一米，想办法让这根加长的绳子还是均匀地围绕地球赤道一圈，这时候绳子与地表之间会存在一个空隙，判断一下，这个空隙可以钻过一个细菌、一只老鼠、一个人，还是一头大象？这个问题虽然简单，但是如果你不是用数学的方法来抽象就可能得出错误的结论。你不妨简单地列个计算式算一下，结果一定会让你大吃一惊。

实际上，每个人对世界的认识，就是一个不断从具象走向抽象的思维形成过程。每个人在三岁以前的思维属于动作思维，通过感觉系统与世界发生接触，形成个人行为与事物现象之间的关联性。比如，幼儿发现手里拿的球释放后，球会掉下去，于是会尝试把桌面上的碗筷用小手扫离桌面，看碗筷掉下去的情况，我们经常会看到幼儿一遍一遍地搭积木，再把搭好的积木推倒，然后发出愉快的笑声，实际上他们觉得自己发现了一个可以预期和掌控的现象，这些都是每个人最初对行为与事物变化相关性的发现。三至六岁是儿童形象思维逐步形成的时期，最主要的表现是儿童会对看到的许多现象问为什么；会尝试探究事物内部的结构，会把玩具或家里的小东西拆开；喜欢猜谜语、躲猫猫等游戏活动。这阶段儿童的思维能力已经从相关性到达了对因果关系的理解，并有归纳简单规律的能力。儿童之所以喜欢看奥特曼电视剧，实际上是他们在看剧的过程中发现了一个规律：怪兽出来破坏世界，奥特曼总会在关键时刻挺身而出，拯救人类。在一遍遍重复相同剧情的过程中，幼儿体验到了通过掌握规律来预判剧情的快乐，似乎是自己决定了这种事的发生。一般从七岁开始，儿童既可以看到物体之间的相同之处，也可以看出它们的不同之处，能明白容器形状的改变并不会造成容器内液体量的改变，也开始理解数量的意义，这阶段儿童具有了初步的抽象思维能力，形成了数字的大小、守恒、整体等概念的认知。

从人类感觉和知觉形成的生理机制角度看，也存在自发的抽象过程。当我们看见周围事物时，视网膜上感知到的光信号向丘脑传递，在丘脑中会对相关视觉信号进行编码和压缩，再送到视觉中枢枕叶处理，我们看见东西是外部来的信号与大脑中原有的认知进行比对，如果大脑没有基础性连接，是不会涌现视觉形象的，也就是说成熟的大脑会自发形成机制性的抽象过程，但是这种抽象属于表征性抽象。表征性抽象的过程就是对可观察到的现象进行概括理解的过程，如“颜色”这个概念就是各种色光理解后抽象出来的概念，它不指向某一个具体的颜色，而是一个抽象概念，表征性抽象更多的是一种习得性能力。科学行为的抽象是在表征性抽象的基础上形成原理性抽象，原理性抽象是科学教育需要解决的核心问题，如对函数概念的认识就属于抽象的抽象。

原理性抽象需要突破前概念的困扰，以最集中的方式去架构，才能实现思维的跳跃，但是我们常常会希望借助知识的逐渐深入来达到，实际上这种做法有时候反而会带来对前概念的加强，导致无法实现抽象的抽象。物体运动的快慢用速度这个概念来描述，儿童在生活中就能获得理解，属于表征性抽象。初中学习物理时也是这样定义速度这个概念的，其公式表达为 $v=s/t$，v 代表速度，s 为物体走过的路程，t 是运动的时间，与儿童学习的前概念的差别在于用符号和公式来表达速度的概念，这是第一步抽象。高中物理学习时把速度定义为描述物体运动快慢和运动方向的物理量，定义为位移与发生这个位移所用的时间之比，位移是矢量，速度也是一个矢量。这个定义实际上是平均速度的概念，更重要的是把速度的方向性作为很重要的性质提了出来，意味着速度大小或方向改变，物体的运动状态都发生改变，这为动力学讨论“外力是物体运动状态改变的原因”相关内容的学习奠定了基础。但是，一般的物理教材为了降低学生的学习难度，一开始往往先讲几种特殊的直线运动，如先讲匀速直线运动，再讲匀变速直线运动。匀变速直线运动虽然速度是均匀变化的，但是如果一个物体一直做匀减速运动，在某一时刻速度的方向会发生改变，这时候许多学生就会碰到理解上的困难。学生的困难主要来自无法理解速度概念的矢量性和即时性，是对速度新概念的原理性抽象不理解，而不是因为对加速度这个新概念不理解。笔者的教学经验是：在讲速度矢量新概念时，最好的方法是从讲清楚曲线运动的平均速度（$v=\Delta s/\Delta t$）开始，然后再从曲线运动的平均速度的概念，用不断缩短时间和位移的方法，最后让学生理解曲线运动轨迹的切线就是瞬时速度的方向，在这个切点上物体的瞬时速度是这个物体的运动速度，而不是用直线运动来讲授速度的矢量性和即时性。这个重要的极限思想突破了，就形成了速度的原理化抽象，后续在学习匀变速直线运动、匀变速曲线运动和匀速圆周运动时，才能让学生在大脑中有一个清晰的物体运动状态瞬时改变的理解，从而避免死记硬背公式来处理习题。

对科学知识的原理性抽象，需要深耕最习以为常的概念，以促使学生在科学学习中产生思维的火花，并养成对普通事物从不同角度更深刻的思考。培养原理性抽象最好的方法之一，是让学生理解概念的来源。比如，时间这个概念是十分深刻的问题，在时间这个问题上，有许许多多的科学故事，因为时间是人类一直在追问的终极问题。比如，可以提问学生，时间的单位是秒，1 秒是如何确定的？并由此讲述时间标定的历史，启发学生对时间的思考。

故事13 从日晷到原子钟

古人的时间观来自对自然的观察，“年”的概念来源于四季循环，“月”的概念来源于月相盈亏，“日”的概念来源于昼夜交替，这些相对稳定的周期性运动构成了一个粗略的时间尺度。但是，要在自然界中找到一个比“天”这个时间单位短且足够可靠的周期运动并不容易。我们的祖先在五六千年前发明了日晷，它利用太阳阴影的变化来标记时间。小时这个时间单位是古埃及人提出的，他们在日冕上把日出到日落之间的时间划分为十个小时，再加上黎明和黄昏的两小时，构成了白昼的 12 小时。但是，在多云的白天和夜晚日冕就无法工作了，在三四千年前古人又发明了水钟，用稳定的水流来标记时间。但是，水钟的不足是在寒冷的天气中水会结冰，于是人们又发明了沙漏。

图 5-1　日晷仪①

图 5-2　沙漏

图 5-3　天文钟

图 5-4　原子钟

但是，这些钟还是不太准确，对更短的时间无法测量。进入近代，荷兰科学家惠更斯发明了一种新的钟——钟摆钟，他利用伽利略发现的单摆等时性，即摆的周期与其振幅无关，钟摆钟在大航海时代发挥了巨大的作用，也使得“秒”成为可测量的时间单位，在地球表面，摆长约一米的单摆，一次摆动的半周期时间大约是 1 秒。秒针开始出现在钟表的表面，由于秒针出现时，时针和分针作为一套系统时间已经非常久远，就把秒作为第二系统，因此秒的英文名称是“second”。

由于海上航行时间长，钟摆钟计时会出现较大的偏差，容易形成海难，因此英国议会于 1714 年悬赏一款精度更高的时钟。最终，英国钟表制造商哈里森（Harrison）赢得了这项奖励，他在 1761 年冬天的一次海试中设计了一款 81 天仅误差 5 秒的钟表，这块表直径大约 13 厘米，抛弃了随地球重力偏向而失准的钟摆，用金属发条，这个航海钟表就是我们现在还在使用的机械手表的前身。

1928 年，石英钟在美国贝尔实验室问世，其工作原理是利用压电石英晶片会产生非常稳定的电振荡的效应，石英钟每天计时的误

① 本页照片均拍摄于上海天文馆宇宙展区．

差不到十万分之一秒，这在科学研究中发挥了重要作用。1955 年科学家利用铯原子内部的电子在两个能级间跳跃时辐射出来的电磁波作为标准，去控制校准电子振荡器，进而控制钟的走动，这种钟的稳定程度极高，2 000 万年才相差 1 秒，这就是原子钟。

1956 年，国际度量衡会议把秒定义为：自历书时 1900 年 1 月 1 日 12 时起算的回归年的 31 556 925.974 7 分之一为一秒。因为原子钟的发明，1967 年人们将“秒”的定义从最初的天文定义改为原子钟的定义，即 1 秒等于“铯–133 原子基态两个超精细能级跃迁对应的 9 192 631 770 个辐射周期的持续时间”。1983 年，人们进一步把“米”与“秒”的定义联系起来，即一米等于“真空中的光传播 1/299 792 458 秒”。

不管何种抽象，证据始终是思维的材料，这是科学有别于形而上学的根本。你可能偶尔说对了一个真理，但是没有证据支撑，那不是科学。例如，地球磁场平均每 50 万年翻转一次，是科学家通过对海底熔岩的研究发现了地球的磁场曾发生过多次翻转的证据——炽热的岩浆中含有数以万计的矿物质，好像一个个“小指南针”，当岩浆冷却后，这些“指南针”也被固定住并不再发生变化。这样，其“南北极”的指向就记录了当时地球磁场的方向。当我们研究海底熔岩千万年来形成的地层岩石时，就可以找到证据。

思维的方法、程序和结构

在工作中，我们有时候会说不要犯程序性错误，因为许多工作都是有约定俗成的程序。程序在科学中也是非常普遍的，一方面指有些事物的发展会按照一定的先后顺序展开，如人的生长发育，这实际上是由自然规律决定的，属于科学探究范畴；另一方面也指科学研究存在一定的程序规范，在科学研究过程中，思维的程序是对思维方法的规范应用和创新应用，而掌握科学的思维方法是科学教育需要着重解决的基础性工作。

有三类思维方法：第一种是直觉思维；第二种是逻辑思维；第三种是整体思维。直觉思维更多地来自经验，是科学家在对事物现象按照自己的经验进行判断，虽然说不出道理，但就是认为应该是这样的，体现为灵感、想象、猜测。直觉思维对确定科学研究的方向往往具有特别重要的意义。1874 年，俄国科学家斯米尔诺夫在库尔茨克地区发现了磁针不指向南北的地磁异常现象，他立即猜测这个地区可能存在巨大的铁矿，1923 年他的猜测被勘探结果所证实，用磁针的异常情况来勘探铁矿后来成为一种常用的方法。

整体思维是在对事物的现象有了一定把握的情况下，把零散的规律和尚未完整了解的现象进行综合，形成整体性理论阶段，这有点像拼图游戏，当我们把拼图块拼到一定程度时，我们不必等拼完所有的拼图块，就可以了解所拼的图片是什么内容。理论与模型属于整体性思维的范畴。

在各科学学科教育教学中，逻辑思维一般包括比较、分类、概括、类比、归纳、演绎、分析、综合、假说，这在所有科学学科教学中充满了有价值的案例，可以说，每一个概念的形成和规律的呈现，都是一次逻辑思维建构的过程。比较、分类、概括、类比属于观察阶段的思维方法，归纳、演绎、分析属于推理阶段的思维方法，而综合与假说则是抽象成理论和模型的思维方法。归纳与演绎是科学思维中最常用的方法，我们认识事物的现象，通常先接触个别事物，然后推及一般，最后从一般推及个别，这样循环往复，使认识不断深化。归纳就是从个别到一般，演绎则是从一般到个别。我们不妨从牛顿发现万有引力定律的历程来展现他的思维过程。

牛顿在研究运动过程中发明了微积分这个强大的数学工具，对物体的运动和力的关系形成了系统性理论，就是牛顿三大定律。

当时，开普勒在第谷对行星运动进行长时间观察记录的基础上，已总结出行星运动的三大定律，即① 椭圆定律，所有行星绕太阳的轨道都是椭圆，太阳在椭圆的一个焦点上；② 面积定律，行星和太阳的连线在相等的时间间隔内扫过的面积相等；③ 调和定律，所有行星绕太阳一周的时间（T）的平方与它们轨道半长轴（R）的立方成比例，即 $T^2/R^3=k$，k 是一个与太阳质量有关的常数。

行星围绕太阳旋转是椭圆，牛顿在 1680 年已经证明，椭圆轨道中的物体必受到一个指向焦点的力，这个力与距焦点的距离的平方成反比。但是，行星与处于焦点上的太阳，并没有东西连着，是什么力量能让行星围绕着太阳做椭圆运动呢？据说牛顿在乡下躲瘟疫期间，有一天坐在苹果树下，一只苹果从树上掉下来，让他产生了联想：苹果从树上掉下来的原因是受到竖直向下的重力作用，由于苹果的初速度为零，所以苹

图 5-6 一个在地球表面抛出的物体，不同的速度可能形成不同的运动

果做的是自由落体运动；假如给苹果一个水平的初速度，苹果则会在空中做平抛运动，虽然两者的初速度不同，运动轨迹也不同，但运动过程中受力情况是相同的，都受到竖直向下的重力。那么，假如平抛苹果的速度足够大，则会如何呢？牛顿假设，如果在一座高山上架起一门大炮，只要这门炮的威力足够大，炮弹的速度足够快，炮弹就可以围绕地球不停地转，而不会掉下来。因为物体在空中做自由落体，重力加速度约为 9.8 m/s^2，而地球是圆形的，每 7.9 km 就向地平线下降 4.9 m，如果炮弹每秒飞行 7.9 km 同时下降 4.9 m，那这发炮弹就永远不会掉到地面上，炮弹实际上就会围绕地表做圆周运动。同样的重力，初速度不同就会呈现不同的运动形式，同样的重力，可以让苹果竖直掉下来，也可以让炮弹一直不掉下来。那么，使行星围绕太阳运行的向心力，会不会就像那颗永远不掉下来的炮弹一样，实际上是行星受到太阳的吸引而产生的呢？那么，苹果受到地球的吸引力，与行星受到太阳的吸引力，有可能是同一种力。

惠更斯在他的《摆钟论》一书中给出了做单摆运动的摆球在做圆周运动时，会有一个使物体飞离中心的倾向，这需要一个指向中心施加的向心力，其大小与速度的平方成正比，与运动半径成反比。牛顿通过他的三大定律进一步证明，如果地面上有一个物体做匀速圆周运动，那么这个物体必然会存在一个指向圆心的向心力，其大小 $F=mv^2/R$（m 是物体的质量，v 是圆周运动线速度，R 是圆周运动半径）。如果把行星轨迹按照圆周运动来研究，那么行星做圆周运动的向心力大小也应该是同样的。由于圆周运动周期 T 与线速度 v 之间关系是：$v=2\pi R/T$，则向心力 $F=mv^2/R=m\frac{4\pi^2}{T^2}R$。牛顿把开普勒第三定律 $T^3/R^2=k$ 代入向心力公式中，得到 $F=\frac{4\pi^2 m}{kR^2}$。得到向心力的大小就得到太阳对行星的引力大小，而引力大小本质上与物体做什么运动是没有关系的，那么太阳对行星的引力大小与行星质量 m 成正比，与行星、太阳之间的距离 R 的平方成反比，$4\pi^2/k$ 是一个与太阳质量有关的量，即太阳对行星的引力满足：$F=\propto\frac{m}{R^2}$。根据牛顿第三定律，两物体之间的作用力和反作用力总是大小相等、方向相反，作用在同一条直线上。行星受到太阳的吸引，那么太阳也一定受到行星的吸引，因此行星对太阳的引力也一定和太阳的质量 M 成正比，就能得到：$F=\propto\frac{Mm}{R^2}$，将这个比例常数设为 G，就可以得到 $F=G\frac{Mm}{R^2}$，这就是万有引力定律非常简洁的数学表达式，牛顿认为 G 是一个与行星和太阳质量都无关的非常小的常数，这个常数后来成为万有引力常数（1798 年英国科学家卡文迪许用扭秤实验首次较精确地获得了万有引力常数）。

得到万有引力定律的数学表达式后，牛顿用地球与月球系统做了检验，如果所有有质量的物体都满足万有引力定律，那么地球表面的物体受地球的引力与月球受地球的引力应该是同一种引力。物体靠近地球表面，如树上的苹果，引力会使物体以大约 9.8 m/s^2 加速度下落，月球离地心的距离是苹果离地心距离的 60 倍，则月球由于地球吸引力产生的加速度应该为地球表面的 1/3 600，而通过测量月球做圆周运动的速度与地球和月球间的距离，可以算出月球做圆周运动的向心加速度恰好是地球表面重力加速度的 1/3 600。这就是有名的“月-地检验”。

1685年，牛顿完成了《论回转物体的运动》一文，用向心力和开普勒第二定律、第三定律，证明了椭圆轨道上的引力与距离平方的反比定律，并推广到任何两个有质量物体之间都存在这种引力。1687年7月5日，艾萨克·牛顿发表了人类自然科学史上最重要的著作《自然哲学的数学原理》，系统阐述了牛顿三大定律，并提出了宇宙中最基本的一个规律：万有引力定律。牛顿发现万有引力定律的思维历程，是综合运用各种思维方法的过程，几乎用到了“比较、分类、概括、类比、归纳、演绎、分析、综合、假说”所有思维的基本方法，也呈现了获取科学事实、提出科学假说、开展理论实验检验、建立科学理论体系的基本程序。

比较：认识研究对象之间相同和差异的逻辑方法。马克思高度评价比较方法，称它为“理解现象的钥匙”。苹果做自由落体运动和做平抛运动之间的比较，在初速度不同、重力相同情况下，出现运动轨迹的差异。

分类：通过比较事物之间的相似性，把具有某些共同点或相似特征的事物归属于一个集合的逻辑方法。分类基于比较，是把纷繁复杂的世界条理化、逻辑化的过程。同样的几种事物，按照不同的分类标准，就会形成不同的分类集合。笔者曾经在听课时看到有教师让每个学生把自己的一个鞋子脱下来并放在一起，让学生研究可以有几种分类方法，结果出现了按颜色、大小、性别、材料等十几种分类方法。

概括：在比较和抽象的基础上，舍弃次要的、非本质的特征，把主要的、本质的特征抽取出来，形成对某个本质特征的事物有普遍性认识的一种思维方法。比如，“鸟”这个概念就是一种高度的概括，是世界上各种鸟的抽象。

类比：将两个或两类特殊的事物进行比较，根据两者在某一方面的共同点或属性，来推断它们在另一方面的共同规律或特性。简单地说，就是通过参考比较熟悉的事物来解释相对陌生的事物的思维方法。伽利略在望远镜中看到月球明暗分界线附近的黑暗部分里有一些光点，这些光点会逐渐变大变亮，最后跟其他光亮的部分融为一体。伽利略认为，这个现象就像早上的太阳照射在山上，太阳爬得越高，山谷的阴影缩得越小，最后整座山都沐浴在阳光下。在这种类比思想方法的引导下，伽利略得出月球表面一定不是光滑的，而是高高低低跟地球表面一样有山有谷的结论。

实际上，思维的方法并不特别多，思维的程序也就那么几步，而思维的“程序 + 方法”形成了思维结构，在解决问题过程中形成新的思维结构，是发现新现象和新规律的起点。许多人害怕理科课程，主要怕两点：一是理论中的数学公式，一看到一大堆符号就心里发慌；二是动手实验，一旦要做实验就手忙脚乱。其实这两方面都可以通过专业学习来克服，实际上真正理科课程的难点是思维方法的提升。

理论和模型

开普勒定律描述了行星的运行模式，但没有揭示这种运行模式的成因，牛顿找到了运行模式背后蕴含的规律，形成了一个非常系统的理论。科学理论是指人类对自然现象进行分析而得到的综合性思考或结论，通过科学逻辑证明或实验验证，形成了结构化知识体系，从而帮助人们更好地理解世界并预测未来演变的可能性。简而言之，理论能解释过去与现在，并能发现和预言未来的系统知识，是一种整体性抽象思维。尼尔斯·波尔讲过："科学的任务不仅是拓宽我们的经历范围，而且也是减少它的律令。"也就是说，理论的力量在于对复杂世界现象的提炼。

案例 17　统一场理论与万有理论

统一场理论是一种典型的整体性思维。1915 年，爱因斯坦在建立广义相对论后，就想将他的引力理论，即广义相对论，与麦克斯韦的电磁理论统一起来，就是引力场与电磁场之间形成一个新的统一的理论，用于解释引力相互作用和电磁相互作用。爱因斯坦生命中的最后三十年一直在追寻统一场论，但是没有成功。爱因斯坦没有成功，很重要的原因是那时候科学家掌握的物理世界的拼图片太少了。

追求不同种力的统一，是物理科学不断深入的过程。比如，牛顿把苹果从树上掉下来的重力和月球围绕地球旋转的力统一为万有引力；麦克斯韦把磁力和电力统一为电磁力。迄今为止人类所知的各种物理现象所表现的相互作用，可以归结为四种基本相互作用，即强相互作用、电磁相互作用、弱相互作用和引力相互作用。这四种相互作用强度大小和作用范围相差悬殊：引力强度只有强相互作用力的100万亿亿亿亿分之一，引力的作用范围却非常大，从理论上说可以一直延伸到无限远的地方；强相互作用力是短程力，其作用范围小到只有1厘米的10万亿分之一；弱相互作用力也是短程力，力程甚至不到1厘米的1 000万亿分之一，强度是强相互作用力的1万亿分之一；电磁作用与引力作用一样是长程力，但它的强度要比引力大得多，比强相互作用力要小一点，是强相互作用力的1/137。大统一场理论是想从相互作用是由场（或场的量子）来传递的观念出发，统一地描述和揭示这四种差异巨大的基本相互作用存

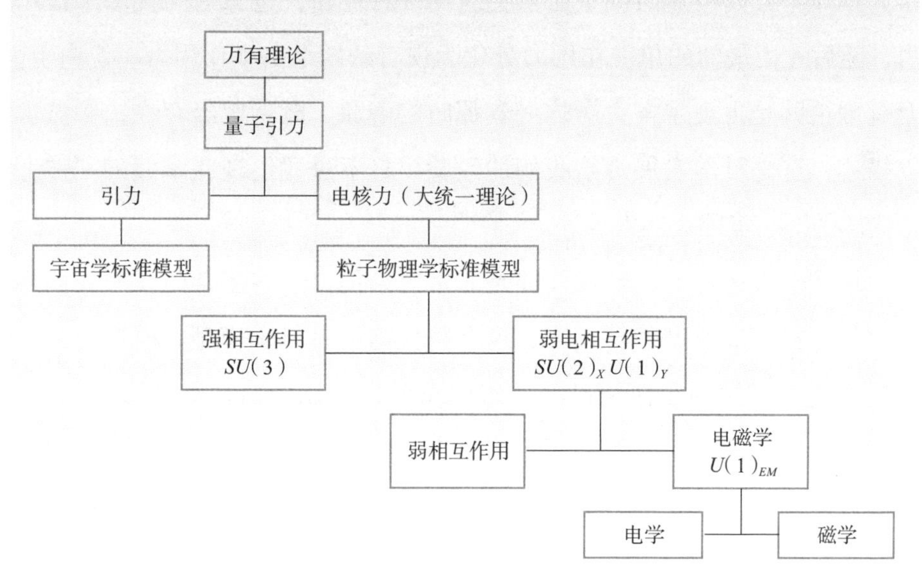

图5-7 万有理论与大统一理论

在共同本质和内在联系的物理理论。1967年，美国科学家温伯格终于确定弱相互作用和电磁相互作用可根据严格的及自发破缺的规范对称性的思想进行统一表达，实现了电弱统一，其理论预言了一种可观测的实标量粒子——希格斯玻色子，在2013年已经被发现。在20世纪70年代，也有科学家在统合电弱理论和量子色动力学的基础上，建立了一个能描述除引力以外的三种基本相互作用及所有基本粒子（夸克、轻子、规范玻色子、希格斯玻色子）的规范理论——粒子物理学标准模型，自此强力、弱力、电磁力就联系了起来。

著名物理学家泡利曾经对爱因斯坦研究统一场理论说过一句著名的话："上帝撕碎的东西，不希望人们拼合起来。"我们现在理解泡利这句话实际上是很高明的，因为既然宇宙源于一个奇点的大爆炸，那么在宇宙大爆炸一开始极短时间里必然拥有同一种能量，也只有一种基本作用力，随后才由最初的单一作用力分化为现有的四个基本作用力。说白了，万有理论就是再现宇宙大爆炸一刹那时的现象。既然曾经存在，必然可以描述，这是科学发展带给我们的经验，只不过我们现在掌握的"被上帝撕碎的"宇宙碎片还太少。

现实世界中事物的现象往往是非常复杂的，这些复杂的原型我们将其简化并提炼成原型的替代物，这个替代物就是科学模型。模型经常是将我们还不了解的东西用已经了解的东西进行比较后建立的形象描述。模型的表达方式包括实物、图形、语言、数学、符号等，也就是说我们可以创建一个实物来描述模型，也可以通过画图和语言的方式来描述模型，还可以通过数学和符号来描述模型。实际上就是用语言等工具来描述世界的一种思维模型，建立的模型又可以反过来分析现实世界，并且通过理论推导形成新的结论，引导科学家发现新的现象。

牛顿在推理形成万有引力定律的过程中，用月球与地球系统检验他的万有引力定律，但他碰到一个难题，因为地球是一个半径有 6 000 多千米的天体，月球的半径也有 1 700 多千米，那么计算地球与月球之间的引力时，距离如何计算呢？牛顿发明了积分算法，精确地证明了匀质球体对外部质点的引力等效于质心与质点的引力，同样太阳与地球之间的引力作用，也可以看为两个质点之间的相互作用。质点作为一个理想模型，是在物体的大小和形状不起作用或所起的作用并不显著而可以忽略不计时，我们近似地把该物体看作是一个只具有质量而没有体积的理想点。质点是物理研究中非常普遍的模型。

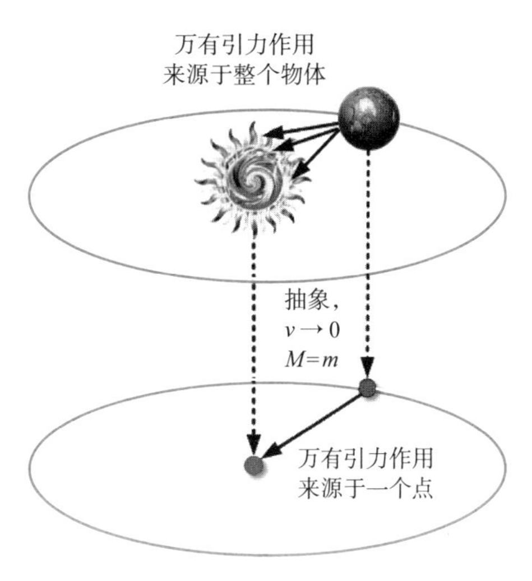

图 5-8 太阳与地球的引力作用，可以抽象成两个有质量的点之间作用

科学家经常采取调序、增减、转换、外推、近似、替代、模拟、仿生、迁移、缩放等方法来建立科学模型。比如，原来科学家认为物质是有不可分割的最小单位——原子构成的。但是，1897 年英国物理学家汤姆逊在研究阴极射线时，发现了电子，随后他证明带正电、负电的物质通过电引力的作用聚集在一起形成了原子。1904 年汤姆逊建立了一个非常有名的"葡萄干布丁"原子模型——带正电部分是一个充满整个原子的、具有弹性的胶状球，像一块布丁，而带负电的电子像葡萄干一样镶嵌在整个布丁上，这些电子在它们的平衡位置上不断发生振动。当然，后来这个"葡萄干布丁"原子模型被卢瑟福用新的实验证明是错的，卢瑟福建立的原子模型是：带正电部分集中在原子中心很小的体积中，称为原子核，它占有整

个原子 99.9% 以上的质量，电子则在原子核外围绕原子核运动。这个模型有点像太阳系，原子核相当于太阳，在核外运动的电子相当于行星。

塞缪尔·卡林认为："模型的目的不是反映资料，而是为了使问题尖锐化。"原子的太阳系模型比"葡萄干布丁"模型更接近于真实的原子世界，但是模型的建立只是有助于我们来形象地理解客观世界，也更能发现理论可能存在的问题。虽然原子的真实世界并不是真的如太阳系那样的，但科学不断发展的过程，就是理论和模型不断接受实验验证的过程，这个过程中旧模型不断被打破，新模型不断被建立。

科学教育中要特别重视学习建立理论与模型的基本方法。在学习每个理论与模型时，需要提炼建立理论框架、提出新模型的基本方法。要建立新的理论框架，第一步是从问题陈述和研究问题中挑选出关键术语，形成对新概念的定义；第二步是确定其他研究者是如何定义这些关键概念并在它们之间建立联系的，在此基础上比较和批判性地评估他们研究的方法和概念定义，提出自己与之不同的框架；第三步是展示研究成果，特别是要通过与其他人讨论，来发布自己的理论和这个理论带来的预测。要建立新的科学模型，第一步要把理论中涉及的相关现象与已知的常识比较，形成一个具象的对应关系；第二步是厘清模型中的组成成分、组成结构、组成成分之间相互作用的关系；第三步是通过推理或实验来验证模型的可靠性。

我国之所以缺少原创性理论的产生，主要是在科学教育中，很少有机会让学生自己提出理论、架构模型。哪怕在项目化学习解决实际问题的过程中，也比较重视探究与实验，很少鼓励学生对自己的研究结果进行发布，实际上研究成果的发布环节是抽象的理论提炼和具象的模型构建中最重要的一步。所有有价值的理论和经得起推敲的模型，都需要写出来、说出来、做出来，向公众展示和解释，得到大家的认同、验证与接受，才能发挥理论与模型的价值。

数学的奇迹

数学是人类对事物的抽象结构与模式进行严格描述的一种通用手段，可应用于现实世界的任何问题。所有的数学对象本质上都是人为定义的，它只处理与生成概念之间的关系，而不考虑概念与经验之间的关系。古希腊毕达哥拉斯首次提出“数是世界的本原”这一观点，毕达哥拉斯学派认为，宇宙万物都可以通过数来解释，凡数都以“1”为基础，这个“1”是绝对的和谐，是万物之母，就是神。达·芬奇认为数学是一切科学的基础，他认为世界本无数学，数学是人类创造的，是用来描述世界的方法和工具。1959 年，匈牙利数学家尤金·维格纳（Eugene Wigner），做了一场题为“数学在自然科学中不可理喻的有效性”的讲座，首次提出了一个问题：为什么很多自然规律都可以用数学形式表达？包括那些内容原本与数学没有关系的定律，在用数学重新诠释后，就会获得更大的威力。

数学始于数，这是大家的共识。考古发现，35 000 年前人类的祖先在动物骨头上刻痕，刻痕的多少与物品的多少之间建立对应关系，这表明人类开始有了计数系统。但是，这些刻痕还不算数字，考古学家在美索不达米亚发掘出大约 50 万块刻有楔形文字的泥书板。其中有近 400 块被鉴定为载有数字表和一批数学问题的纯数学泥书板，美索不达米亚的数字大约在 5 000 年前由苏美尔人发明的，从图 5-9 中可以看出两个最重要的抽象的成就：第一，如果说 1～9 还是刻痕的话，10 这个符号就是一种抽象，是符号化了的数字；第二，对超过 10 以上的数字，苏美尔人发明了进位制，由于人的手指有 10 根，逢十进一是非常自然的选择，但是进位计数是一种编码系统，是一种十分高明的抽象方法，数学由此开始。

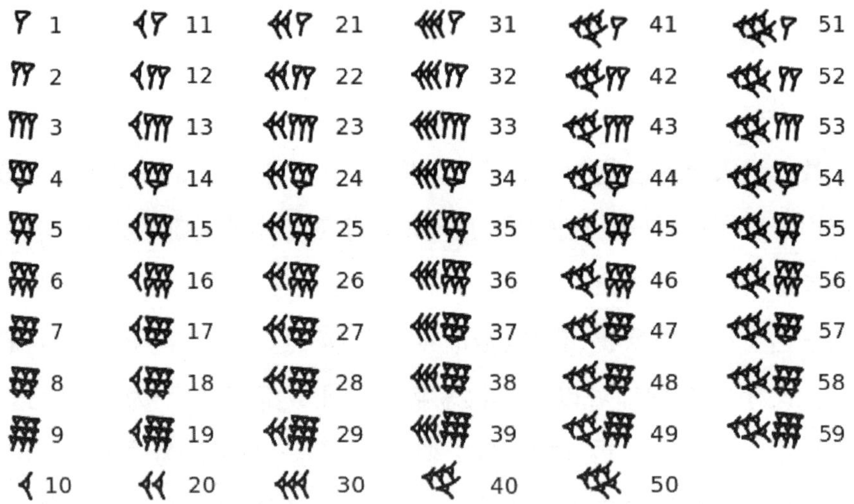

图 5-9　美索不达米亚的数字（摘自《数学之美》第 8 页）

公元 3 世纪，古印度的一位科学家巴格达发明了阿拉伯数字。最先的计数大概至多到 3，后来不断在这个基础上进行改进，并发明了表达数字的 1，2，3，4，5，6，7，8，9 九个符号。大约公元 700 年前后，阿拉伯人在征服印度旁遮普地区时发现，被征服地区的数学比他们先进，于是设法吸收了这些数字，最后阿拉伯人把这些数字符号传播到欧洲，因此欧洲人把它们称为阿拉伯数字。0 这个数字出现比较晚，在印度出土的公元 876 年制作的石碑上，第一次记载了关于 0 这个数字。“0”的发现可以说是人类历史上最重要的发现之一，之所以公元纪年只有公元前 1 年和公元 1 年，没有公元 0 年，是因为确定公元纪年方法的时候还没有“0”这个概念。这里需要强调的是，“0”和“无”并不是一个概念。

虽然加减乘除四种运算方法很早就有了，但加减乘除用“+、−、×、÷”四个符号来表述经历了很长时间。通过抽象分析和确定符号表述方式后，数学就可以用严格的定义来进行各种组合运算。有些数学符号被极度地压缩却包含大量的信息，有着明确的语法和难以用其他方法书写的信息编码，如果没有经过专业训练，是很难理解的，像在看天书一样。有的人却乐在其中，在符号世界里展开无限想象，几千年来因此涌现了高斯、欧拉、笛卡尔、黎曼、伽罗瓦等无数的数学天才，直到现在，数学依然在蓬勃发展。

有了自然数后，人们在测量和分割物体时，非常自然地出现分数和小数。比如，当你要表达把苹果一分为二时，显然就出现了分数。1 600多年前，我国伟大的数学家刘徽就提出了小数，但直到公元1592年，瑞士的数学家布尔基对小数的表示方法作了较大的改进，他用一个小圆圈将整数部分与小数部分分割开，就是我们现在普遍熟悉的表示小数的方法。当人们在记账时，会出现亏钱的情况，就会出现负数这个概念，首次明确地提出正数和负数概念的，也是我国数学家刘徽，他还规定筹算时“正算赤，负算黑”。400多年前，法国数学家吉拉尔首次用“+”表示正数，“−”表示负数。

故事14 无理数的发现

毕达哥拉斯学派认为宇宙中一切事物的度量都可以用整数或整数的比来表示，除此之外，就再没有其他了。但是，毕达戈拉斯有一个学生叫希勃索斯，这位学生有一天来问老师：“边长为1的正方形，其对角线的长是多少呢？”根据毕达哥拉斯发现的定理，直角三角形中两直角边的平方和等于斜边的平方（就是勾股定律），那么边长为 1 的正方形的对角线长度的平方应该等于 2（即 1^2+1^2），那么什么数字的平方等于 2 呢？答案是这个数不可能用两个整数比来描述！希勃索斯的这个发现，从根本上动摇了毕达哥拉斯神教的立教之本，结果被毕达哥拉斯的门徒扔进了地中海……无理数由此登上了历史舞台。

直到 19 世纪末，无理数才被精确定义为无限不循环小数，不能写作两个整数之比。17 世纪，法国数学家笛卡尔第一个使用了现今还在用的根号“$\sqrt{\ }$”，把边长为 1 的正方形的对角线长用 $\sqrt{2}$ 来表示。我们不妨用反证法来证明 $\sqrt{2}$ 不是任何两个整数之比。

证明：假设 $\sqrt{2}=p/q$，p、q 为互质的正整数（两个正整数，除了 1 以外，没有其他公约数时，称这两个数为互质数，而非互质的两个数相除，可以消去公约数而成为更小的数，如 2/4 可以消掉公约数 2 变成 1/2）。

两边平方：　　　　$2=p^2/q^2$

即　　　　$p^2=2q^2$ ……①

$2q^2$ 显然为偶数，所以 p^2 也是偶数，那么 p 必为偶数，可以设 $p=2k$（k 为正整数），则：

①式变为：　　　　$4k^2=2q^2$

即　　　　$q^2=2k^2$，

$2k^2$ 当然是偶数，所以 q^2 也是偶数，那么 q 也为偶数。

这样，p、q 是两个偶数，必有一个公约数 2，与题设的 p、q 互质矛盾，故不存在互质的正整数 p 和 q 构成一个等于 $\sqrt{2}$ 的分数。

反证法体现用数学符号表述数学关系的简洁性，但是更体现数学这门学科的基本特点——逻辑证明的严密性。现在我们发现无理数实际上远远多于有理数，$\sqrt{2}$ 就是无理数中的一个，最著名的无理数还有圆周长

与其直径的比值 π、欧拉数 e 和黄金比例数 ϕ 等。

发明$\sqrt{\ }$时，当时的数学家已经知道正数的平方根有两个：一个是正数；另一个是负数。负数没有平方根，因为任何数的平方都不是负数。但是，$\sqrt{-1}$这种表述作为一种数学现象，长时间困扰着数学家。16世纪意大利数学家卡尔达诺（Cardano），把数字 10 分解为（$5+\sqrt{-15}$）、（$5-\sqrt{-15}$）两部分，这两部分的和为 10，乘积为 40。也就是说在运算中$\sqrt{-15}$是有意义的，但它既不大于 0，也不小于 0，完全是虚构出来的数，当时称为虚数。数学家用 1 这个数字构建出了所有实数，同理我们也可以用$\sqrt{-1}$来构建出所有的虚数，数学家把$\sqrt{-1}$用 i 来表示。不难看出，任何一个实数都对应一个虚数，虚数就像是实数的一个虚拟镜像。当实数与虚数合成一个数，如前面提到的 $5+\sqrt{-15}$，可以写为 $5+\sqrt{15}\,i$，就构成了复数。

复数很长时间只是在运算过程中作为一个过渡性桥梁，直到有两位业余数学家以实数为横轴、虚数为纵轴，把一个复数标记为这个直角坐标系中的一个点，才发现了复数的几何意义。比如，3+4i，如果这个数乘上 i，则这个点围绕原点逆时针转过 90 度。

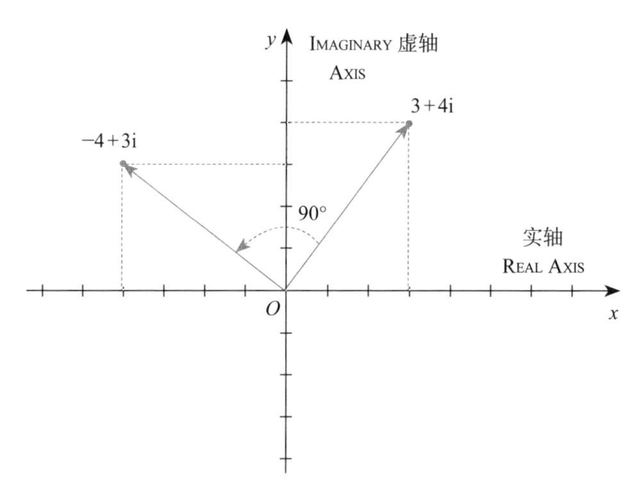

图 5-10　复数乘上 i，该点在复数直角坐标系中围绕原点逆时针旋转 90 度（摘自《从一到无穷大》第 25 页）

从自然数到整数、分数、小数，到有理数、无理数，再到实数、虚数，在“数”的不断演变过程中，刚开始与日常生活的需要直接有关，但后来已经完全演绎为数与数之间的数量、关系、结构的自我演变，从代数式、方程式，演变为函数、行列式和矩阵，进而演变为群、环、域等代数系统，甚至出现研究不符合乘法交换律、不符合结合律等代数结构的抽象代数。

数学发展到现在，已经成为拥有100多个主要分支的庞大学科体系。上面论述的部分属于代数学的范畴，而研究形的部分属于几何学的范畴，沟通形与数且涉及极限运算部分，则属于分析学范畴。代数、几何与分析三大类数学构成了整个数学的本体与核心。所有的数学概念、定律本质上都是人为定义的，它们并不存在于自然界中，而是人类在自然世界抽象基础上不断推理演绎而成的一个理论系统。数学的正确性，不像物理、化学等实验科学那样，能借助可以重复的实验来观察和检验，而是直接利用严谨的逻辑推理加以证明，一旦通过逻辑推理证明的结论，那么这个结论就必然是正确的。

故事15　自然界中的斐波那契数列

斐波那契数列是指这样一个数列：0，1，1，2，3，5，8，13，21，34，…在数学上，斐波那契数列以递推的方法定义为：$F(0)=0$，$F(1)=1$，$F(n)=F(n-1)+F(n-2)(n \geq 2, n \in N^*)$。简单地说，就是后一个数字是前两个数字之和。在植物学中，叶序是植物茎上叶子的排列，其中螺旋叶序在自然界中形成了一类独特的模式，所有显示螺旋的叶序系统，多属于斐波那契整数序列。18世纪，查尔斯·博内（Charles Bonnet）就发现，在植物的螺旋叶序中，顺时针和逆时针方向，通常是斐波那契数列中两个连续的数。松果的结构也是如此，在图中清晰可见 8 个逆时针螺旋和 13 个顺时针螺旋（8 和 13 是斐波那契数列中两个连续的数），甚至银河系、鹦鹉螺、台风都符合这个规律。两个相近的斐波那契数列中的数相除，越来越接近黄金分割的比例 1.618…。比如，13/8=1.625，21/13=1.615 38…，34/21=1.619 04…。黄金分割数 ϕ 是一个无理数，是一个无限不循环的小数，应用时一般取 1.618，其奇妙之处在于它与它的倒数，小数点后面的数字完全一样。例如，1.618 的倒数大约是 0.618。

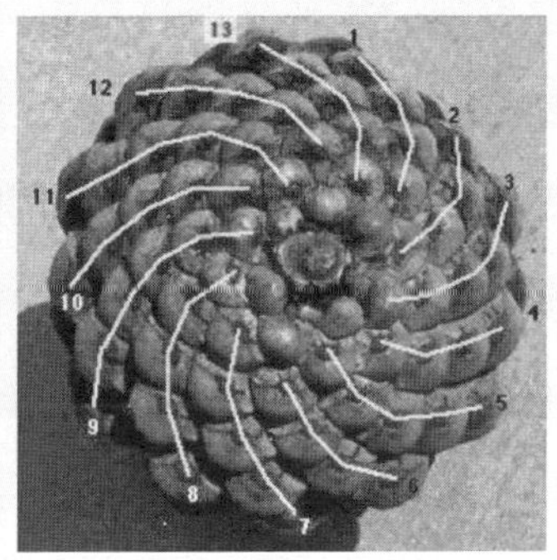

图 5-11　松果符合斐波那契数列

图 5-12　银河系　　图 5-13　鹦鹉螺　　图 5-14　台风

银河系、鹦鹉螺、台风完全是不同的东西，为什么其形状结构都如此符合斐波那契数列呢？许许多多可以用数学来精确描述的自然本质，其背后究竟寓意着什么力量？难道自然界真的是一个天才的数学家创造的吗？数学中自我演绎而成的维度、极限、概率、连续非连续、线性非线性、确定不确定等概念，不断被成功地应用于解释自然现象，以至于给人一个感觉：上帝造物很简单，所有的问题都可以用数学公式来表达。马克思说："一门科学，只有当它成功地运用数学时，才能达到真正完善的地步。"

实际上数学与自然界存在同样的规律逻辑——它们都是从无到有生成的。"凡生成，必有生成的规则"这是一条公理。人类创造的有些数学法则与有些自然演变的规律只是刚好在某个区间中巧合！数学还有无数的发现与规律，只用于解决数学内部自洽性问题，暂时还没有在自然界中找到原型，如数学中可以描述超出三维世界的空间，甚至对 *N* 维空间结构与性质都可以通过数学来演绎。有些自然现象和规律，同时可以用两种截然不同的数学工具来描述，如量子力学有两种基本理论：薛定谔的波动力学用波动方程来描述，海森堡的矩阵力学用矩阵来描述，结果完全是等价的。因此有理由认为，数学这个人类创造的思维世界，并非世界的本原，只不过有些数学规律恰好与自然界的演变一致，并由此可以用数学规律来推演其未来的发展。数学是超越现实世界的，这正是数学的奇迹。但是，更大的奇迹是，所有数学世界中的发现，最终必然被人类用到某种技术手段上，从而变成更强大的工具来简洁地呈现这个世界的奇妙。

世纪之交的 1900 年是物理和数学的里程碑之年，那时候物理学家和数学家都充满了自信。数学家认为：数学是无所不能的，只要有足够的时间，一切皆可计算。1900 年 8 月 6 日，国际数学家大会在巴黎召开。

38 岁的德国数学家大卫·希尔伯特（David Hilbert）走上讲台，第一句话就问道：“揭开隐藏在未来之中的面纱，探索未来世纪的发展前景，谁不高兴呢？”接着，他一口气提出了 23 个数学问题，这就是著名的希尔伯特演说。1928 年希尔伯特又提了三个问题。第一个问题是：数学是完备的吗？能否基于有限的公理，对所有数学命题都进行证明或证否？第二个问题是：数学是一致的吗？是否每个被证明的命题一定为真？会不会被证明出来的命题是错误的？第三个问题是：是否所有问题都是数学可判定的？是否每个命题都能有明确的程序在有限的时间内告诉我们命题的真假？希尔伯特乐观地认为完备性、一致性和可证明性是数学的本质，这三个问题的答案必然为“是”。但是，没有几年，哥德尔（Gödel）等人，很快证明数学的完备性和一致性无法兼得，一些数学问题是无法证明和无法证伪的。

数学也不是完美的。

工具的辩证法

工具原指人们在劳动、生活中所使用的器具，后来引申为达到、完成或促进某一事物的手段，如语言就是人类创造的用来交流和思维的工具。工具不一定是技术产品，但使用工具一定是技术，如古人直接拿天然岩石在洞穴的墙上画画，这块岩石就是工具，并非技术的产物，但是人类用它来画画绝对是一项技术。因此，工具是技术的物化，技术是使用工具的系统化程序。

日本设计大师原研哉在《设计中的设计》一书中讲过一个非常有趣的观点，他认为人类祖先最先使用的两个工具是一根棍子和一件容器，就像生命体本身拥有的阴性与阳性一样。棍子演变为石斧、弓箭、锄头、挖掘机、导弹、光刻机等主动处理和改造世界的工具，而容器则发展为陶罐、盒子、箱子、服装、房子、书籍、电脑硬盘等用来容纳物品与思想的工具。国家博物馆讲解员河森堡在其著作《进击的智人》中提到了一个非常独特的观点，就是所有工具都是“时间的折叠”，这个时间是工具创造所需要的时间，你用了这个工具，实际上是在使用折叠在这个工具里的时间，也因此节省了你自己的时间。人类通过创造工具不断折叠时间，才让我们不断解放自己的时间，来创造更多的新工具。

工具并非仅仅让人们节省劳动和生活中需要耗费的时间，工具更在于提升人类的视野和能力。因为有了天文望远镜，我们可以研究遥远的宇宙星空；因为有了显微镜，我们可以洞察微观世界；因为有了大吊车，我们可以举起远超自身重量的物品；因为有了钢琴，我们可以演奏美妙的音乐；因为有了电话，我们可以与远在天边的亲人沟通……人类塑造或创造工具，但工具反过来也在塑造人类。有句非常有名的谚语“你手里拿把锤子，看什么都是钉子”，说的就是这个道理。

科学教育的基本特点是，既要教会学生探究的知识工具，又要教会学生使用实验工具来探究，同时还要让学生理解科学研究受到研究工具的局限。《庄子·天下》写道：“一尺之棰，日取其半，万世不竭。”说的是，一根木棍，每天切割一半，千万年都没有穷尽，但是从站在切割工具的角度来看，这件事情是干不成的，当木棍比刀锋小的时候，木棍肯定切不开，要用其他工具才行。这件事告诉我们，工具都有一定的使用范围。不仅有形的工具有局限性，无形的工具也有局限性。

案例18 归纳作为思维工具的局限性

人们一直认为，生命产生的基本条件是要有阳光、空气和水，但这个规律只是在地球表面的生命现象中归纳出来的。后来发现在深海的海底存在富含硫化物的高温热液活动区，热液从海底喷出时形成了一股股“黑烟”，因此称为“黑烟囱”，“黑烟囱”附近水温高达350～400℃，但其四周有种类和数量都十分丰富的海洋生物，甚至形成了一个小的生态圈。“黑烟囱”附近的生命能量来自地热而非太阳。可见，虽然归纳法是科学的方法，但归纳作为一个科学研究的思维工具，显然受限于观察的局限性。土卫六拥有比地球大气还要浓厚的大气层，而且地表上有液态的甲烷海洋，天空中还会下甲烷雨，在这个极端低温的星球上也许存在着以甲烷作为基本条件的生命。那么，生命到底如何来定义呢？

实验科学研究是思维工具与实验工具共同发挥作用的过程，当思维工具或实验工具有突破时，往往会带来重大的科学发现。微积分在高等数学中的地位，相当于初等数学中的加减乘除，是科学研究中十分重要的数学工具，可以说没有微积分就没有现代科技。

故事16 微积分的历程

古希腊阿基米德利用“逼近法”算出球的表面积、球体积、椭圆面积。我国三国时期数学家刘徽用割圆术极限思想来计算圆周率，“割之弥细，所失弥少，割之又割，以至于不可割，则与圆合体，而无所失矣”，求得圆周率的近似值为3.14。

1665年牛顿发明了正流数术（微分），次年又发明反流数术（积分），之后对流数术进行了总结，撰写了专著《流数简述》，这标志着微积分的诞生。牛顿研究变量流动生成法，认为变量是由点、线或面的连续运动产生的，因此他把变量称为流量，把变量的变化率称为流数。同一时期，德国数学家莱布尼茨也独立创立了微积分学，他于1684年发表第一篇微分论文，定义了微分概念，采用了微分符号 dx、dy。1686年他又发表了积分论文，讨论了微分与积分，使用积分符号 $\int$，这些使用至今的微积分符号使微积分的表达更加简便。微分的方法解决了求曲线的切线，积分的方法解决了计算曲线下面的面积，微积分的方法可以计算出物体在某个位置上的速度、加速度，也可以方便地找出函数的最大值或最小值。牛顿用他的微积分工具，分析行星的运动规律，最后推理得到万有引力定律。

牛顿和莱布尼茨分别发明的微积分，一开始实际上是两套形态不同、功能接近的数学工具，后来引发了一场优先发明权之争，大概持续了一个多世纪，甚至导致了18世纪英国和欧洲大陆在科学上的对抗。在当时看来牛顿大获全胜，但莱布尼茨输掉了这场战役，却赢得整场战争，因为莱布尼茨的微积分是后世流传的主流，到现在我们还在用他发明的一套符号系统。

实验工具在使用中都存在损坏的可能性，使用实验工具还会有安全性问题，所以许多教师害怕做实验。实际上，在使用实验工具时注意安全性和尽量按照规范来使用实验仪器，减少损坏率，是科学教育很重要的内容。不做实验，永远无法体会和掌握使用实验仪器工具的要领，就无法了解工具发挥作用的基本逻辑，也无法懂得工具在科学实验中存在的局限性，学会使用工具就成了一句空话。

在处理实际问题时，选择适当的工具是一个基本能力，如在拧螺丝时会有不同规格的螺丝刀，有时还会碰到想用的工具身边没有，需要用其他工具替代来完成任务的情况。特殊情况下甚至需要对工具进行一些小的加工，或者自己做一个工具来继续试验，这是科学研究中非常普遍的情况，而在科学教育过程中，如果让学生自己动手实践，同样会碰到这种情况。

在科学研究中使用工具时会存在失真的情况，如在用显微镜观察微小物体时，其边缘会出现图像的变形；在用CT扫描人体结构时有时会出现假影；在使用热电偶测量温度时由于热电偶丝表面污染会造成温度偏差。这些实验结果的偏差和局部失真情况属于系统误差，对其发现与规避，是科学教育中特别需要关注的地方，也是实验水平不断需要改进的重点。哪怕是在实验工具精确测量的范围之内，只要是实验测量，还存在偶然误差的情况。这种误差也称随机误差，是由于在使用工具测定时，受环境或实验者个人因素的影响，出现了微小的随机波动而形成的测量数值上的差异。任何实验工具的使用都会受到不稳定的随机因素的影响，如室温、湿度、气压、地面振动等环境条件的变化，实验人员操作中微小的差异以及仪器的不稳定等。偶然误差的特点是测量值会在某一个值之间随机出现，但通过多次测量后取平均值，就可以减小偶然误差带来的影响。

沟通与协作

2023年2月国际文凭组织发布了IB课程中物理、化学、生物三门实验学科的新大纲。它重新设计了“协作科学项目”来促进协作，并在一定程度上促进学生学习科学研究的方法和技能，倡导五种学习技能：思维技能、研究技能、自我管理技能、表达技能和社交技能。这个要求突出了科学教育中的沟通与协作能力，体现了现代科技人才在沟通与协作方面的重要性。

沟通与协作表现在语言表达能力、书面表达能力、倾听能力、共情能力、共同解决问题的能力等方面，这些能力在过去的科学教育中并没有被足够重视，而今科学技术的发展进入大科学时代，科技工作者需要与人协作成为常态，在向公众解释自己的科学研究价值和争取实验项目资金、把科研成果进行产业转化等方面都需要沟通与协作，否则会寸步难行。

故事17　加拿大医生的MMI面试

加拿大麦克马斯特大学医学院，为了能筛选出最优秀的学生，他们研发出一套面试技术——多元迷你面试（Multiple Mini Interview，简称MMI）。一般面试工具的有效性最多为0.55，但是MMI有效性提升到0.81，结果成为欧美目前非常流行的医学院招生面试方法，并扩展到医院招聘医生。MMI是指针对医学生进行的多个迷你面试基站（Station），通过混合运用结构化面试、角色扮演、案例分析等多种面试工具，综合测评求职者胜任力的“组合型”面试技术。MMI分为6～10个基站，医学生或求职者依次进入，面试官有医学方面的专家，还有各年龄段、各种职业的普通老百姓。每个迷你面试基站的面试时间在10分钟内，每个基站成绩互不影响，最后进行加权。

基站1：角色扮演站。医学生要扮演医疗团队中的某个角色，去完成向患者传达坏消息、与家属沟通治疗方案、与同事分享不同观点等任务，考察点在于是否拥有较好的沟通技巧、同理心等职业能力素质。

基站2：情境判断站。通常也会以角色扮演的形式进行，但情境会施加更大的压力，需要通过专业知识对情势进行判断，并使用合理的沟通技术解决困境。

基站3：优先定级站。在规定时间内，需要对多件任务进行优先级排序。例如，知道5位病人的基本病情后，按照规则进行接诊排序。考察点是能否在规定时间内通过理性思考完成判断。

基站4：说明指导站。就是要把复杂的医学知识、拟定的手术方案讲给患者和同事听，需要良好的语言能力和沟通策略。

基站5：数据分析站。主要考查获取关键数据并加以分析的能力，如对药品的量或射线剂量按照实际情况进行分析。

基站6：项目研讨站。这是一个团体面试项目，在这里会与其他医学生或求职者一起，基于某个项目或课题进行研讨，来观察参与度、发言质量与团队协同的能力。

医学院学生和求职医生的人，之所以对 MMI 心生恐惧，主要是它不像通常的考试有标准答案，只要你是学霸就不怕。但是，MMI 充满了不确定性，特别是有效的沟通，70% 是情绪，30% 是内容，如果情绪不对，内容就会被误解扭曲。只有那些真正能通过情绪控制来实现有效沟通，从而让别人接受的方案，能以开放的态度形成同理心并吸纳别人的意见，对荒唐的要求能守住专业底线的人，才是最后的胜利者。

最伟大的思想不传递给别人，也没有任何意义。表达就是把自己的研究成果传递给别人的过程，这是沟通与协作的前提。因此，在科学教育中，需要想方设法让学生学会口头表达和书面表达。在学完某一章内容后，可以让学生画一画本章知识概念图，也可以让学生反思自己的学习成就和学习质量。

IB 课程中的知识理论课程值得推荐。

案例 19 IB 课程中的核心课程 TOK

知识理论课程 TOK 是 Theory of Knowledge 的英文缩写，是一门探讨自我知识获得的课程，使学生重新审视所学过的学科知识内容，通过更宽的知识领域和关注知识获取的方法来提出具有评判性问题，实现训练严谨的反思能力这个目标，进一步提升对整个知识的系统化。最典型的问题是：如何证明你已经掌握了这个知识？

TOK 考评要求由两部分组成：一部分是需要撰写一篇 1 200～1 600 单词的关于知识理论的论文，满分为 40 分，要送到 IBO 总部评分；另一部分是在知识理论范围内自己选题进行 10 分钟的口头表达，口试分数为 20 分。两部分合计 60 分，按得分情况分为 A、B、C、D、E 五个等级，连同另一门核心课程拓展论文（EE）的成绩，决定是否获得核心课程奖励分。比如，拓展论文 EE 和知识理论 TOK 两门课程等级组合为 AA、AB、BA，奖励分为最高分 3 分；如果是 BB、AC、CA 组合，奖励分为 2 分；如果是 EE 组合，则不及格，学生将不能获得 IB 文凭。

在《第二章　迷雾》“科学教育的效率”中讲了美国一所中学“层析”科学课堂教学的故事，他们会花上一个星期的时间让学生制作自己实验探究的展板，并让每一个学生在自己的展板前介绍自己的发现。这样的设计不是可有可无的，而是科学教育中十分重要的一个板块。在公开场合的表达机会，需要有流程设计。我们发现，他们还会给学生有做微报告的机会，大人们煞有其事地坐在下面听讲并热烈鼓掌，这种机会对未来科技工作者来说太珍贵了。作报告实际上是科学家与许多人同时沟通的一种形式。

我们知道打篮球、踢足球等团体项目，每个人会有一个角色，如后卫、前锋等，需要相互配合。不是说几个人凑在一起就是团队，只有经过组织化的人群才能称为团队，有组织的团队往往会发挥 1+1 大于 2 的作用，一个人在有效的组织中往往会实现超越个人能力的目标，完成意想不到的任务。科学教育中也有类似的情形，但是这方面我们实践与研究比较少。在科学教育中如何让学生按照自己的兴趣与能力也有“角色”？实际上，无论是项目化学习，还是解题竞赛等活动，都是可以设计成团队协作形式的，笔者把这种方法称为“科学角色活动设计”。我们通常给学生布置的作业都是要求独立完成的，不妨也让学生组成小组共同完成一份试卷。假如一个班级有 40 个学生，事先准备 8 套一样的试卷，然后让学生 5 人一组自己组队，要求学生以最快的时间在同一张试卷上完成试题的解答，每个学生都可以有一支笔和一张草稿纸。这时候自然会涌现出小组领袖，他需要来规划和分配不同人解不同的题目；由于一次只能一个人在试卷上答题，就会有学生专门解题，有学生专门抄写解答；碰到不会做的题目，学生需要小声沟通来共同破题；实在不会做，还会偷偷去听其他组学生的讨论，因此就会出现防止其他组来偷听的“反间谍”学生角色。在团队中讨论解题时，会出现不同想法、不同观点，甚至会出现冲突与互相埋怨，这都是团队协作不可避免的。正因为存在矛盾，团队的沟通才有价值，正因为存在差异，团队才存在不同角色，并因此形成结构涌现智慧。团队内总体上是合作，团队间总体上是竞争，但完成试卷的过程，更像是班级中 40 名学生加上教师的一次总体协作。

通过科学教育，加强人与人之间的连接，破除陌生感、消除社恐，让大家表达不同的观点，呈现不同的价值判断，知道对同一个问题有可能存在不同的视角，理解解决一个问题往往有多样的办法。通过日标激励，来加强团队凝聚力；通过任务管理，来发挥团队中每一个人的潜力；通过有效沟通，来匹配不同任务的进度；通过理性思维和换位思考，逐步形成全局意识。科学教育中的沟通与协作，有无数的课题可以去尝试。

科学态度和科学伦理

苏州大学传媒学院贾鹤鹏教授和他的团队，有一项关于科学素养与科学态度的相关性调查，发现科学素养得分较高的人与去庙里烧香拜佛的人存在较高的相关性，这也表明科学素养与科学态度并不是正相关。在美国科学促进协会颁布的“2061 计划”中，提出通过科学教育，儿童应具有的科学态度包括以下五个方面：一是好奇心，善于提出问题，并且积极地去寻求答案；二是尊重实证，思路开阔，积极主动地去考虑不同的、有冲突的实证；三是批判性思考，权衡、观察和对观察到的事实进行评价；四是灵活性，积极主动地接受经证实的结论和重新考虑自己的认识；五是对变化世界的敏感度，有尊重生命和环境的觉悟。但是，笔者认为这五条属于科学素养范畴，并非科学态度。科学态度应是人们对某一事物所持的评价和行为倾向，是每个人在处理真实问题时依据科学价值的判断来实施的行为。比如，许多人已经知道废旧电池对环境有害，也知道应把废旧电池放入指定的地方，但是在处理时依然把废旧电池混杂在生活垃圾中一起处理。又如，明知道日本福岛的核废水对环境有害，但因政治或其他因素，支持把核废水排入大海。在开展科学教育时，有些教师明知道科学实验需要动手实践，这对培养学生科学能力十分重要，但是为了追求考试高分，往往会只讲实验而不做实验，这个行为一方面说明这些教师科学态度存在问题，另一方面也说明对学生科学态度的形成造成极大伤害。错误的教育行为，会导致我们培养的学生只有功利，没有原则；只有分数，没有文化；只有认知，没有行为……精致的利己主义者由此而生。科学知识是事实判断，科学态度是价值判断，“科学无国界，科学家有祖国”是法国科学家路易·巴斯德在拒绝接受发动对法战争的德国所颁发的一个奖时说的一句话，这也是科学态度中重要的价值判断维度。

科学教育确实存在关键期，但是这个关键期不仅指掌握科学知识，更重要的是指科学态度的养成。许多系统学习过理化生学科课程的成年人，依然会对伪科学充满兴趣，依然容易被没有科学性的舆情误导和欺骗，无法识破明显的科学骗局。比如，很多人相信有关马航 370 的反智阴谋论，更多人会津津有味地追捧尼斯湖水怪、麦田怪圈、金字塔与法老的咒语、百慕大魔鬼三角等所谓的未解之谜。造成这种情况的原因是在接受科学教育的黄金时期，没有形成科学的态度。大多数青少年学生，在学校接受的并非真正的科学教育而是学科的解题教育，等到高中毕业时，已经形成了僵化的思维习惯和猎奇心理，并没有养成科学教育希望培养的好奇心、批判性和正确的科学态度。教育确实是一把双刃剑，许多教师认认真真地在实施的教学活动，可能加剧了对学生思想的禁锢。

故事 18　给教师的信

科学伦理是科学态度中最核心的一部分，是科学研究、技术发明和应用科技时对人与社会、人与自然、人与人关系的价值判断。2015 年教师节，新东方的俞敏洪在一次演讲中讲了一个故事：一位纳粹集中营的幸存者当上了美国一所中学的校长，每当有新教师来学校，他就会交给那位教师一封信，信中写道：“亲爱的老师，我亲眼看到人类不应该见到的情景：毒气室由学有专长的工程师建造；儿童被学识渊博的医生毒死；幼儿被训练有素的护士杀害。看到这一切我怀疑：教育究竟是为了什么？我的请求是：请你帮助学生成长为有人性的人。只有使我们的学生在成长为有人性的人的情况下，读写算的能力才有价值。”

这个故事告诉我们，科学教育中科学伦理的教育不能回避，否则我们可能会培养出许多高学历的“屠夫”！科学伦理的核心在于对人的尊重和对科技的敬畏，科学伦理还体现在科学实验过程中对实验动物和环境的保护上，如做动物实验时要按规程操作，不能滥杀和虐待动物。

案例 20　基因编辑技术的科学伦理

基因编辑是指利用核酸酶来对 DNA 链进行剪切，移除已有的基因片段，或者插入替代的基因片段。它的基本原理有点类似于电脑文本处理程序中的查找、替换或删减过程，通过对特定目的的基因片段的“编辑”，从而达到改变宿主细胞的基因类型的目的，破坏有毒或抑制基因的功能（或恢复必要基因的功能），来实现遗传治疗。目前，科学界鼓励基因编辑在体细胞层面上的研究与临床应用，但是针对生殖细胞的基因编辑，因存在很大的不确定性，属于限制级研究。

2018 年 11 月 26 日，一则“世界首例免疫艾滋病基因编辑婴儿在中国诞生”的消息引发全球关注，中国科学家贺建奎在深圳宣布，他们团队创造的一对名为露露和娜娜的基因编辑婴儿已顺利诞生。这对双胞胎的一个基因经过了修改，使她们出生后就能天然抵抗艾滋病。但是，这个研究成果没有经过严格伦理和安全性审查，因此122位中国科学家发表联署声明，对于贸然做可遗传的人体胚胎基因编辑的任何尝试表示坚决反对，强烈谴责。2020年12月，第十三届全国人民代表大会常务委员会第二十四次会议通过《中华人民共和国刑法修正案（十一）》，在刑法第三百三十六条后增加一条："将基因编辑、克隆的人类胚胎植入人体或者动物体内，或者将基因编辑、克隆的动物胚胎植入人体内，情节严重的，处三年以下有期徒刑或者拘役，并处罚金；情节特别严重的，处三年以上七年以下有期徒刑，并处罚金。"

基因编辑技术与转基因技术不同，转基因技术出现得更早，是运用科学手段从某种生物中提取所需要的能实现某种功能的基因（如水稻抗病毒基因），将其转入另一种生物中，使两种生物的基因进行重组，从而产生特定的具有优良遗传性状的技术。

无论是转基因技术还是基因编辑技术，都有可能最终应用到人体上，科学家已经预测不久的将来，或许会有"转基因运动员"或"基因编辑运动员"出现，这些被基因改造过的拥有强大能力的运动员，有可能从根本上动摇关于奥林匹克甚至体育运动的传统概念，更会颠覆人类传统的身体性状，对科学伦理产生巨大的挑战。

转基因食品实际上已经非常普遍，但是相关争论并未停息，目前只是在对转基因食品的知情权和选择权上进行了明确规定。基因编辑技术在医学治疗方面也已经开始普遍使用，但是其科学伦理上的争论越发激烈。实际上，科学伦理本身是一件十分复杂的事，我们只能要求科学家对存在潜在风险或明确存在风险的科技研究与发明应用需要遵守相应的规定，但是科技发明由于受到人类自身能力的限制，刚开始往往很难发现对人类自身或生活环境产生的负面影响。比如，20世纪30年代美国杜邦公司将二氟二氯甲烷工业化，商标名称为氟利昂（Freon），用作制冷剂，广泛应用于冰箱和空调中。但是，后来发现，氟利昂在大气层中的平均寿命达数百年，当它们上升到平流层后，会在强烈紫外线的作用下被分解，从氟利昂分子中离解出的氯原子会与臭氧发生连锁反应，氯原子与臭氧分子反应，生成氧气分子和一氧化氯基；一氧化氯基极不稳定，很快又变回氯原子，氯原子又与臭氧反应生成氧气和一氧化氯基……结果一个氟利昂分子就能破坏10万个臭氧分子，即1千克氟利昂可以破坏约70 000千克臭氧，使大气层中的臭氧浓度降低，甚至使南极上空出现臭氧层空洞。臭氧层被破坏，造成紫外线直接照射到地面上，导致皮肤癌发病率增加、白内障增多、人体免疫系统被破坏、农作物质量降低、对海洋生物生态链造成破坏。

科学伦理更与科学和社会发展的历史阶段直接有关，回看科学发展的历程，我们发现某些领域科学伦理的道德判断实际上发生了巨大的变化。

故事19　维萨留斯写《人体之构造》

1543年6月1日，年仅28岁的人体解剖学奠基人安德烈亚斯·维萨留斯（Andress Vesalius，1514—1564），发表了举世闻名的《人体之构造》。同年5月25日，波兰70岁的天文学家哥白尼的《天体运行论》发表，一同标志着西方中世纪的结束和现代科学的开始。但是，人体解剖一直遭到宗教的束缚，年轻的维萨留斯首先对动物的尸体进行了解剖，接着他偷偷研究埋在墓地里的人体骨骼，将解剖刀伸向人的尸体。他在书中非常生动地描述自己如何发现一具已经死在火刑柱上的罪犯的尸体，如何在夜里爬上火刑柱来获得他的“战利品”，然后藏在附近，等有机会再偷偷带到城里进行研究。可以想象，维萨留斯的行为在当时一定属于惊世骇俗的反伦理罪行，但是今天我们完全把他当成英雄和传奇来看待。

那么贺建奎会不会在很多年后被我们的后人认为是维萨留斯呢？这个问题在科学教育中，是值得学生分析和讨论的。笔者有两个很重要的基本判断：第一，学生形成真正的科学态度和科学伦理，需要在强烈的观念冲撞中形成自我反思，有经历才会有体验，有体验才会有思想，有思想才会有品德。第二，贺建奎永远不可能是维萨留斯，因为维萨留斯的研究是对自然世界的探索与发现，他是科学家，“科学研究无边界”；贺建奎实际上并非科学家，他是应用别人发明的基因编辑技术来做的一项研究工作，属于技术领域，而“技术探索有禁区”。更何况，贺建奎做的工作，别人本可以更有条件去做而没有去做，背后蕴含的是科学态度和科学伦理的巨大差距。

在科学上没有平坦的大道，只有不畏劳苦沿着陡峭山路攀登的人，才有希望到达光辉的顶点。

——卡尔·马克思[1]

① [德] 卡尔·马克思.《资本论》法文版序言 [M].《马克思恩格斯文集》(第五卷)，北京：人民出版社，2009.

FUSION

第六章 聚变

- 从现象到问题
- 从问题到课题
- 创造力的来源
- 痴迷法则
- 从兴趣到志趣
- 有趣的灵魂
- 万物皆可研究

从现象到问题

在《第四章　洞察》“结构与功能”中围绕现象，阐述了事物、结构、现象、功能、应用之间的关系。从现象出发，如果追寻到底是什么结构会发生这样的现象，这个结构究竟是一个怎样的事物，这条线就是科学发现；从现象出发，如果追寻这个现象拥有怎样的功能，这个功能可以在生产生活和科学研究中有什么应用，这条线就是技术发明。因此，无论是科学发现还是技术发明，核心在于发现和把握现象，但是从现象到问题是一个飞跃，也是科学教育特别需要加强的重点。

奇异现象比较容易引发问题，如你偶尔看到有朵云像一匹马，一般会觉得好玩，不会产生问题，但假如你看到天上所有的云都像马，这时候必然会从现象产生问题。但是，很多时候科学现象往往会包裹着许多假象，或者平淡无奇，或者稍纵即逝，因此通过现象观察并提出问题，需要洞察。科学教育必须要突出对现象的多角度观察与理解，从表象走向更深的现象，并把它描述出来，这时候才会涌现出问题。比如，教室里的日光灯坏了，这是一个现象，但是日光灯坏了会有多种表象：全都不亮了，不断地闪烁或两端亮中间暗。后两种情况说明电路是好的，应该是灯管用的时间久了，需要更换，如果换了灯管还是这样，那就考虑是不是起跳器坏了。如果是全部不亮的情况，首先是换起跳器，其次考虑灯管是否坏了，再次考虑是不是开关坏了，最后才考虑是不是连接灯泡的电路出现了松动。这个过程，就是在不断细化现象、提出问题、排除问题的洞察过程。

柏拉图在他的《理想国》一书中讲了一个寓言：

有一群人被关在一个深不见底的洞穴里。这些人从来没有离开过这个洞穴，他们的生活和经验都局限在这个黑暗的洞穴里。在洞穴外面，有一个火堆，火堆后面是一条通向外面的路。路上人来人往，他们带着各种物品经过这个洞穴，但洞穴中的人看不到外面的人，只能看到火堆后面的倒影。洞穴中的人将这些倒影视为真实世界，但实际上，这只是一个虚幻的世界，与真实的世界相去甚远。

这个寓言告诉我们，现象与事实有关，但现象往往并没有直接呈现事实，事实往往可以被想到，而不能被看到，根据现象提出的问题，也许并不指向事实的本质。生成的问题具有与现象和事实双重关联，是好问题的关键，而在平凡中发现不平凡，在习以为常中发现深刻问题，那是提问的最高境界。比如，问：动物为什么没有进化出轮子？既然人是高等动物，为什么没有进化出像海星那样的肢体再生能力？玫瑰的红色在哪里？……

故事 20　玫瑰的红色在哪里

笔者曾经与著名哲学家陈嘉映有过一次对话，陈嘉映老师提出了一个问题：玫瑰的红色在哪里？有人会说玫瑰的红色当然在玫瑰上！但是，这个问题实际上到现在还没有解决，是一个有关意识产生的世界性难题。当白光照到玫瑰上，因为玫瑰不吸收红色，红光反射进你的眼睛，所以你看见玫瑰是红色的。如果玫瑰什么色光都不吸收，全部发生反射，那么玫瑰就是白色的。如果玫瑰什么色光都能吸收，那么玫瑰是黑色的。如果玫瑰能让所有的光穿透而过，那么玫瑰是透明的。

玫瑰反射的红光进入眼睛后，在人体眼睛的视网膜上有几百万个感光细胞，红光光子被其中对应的感光细胞接收后，会产生电脉冲信号，通过视觉神经传到大脑皮层的视觉中枢，形成视觉上的红色。但是，视觉上的红色是如何在视觉中枢中由电信号产生的，并被我们所意识到，这还是一个谜。

好奇心的本质是把不了解的现象转化为问题，这个问题深深吸引了你的注意力，并愿意去探究和尝试解决这个问题。每个人小时候都充满了好奇心，会提出许多问题。随着每个人长大，接触世界的面不断扩大，碰到的问题越来越多，为什么长大后好奇心就不见了呢？为什么不大爱提问了呢？究其原因，儿童问的问题往往是显见的现象，如“妈妈为什么不长胡子？”儿童问这个问题并不是希望你告诉他雌激素、雄激素的答案，而是希望区别爸爸和妈妈为什么不一样。当我们长大后，显见的现象变成了常识，虽然依然不懂“妈妈为什么不长胡子”的原因，但不再是问题，如果再问这个问题，那就是一个有关事实的问题，但事实总是披着现象熟悉的外衣，让我们觉得不再特别。简而言之，儿童问的问题是有关现象，而成年人问的问题是有关事实，牛顿问“苹果为什么从树上掉下来”，与一个儿童问“苹果为什么从树上掉下来”，差别就在于此。科学教育让不断长大的儿童一直保持强烈的好奇心，诀窍在于用科学的方法去描述现象，这时候现象问题就会转化为事实问题，这里有十分关键的两步：第一步，当希望准确地描述某个现象时，就一定会产生疑惑，越想精确描述，不明白的地方会越多。不妨试一下，吃饭时，如果能准确地描述咀嚼食物的所有细节，就会发现许多没搞明白的事实，但有疑惑不一定能提得出问题。第二步，当意识到有不清楚的地方，需要组织语言把这个疑惑用清晰的逻辑陈述出来，这时候才真正把现象转化为问题。具体来说，可以从以下六个现象维度去思考高质量问题——发展趋势、特别环境、历史异常、对标分析、观察者差异、从线性思维变为非线性思维。第一，发展趋势。这个维度鼓励人们关注问题的长期变化和趋势，而不仅仅是关注单个事件或短期表现。通过观察问题的连续变化，可以为解决方案提供更全面的视角。第二，特定环境。考虑问题的特定环境和背景可以帮助人们更好地理解问题的本质。例如，了解文化、社会、经济和政治等环境因素对问题的产生和解决方案的选择有影响。第三，历史异常。了解问题的历史可以帮助人们识别出异常或潜在的问题，并从过去类似的情况中学习。对历史数据的分析可以为未来的趋势和可能的结果提供有价值的见解。第四，对标分析。将问题与其他类似的情况或专业进行比较，可以帮助人们识别出最佳实践和可能的解决方案。通过对标分析，可以借鉴其他地区或学科的成功经验，为自己的问题找到可能的解决方案。第五，观察者差异。不同的观察者可能会对同一问题有不同的看法和理解。考虑不同观察者的视角可以帮助人们更全面地理解问题，并为可能的解决方案提供更多的思路。第六，从线性思维变为非线性思维。线性思维通常关注问题的直接原因和简单的因果关系，而非线性思维则强调复杂系统的相互作用和长期的效应。将思维从线性转向非线性可以帮助人们更好地理解问题的复杂性和动态性，从而为更加创新地解决方案提供可能。

在科学教育过程中，无论是在阅读、上课听讲、观察课堂演示实验、做社会实践项目时，都要习惯疑始疑终，以问题开始，并以问题结束。教师在课堂中的讲解或演示，是十分关键的。

案例21 科学课堂中激发问题的教学设计

一位教师在上科学课时，带了一小筐废白炽灯泡，引起了学生的一阵猜疑。

教师：如果我举高一只白炽灯泡，并让其自由下落到水泥地上，会发生什么现象？

学生1：会发生爆炸。

教师：是吗？我来做一下。

教师操作时，坐在前排的学生还有意识地侧过身去，有个别学生还用手捂住了耳朵。教师将白炽灯泡高高举起，使其从离地2米左右处落下，结果白炽灯泡安然无恙，学生的眼睛一下子亮了起来。

学生2：这是为什么呢？

学生3：是不是白炽灯泡比较坚固？

教师：有没有学生想自己做一下？

学生们纷纷举手。随后大家推选了6个学生再次进行演示。当第一个学生释放白炽灯泡时，许多学生离开座位站立了起来，想看看白炽灯泡为什么不碎。没有想到"砰"的一声响，白炽灯泡碎了。虽然距离较远，但也把围观的学生吓了一跳。

学生4：为什么教师做不碎，我们做就碎了呢？

教师提醒大家注意观察后面几个学生的表演，看能否从中看出什么。后面的5个学生，3个学生的白炽灯泡落地时碎了，2个学生的白炽灯泡没有碎。

学生5：我发现没有碎的白炽灯泡在释放时玻璃泡是朝上的。

这个学生的发现引起了大家的注意，学生们要求再做一次实验。这次大家注意到释放白炽灯泡时玻璃泡的位置关系，当玻璃泡朝上时释放，白炽灯泡都没有碎，学生们高兴极了。

学生：为什么玻璃泡朝上时释放，白炽灯泡不易碎呢？

教师：如果高度再高一些，即使玻璃泡朝上时释放，灯泡也不会爆裂吗？

科学教育与科学表演之间的差别是，用令人惊奇的实验引起问题思考还是用猎奇的手法实现人的愉悦。在科学教育中有一种不好的现象：科学表演越来越多，目的只是取悦观众。

理查德·费曼是笔者已知的最有趣的科学家之一，他的父亲是一个对科学特别感兴趣的商人，也是费曼小时候的科学导师，他的教育方式是把书本中读到的东西转换成某种现实，让所教的概念变成可触可摸，富有实际意义。这让费曼很早就学会了“知道一个东西的名字”和“真正懂得一个东西”之间的区别。比如，讲惯性时，他父亲会这样和费曼描述：“如果不是用力去推物体，运动的物体总是趋于保持运动，静止的东西总是趋于保持静止，这种趋势就是惯性。但是，还没有人知道为什么是这样的。”这个就是疑始疑终。如果只是给提问者“惯性”两个字的回答，实际上与没有回答差不了多少。笔者在听科学课教学时，经常会碰到这种情况：在课堂教学快结束时，教师往往会问大家还有什么问题吗。全班学生异口同声地说：“没问题！”假如上完一堂科学课，学生们没有问题了，这堂课一定是失败的。因此，最好的方法是，在每天布置作业时，加一道作业题：你今天在上课时发现了几个新问题，写出来，写得越多，得分越高。对学生来说没有差问题，只要是真问题都是好问题。

当然，学生提的大多数问题都不是科学问题，而是常识问题。常识问题是指已经解决的科学问题。科学问题是指尚未解决的还在研究的问题，也包含尚未有人提出的新问题。在处理学生提出的问题时，千万不可说："考试不考的，不要问！"而是先鼓励和肯定学生的提问，再引导学生查找问题的答案。大多数问题都是能自己找到答案的，自己提出问题、自己找到答案的过程就是问题化学习的要义。如果学生实在找不到问题的答案，教师可以组织头脑风暴，让学生互相启发。有些问题，教师有可能不知道，教师不要觉得自己很难堪，反而应奖励学生，告诉全班学生有人提了一个连教师都不懂的问题。

以前，笔者最害怕的是做完讲座后的提问环节。现在感觉有了很大进步，最让笔者吃惊的一次是在上海市徐汇中学，当讲完生成式人工智能时，学生们积极提问，甚至有学生冲到讲台上提问。笔者到现在还记得他们提的问题。第一个问题：人工智能会不会产生比市场经济更好的计划经济？第二个问题：设计智能家居等工作，会不会被人工智能淘汰？第三个问题：人工智能将来在兵器方面可能有什么突破？第四个问题：大艺术家有可能被人工智能替代吗？第五个问题：手推磨产生于封建社会，蒸汽机产生于资本主义社会，人工智能会带来怎样的社会？

从问题到课题

传统观念认为，科学始于观察，但是现在普遍认为科学始于科学问题。问题的来源可能是通过阅读时的反思，可能是在课堂教学中或听科学报告时产生的疑惑，可能是在日常生活中仔细观察发现的奇特现象，可能是在项目化学习中遇到的困难，总之，我们每天都会碰到无数的问题，但是大多数问题并非科学问题。如果有人提了一个尚未解决的问题或从未有人提出过的问题，那么这个问题大概率是科学问题，科学问题需要用科学研究的方法去解决，因此科学问题引导产生科学课题。

科学问题有几个基本特征。第一，有关无法解释的新现象；第二，寻求不同事实之间的联系；第三，有关现有理论与新现象之间的矛盾；第四，现有理论内部存在的矛盾；第五，不同理论之间存在分歧。科学家在某个领域中会拥有较完备的知识储备，因此对相关领域中科学问题的价值往往比较有判断力。在科学教育中学生提出的问题，多数是已经解决的问题，这些问题在学习上有价值，但在科学研究上并没有太多价值。科学研究课题是值得研究的未知的科学问题。经常有人说“问题即课题”，这个说法是不对的，因为大多数问题并没有转化为课题的价值，而有价值的科学问题也不会自动转化为课题，问题转化为研究课题是一个创造性工作，是判断一个人是否能成为合格的科学工作者最关键的素养。

问题转化为课题的第一步判断是否为科学问题，即这个问题是否已经有人解决，这需要通过文献检索的方式来判断。对大多数青少年来说，第一步在网络上搜索相关资料，还是比较容易判断是否已经有人解决了这个问题，虽然大多数问题都能找到答案，但这个过程就是从问题引起的自主学习过程，是一种十分高级的科学教育方式。在检索过程中，有可能会涌现新的疑惑，生成新的问题，产生新的学习，那么就会不断在某个领域中形成知识体系，最终真的找到尚未解决的问题。不过，在搜索引擎上寻找学术知识可靠性不足，更好的方法是在学术平台上寻找相关领域的期刊，笔者积极推进“知网”等学术平台对青少年免费开放，也是基于这个原因。特别提醒，在寻找学术信息时需要做好资料积累和摘要，并标注出处。同时也需要有独立思考的能力，要有质疑和挑战权威的勇气，从已有的研究成果中找出矛盾和缺陷，最后确定自己发现的问题是一个尚待研究的科学问题。

第二步判断自己掌握的资源、知识基础和能力是否能完成这个问题的研究。科学问题往往存在很多突破的方向，判断科学问题是否能通过自己的研究解决或解决其中的一部分，是科学问题转化为课题的理性分析过程。

第三步按照自己有可能突破的基础条件，形成科学课题研究的内容和课题名称。这个阶段要对科学问题涉及的核心概念进行清晰的定义和界定，因为同一个名称往往会有不同的内涵与外延。在对前期查阅资料进行整理的基础上，理清楚相关问题中目前已经明确的结论和知识基础，对需要研究的问题内容进一步提炼和聚焦。通过剔除次要信息，突出问题的主要矛盾，进而确定需要研究问题的自变量和因变量，阐明自变量与应变量之间的关系。

最后形成课题研究的立项方案，既有对问题的描述和反映，对问题产生背景、研究现状、影响因素、解决问题的价值意义等进行分析，更有对问题的分解、分步解决的路径、解决方法和措施，及其对解决效果的预设和预期。同时，架构一起参与研究的团队，分析每个人的长处，明确研究内容的分工和研究推进的时间节点。科学研究的立项方案，一般包含① 课题名称；② 课题的研究背景，即选题依据；③ 国内外研究现状述评，即文献综述；④ 课题的研究目的与目标；⑤ 课题研究的意义；⑥ 课题研究的主要内容；⑦ 课题研究的思路与方法；⑧ 课题研究的步骤；⑨ 课题研究的创新点与难点；⑩ 参考文献。除此之外，有时还须列出研究所需的经费。

课题研究有两种情况。大多数课题研究都需要在有限时间、有限资源里完成有限的目标，这就是课题研究的项目，通过课题申报立项、申请科研经费等程序后，进入正式研究。研究过程中往往需要经过开题报告、中期汇报和结题论证等程序。还有一种研究属于自主研究，许多研究者并没有申请立项，只是对自己感兴趣的内容进行自主研究，这种研究不像项目研究那样规范，但是如果要在学术上获得同行的认可，研究过程必须具有规范性。

同一课题，可能有很多人在研究，一般来说科学界都以正式在大家认可的刊物上发表研究成果，作为判断是谁最先取得研究成果的依据，当然，刊物也分多种类型，许多研究者追求在顶级期刊上发表研究成果，目的是体现研究成果的质量。许多情况下，科学界也承认在某领域中比较权威的学术会议上发布的研究成果。因此，研究者应关注和参与相关学术会议，动态判断自己的研究价值和研究方向。

科学教育中学生的课题研究，在某种程度上也应和科学家一样，从问题中筛选科学问题，并把科学问题上升为科学研究课题。但是要形成规范的学术研究能力，对学生来说是需要通过受教育和训练不断提高的过程。因此，我们要有“人人都可以进行课题研究”的决心和信心，把科学课题研究按照不同年龄段进行分层次推进。低幼年龄段的学生，主要侧重于问题的提出和问题的科学化转换，从现象问题转化为事实问题，然后设计研究方案开展研究，形成简单的研究结论和报告，称为模拟科学研究课题。

故事21　杰尼佛的蜡笔研究课题

杰尼佛是一个6岁的小姑娘，喜欢问爸爸妈妈各种问题。有一次过生日，爸爸妈妈给她点了生日蜡烛，唱了生日歌，但她发现一根根十分可爱的生日蜡烛，点了一会儿就吹灭了，余下很长一段扔进了垃圾筒，觉得十分心疼。她就问爸爸妈妈，这些蜡烛怎样才能不浪费呢？爸爸妈妈引导她自己研究和解决问题。杰尼佛认为需要有人把这些蜡烛回收后再做成新的蜡烛，那么这些蜡烛是不是可以再做成新的蜡烛呢？她把这个问题作为自己的研究课题。在收集了一些用剩下来的生日蜡烛后，在爸爸妈妈帮助下想办法找了一些实验器材，把这些用剩下来的蜡烛先熔化，取出已经点过的蜡烛芯，然后用纸卷成一个中空的小而长的卷筒，中间放入新的蜡烛芯，把熔化的蜡烛倒进用纸卷成的卷筒中。等蜡烛冷却后，松开卷筒，就有了一支新的蜡烛。她还把蜡烛做成各种形状和各种颜色。

最后，她做了一个展示板，向幼儿园中的其他小朋友介绍自己的研究成果。

虽然蜡烛熔化后再做成新的蜡烛是一个常识，但对一个6岁的小朋友来说是一个真实关心的问题，其探究的过程包括提出问题、思考问题、解决问题、表达自己的发现等学习过程，对杰尼佛来说非常珍贵。

随着年龄的增大，如进入小学高年级和初中阶段的学生，除了让他们体验从发现问题到课题研究的过程外，还应逐步突出对相关文献资料的查询方法和研究课题价值的反思，可以称为准科学研究课题。到了高中阶段，基本上对课题研究的学术规范性需要有较高的要求，研究的课题应是尚未有人回答的真实科学问题，研究的过程需要有更多的量化研究和数学模型的应用，不断提高学术写作能力，完成规范的学术报告。每个高中学生，在三年的高中生涯中至少应经历两个完整的课题研究项目：一个是与人合作完成的团队项目；另一个是自己独立完成的兴趣项目。这需要有制度性的设计和有效的评价支撑。

创造力的来源

创造力源于大脑和双手，大脑代表了创造性思维，双手代表了行动。当我们通过感知系统形成对世界的各种认识后，实际上在大脑中形成了十分复杂的脑神经回路，每个脑神经回路代表的是某个已知的概念或旧知识。脑神经元之间的树突与轴突在我们思考或潜意识过程中会发生新连接，从而在原来的脑神经回路中突然形成新的回路，这时就会出现新的概念和知识，这种大脑神经回路的自组织现象是人类创新能力的生理基础。也就是说，从脑神经元层面看，每个人都能创新。找到一条新的上班线路，炒了一个前所未有的菜肴，甚至说了一个十分有趣的笑话，都属于创造范畴。人类能不断创造新的文化和科技，源于大脑神经回路自我拼搭的能力。

普通人的创新实际上是非常普遍的。例如，某牙膏品牌公司曾经花巨资请咨询公司研究如何提高牙膏销量，结果最好的方法往往是最简单的方法，有人建议将牙膏管的开口直径变大一些，这样牙膏使用时间就会缩短，结果牙膏销量就上升了。又如，橡皮头铅笔就是日本的家庭主妇发明的。

故事 22　爱德蒙的手势

香草是一种兰花，原产墨西哥，西班牙人在征服印第安人时发现了香草，他们就把香草引入欧洲等地进行大范围种植，但总是只开花不结果。因此，300 年间香草在全球的产量始终只有 2 吨。香草的花朵非常奇特，白色的管状花朵中雄蕊和雌柱中间隔了一层膜，自然授粉需要一种特殊的绿色蜜蜂才能完成，而且成功率只有 3%。

1841 年的一天，在一个现在叫“留尼汪”的印度洋小岛上，有一名十二岁的孩子，名叫爱德蒙，发明了人工授粉的方法，现在称为爱德蒙手势——他将一朵香草花的唇瓣往回拉，然后用一个牙签大小的竹片抬起阻隔自花授粉的那层膜，再轻轻地将含有花粉的花蕊和接收花粉的柱头捏在一起。这个方法使香草的结果率达到 94%。因为这个手势，现在全球香草每年的产量有近万吨。我们每一个人都能非常便宜地尝到香草冰激凌或香草巧克力，所以爱德蒙称得上是香草界的“袁隆平”。

找到一条上班的新路，炒了一个别样的菜，创作了一个笑话，甚至平地造了一幢大楼，包括发明了香草人工授粉的方法，从来不会认为是创造力，而对伟大的科学家、艺术家则会认为他们特别具有创造力，其原因是他们的发现或创造常人无法做到。因此，创造力就是指能发现或创造一般人无法企及的新事物的能力。神经科学家南希·安德鲁森对创造力进行了长达几十年的研究，她认为：具有创造力的人更善于识别各种关系，把各种事物进行关联和联系，以一种独特的方式，看到别人看不到的东西，并因此创造一套全新的理论体系，创造一种全新的生产方式或创造一个全新的领域。

能看到别人看不到的，现在看起来主要有两方面的原因：一个是站得比别人高，这与所处的环境有关；另一个是看的角度与众不同或看得比别人更深刻。

富有创造力的人往往会扎堆生长，如果你身处人才高地，天然会站得比别人高，科学方面尤其如此。1962 年，日本学者汤浅光朝用统计学的方法对近代科学成果进行定量分析时发现，从 16 世纪开始，世界科学中心发生了 4 次大的变迁，意大利（1540—1610 年），始于文艺复兴，代表人物是哥白尼、伽利略、达・芬奇；英国（1660—1730 年），始于资产阶级革命，代表人物吉尔伯特、牛顿、胡克、哈雷、阿代尔、哈维、波义耳；法国（1770—1830 年），始于启蒙运动，代表人物拉格朗日、拉普拉斯、拉瓦锡、库伦、安培；德国（1810—1920 年），始于大学改革，代表人物洪堡、迈耶和霍姆赫兹、施莱登和施旺、康托、冯特、伦琴、普朗克；美国（1920—），始于"大科学"体制，代表人物更是不计其数，到目前还是世界头号科技强国。

顶尖科创人才出现扎堆现象，实际上是非常容易理解的，因为科学的新发现需要三个条件：第一是思想条件。就是社会思想解放的氛围，从世界科学中心的 4 次转移角度来看，同时代都会涌现出许多大哲学家、艺术家，伴随着剧烈的思想解放和社会革命。思想条件中最重要的是有人愿意听你"胡说八道"，而不是漠视你，更不会把你架在火刑架上烤或直接扔到海里。第二是研究条件。就是最先进的科学仪器和与之相配套的学术机构及学术机会，如果你拥有最先进的科学仪器，当然更容易能看到别人看不到的。在美国波士顿或硅谷，你在小咖啡馆里很容易碰到愿意投入巨资支持你开展研究的人，你当然更容易能以极低的成本聚精会神地开展研究。第三是知识条件。说白了就是有机会站在巨人的肩膀上，当你周围有一群人走到了新发现的最前沿，你只要跟着他们走，更容易捡到新鲜的果子。可以想象，如果波兰人哥白尼不是在 23 岁时跑到意大利博洛尼亚大学读书，生活圈子里到处是占星术家，他就不可能提出日心说。米哈里・希斯赞特米哈伊在《创造力，心流与创新心理学》一书中就明确指出："创造力不是发生在某个人头脑中的思想活动，而是发生在人们的思想与社会文化背景的互动中。它是一种系统性的现象，而非个人现象。"

同样身处硅谷的人，为什么乔布斯能发明苹果电脑和智能手机，而其他人没有，说明除了站得比别人高，还存在个人原因。从基因差异角度看，人与黑猩猩的基因组的序列差别不超过1%，但人与黑猩猩的差距显而易见。人与人之间的基因差别几乎无法分辨，从大脑容量和工作机制角度来看，普通人与极富创造力的人之间的差距几乎可以忽略不计，那到底是什么原因使有些人拥有了其他人无法企及的创造力？哥伦布发现美洲大陆并回到西班牙，一些贵族却认为没什么了不起，认为只要驾着船一直往西看，总会发现新大陆。据说哥伦布拿出一只鸡蛋对大家说："谁能把这只鸡蛋竖起来？"众人一哄而上却都失败了。哥伦布轻轻地把鸡蛋的一头敲破，便使鸡蛋竖了起来。大家对此不以为意，哥伦布说："确实没什么可稀罕的，但你们为什么不这样做呢？"

实际上哥伦布发现新大陆与科学家发现新现象的原理是一样的，创造力的核心是创造，是行动。当你站在研究最前沿时，只要勇敢地向前迈步，就会进入没有人到过的世界。当然，科学世界向前迈步，是指迈出新思想、新方法、新理论的步伐，是指迈出新工具、新技术、新产品的步伐。因此，一个人富有创造力，实际上包含四个要素：

一是能站在研究的最前沿。这需要长时间的专业学习，最好还能与顶尖的人才扎堆，让自己大脑中富含最新最丰富的专业知识。创造力犹如闪电，产生的主要原因是厚积云中的电荷，无知识不创造。

二是有突破前人的思维方式。大脑同时有千百件事在处理，因此大脑有抑制、控制和调整的力量，以维持我们心智的正常，避免发疯。这种抑制在避免一个人胡思乱想的同时必然造成对创新的抑制。从大脑角度看，胡思乱想可能对自己产生不利，创新可能造成一个人的冒险行为，从而伤害到自己，因此这种抑制完全可以理解。科学家发现在每个人的大脑前额叶皮层中会分泌一种叫 GABA 的神经元递质，通过神经细胞释放 GABA，可以抑制与之相连接的其他细胞的活动。要么突破大脑自身对创新的束缚，要么疯狂执迷地沉醉于研究领域，让自己发疯。要么在长时间积累和思考后，进入一种放松状态，让大脑放松警惕和放松管制，这时候会突然涌现出奇妙的新想法。

三是能拥有“敲破蛋壳”的行动。本质上创造力是一种行动力，想到就去做，或边想边做，就会在看似没有前进道路时突然会出现新的落脚点。因此，具有创造力的人，实际上是不断去尝试、犯了很多错误的探索者。我们都认为埃隆·马斯克是一个富有创造力的人，那你最好去数一数他经历过的巨大失败的次数。

四是专注和坚韧的力量。创造力犹如在挖一口深井，只有坚持不懈地深耕，才有可能把创造力转化为真正的发现。2023 年诺贝尔生理学或医学奖获得者之一卡塔林·考里科（Katalin Karikó）就是最好的例子。

故事 23　被降职的诺贝尔奖获得者

2023 年 10 月 2 日，诺贝尔生理学或医学奖授予卡塔林·考里科（Katalin Karikó）、德鲁·韦斯曼（Drew Weissman），以表彰他们在核苷碱基修饰方面的发现，这个发现直接使新冠病毒的 mRNA 疫苗得以开发，挽救了成千上万名患者的生命。

卡塔林·考里科的经历并不寻常。她是一位屠夫的女儿，在一个没有自来水、只有一间房间的屋子里长大，家里种植了许多蔬菜和鲜花，这让她从小就近距离接触自然，发现身边的科学和自然奇迹，也让她在童年时就决心成为一名科学家。获得博士学位后，考里科感兴趣的研究方向是核糖核酸（RNA），一直在研究体外合成mRNA（信使核糖核酸），再将其引入细胞内，让它们产生新的蛋白质。但是，她的研究一直不被人看好，因此总是面临研究经费缺乏的窘境，甚至在高校里的头衔还从研究助理教授降为高级研究人员，后来被学校安排提前退休，直至诺贝尔奖公布，考里科也未获得教授职称。数十年来，尽管遭遇重重挫折，考里科从未动摇过自己的信念，坚信mRNA可以改变世界，为了实现这个梦想，她几乎付出了一切，她所遭遇的困难让她更加充满斗志。

总结一下，在科技领域中产生创新创造，下列五个条件是根本：一是通过系统的学习可以形成一定的知识基础和智力；二是通过不一样的学习经历获得有差异的兴趣和思维方式；三是能综合使用最先进的工具开展探究；四是通过专注和坚韧的努力来实现突破；五是创新成果最终能被科技同行接受。

痴迷法则

在人类蒙昧时期，认为只有神才拥有至高无上的创造力，神创造了世界，也创造了男人和女人，但实际上是人创造了神。我们的祖先创造了自己崇拜和信仰的偶像，实际上是在崇拜和信仰创造力和想象力。虽然现在很多人不再相信神了，但我们依然把富有创造力的人当成神一样来看待，虽然每个人都拥有创造的可能性，但富有创造力的人是十分稀缺的。创造力是赋予人类生存和发展的意义，如果创造力干涸了，人类毫无疑问将无法生存，无论是现在还是未来。

富有创造力的人性格各异，习惯千奇百怪，生活背景天差地别。有像物理学家费曼那样十分健谈有趣的人，有像物理学家狄拉克那样腼腆、孤独、不善言辞和交际的人；有像苹果创始人乔布斯那样暴躁、孤僻、追求极致完美的人，有像牛顿那样敏感、自私、极其自负的人……有人在孩童时期受到的家庭幸福宠爱备加；有人从小父母离异，缺少关爱；有人喜欢熬夜；有人喜欢早睡；有人的工作和生活环境井井有条一尘不染，有人的工作空间常常是一团糟……甚至许多诺贝尔奖获得者在取得巨大成就之前都十分普通，智商和行为都表现平平。但是，富有创造力的人拥有三个共同的特征：

第一个特征：具有复杂且明显对立的人格。1990—1995 年，米哈里·希斯赞特米哈伊对 91 名卓越富有创造力的人进行了深入的研究分析，写了《创造力：心流与创新心理学》一书，书中指出富有创造力的个体有10对明显对立的性格。一是富有创造力的人通常精力充沛，但也会经常沉默不语、静如处子；二是富有创造力的人很聪明，但有时又很天真，爱因斯坦就是这样的人；三是富有创造力的人有时喜欢秩序，有时又破坏规矩；四是富有创造力的人可以在想象、幻想与牢固的现实感之间切换；五是富有创造力的人似乎兼容了内向与外向两种相反的性格倾向，生活中的狄拉克腼腆内向，但是在科学研究时的狄拉克是热情似火还有点话痨；六是富有创造力的人非常谦逊，同时又非常骄傲；七是富有创造力的女性比其他女性更坚强，富有创造力的男性比其他男性更敏感、更少侵略性，因此富有创造力的个体不仅拥有自身性别的优势，还具有另一种性别的优势；八是富有创造力的人既传统、保守，又反叛、反传统；九是富有创造力的人对自己工作充满了热情，同时又非常客观地看待自己的工作，保持了很强的开放性；十是富有创造力的人在研究时既能感到痛苦和煎熬，又能享受巨大的喜悦。性格的丰富性，事实上就拥有了更丰富的变化方式来与世界发生互动，能使创新的过程在两个极端之间交替转换，就如三棱镜可以展现更多颜色一般，使他们拥有比一般人更多的思维体验。

故事24　牛顿的八卦

1642年，圣诞前夜，英格兰林肯郡一户农民家里诞生了一个只有3磅重的早产儿，医生担心他可能活不下来，结果活了85岁，他就是历史上最伟大的科学家之一——牛顿。牛顿出生前3个月父亲去世，两岁时母亲改嫁，从小和奶奶生活在一起。幼年的牛顿对学习毫无兴趣，却特别喜爱手工，制作了不少风车、风筝等精巧的器械，9岁时还独立做了一个测量时间的日晷。12岁读中学时除了爱读书外，其他资质平平、成绩一般，还经常在学校里被霸凌，这造成了他孤僻独立好斗的性格，甚至终身未婚。幸亏他有一个好舅舅，把他送到了剑桥大学三一学院学习，牛顿在那里省吃俭用，认真学习，特别对天文学、光学等感兴趣。关键是他碰到了一个好老师——博学多才的伊萨克·巴罗，后者十分喜欢牛顿，把自己的数学知识全部传授给牛顿，并把牛顿引向近代自然科学的研究领域。在即将大学毕业时，牛顿研究出了二项式定理，取得了一生中第一个重要成果，因成绩优异被留校工作。牛顿26岁就晋升为教授，但他的教学水平不行，他教的数学学生都听不懂。

牛顿在科学领域中取得了巨大的成就后，成为英国皇家铸币厂厂长，赚了一点钱后，到股市里投资，结果巨额亏损差点破产。后人在研究牛顿遗存的手稿时发现，他在股市中亏钱后偷偷摸摸研究“点铅为金”的炼金术达30年之久。牛顿一方面谦虚地说：“如果说我看得远，是因为我站在巨人的肩膀上。”另一方面他与胡克、莱布尼茨在科学发现的名利上争斗得不亦乐乎，甚至动用自己的学术权威来打压对手。牛顿在年富力强时曾经拒绝教会让他担任牧师，坚守科学真理，到了晚年却笃信上帝，甚至提出了“神的第一推动力”这样的谬论来解释星球初始速度的来源。

第二个特征：在擅长领域中信息量把握远超一般人。无论是艺术家还是科学家，都需要长时间学习相关领域的基础知识、熟知符号信息的表达方式，以及学科基本的研究方法和重要原理。只有你学习掌握的东西越多，你能拿来进行连接的知识也就越多，接触到的未知领域也就越宽。成为拔尖创新人才虽然有很大的幸运成分，但如果没有掌握这个领域的基础知识和技能，你再做梦也不可能像门捷列夫那样发明元素周期表，苹果把你砸晕也不会想出万有引力定律。

第三个特征：痴迷于自己的研究过程，并乐在其中。“爱我所爱，无问西东”是打开创造力之门的核心钥匙。想拥有源源不断的创造力，从热爱梦想开始。历史证明，所有被我们记住的伟大人物，都是超乎寻常地痴迷于自己的研究领域，就像凸透镜把阳光聚焦到一点上点燃火柴一样，通过聚焦自己的注意力和全部的精力，洞穿面临的所有困难和阻碍。痴迷的特点是，不是为了生计和报酬，甚至痴迷的可能不是自己最擅长的方向，就疯狂地喜爱和投入；在实现一个目标后总会找到一个新的目标继续前行，当别人看上去你是那么孤独痛苦无聊时，你却在漫漫长夜中充满喜悦和激情地孤灯挑战，失败了从不放弃，甚至愿意为此冒险和献出生命；有极强的行动力，任何时候都能开始工作，工作、生活、闲暇都是学习时间和思考空间，普通人在度假时真的在休闲度假，而创新者在闲暇时往往会涌现更多的思想火花。

从以上富有创造力的人的三个特征可以知道，为了培育富有创造性的人才：首先，要着力拓宽学生多样化的性格，每一个独特的性格在创造性方面都有其独到的价值，因此不要去设法改变你认为不好的性格。比如，孤僻、暴躁、苛求。教育的本质是让每个学生开成不一样的花朵，这样才会结出不一样的果实。其次，要鼓励学生逐渐寻找并聚焦自己喜欢的领域，人与人之间最基本的不同在于他们把多少可以自由支配的注意力留给了值得累积的方向。学科教育虽然有统一的考试和课程标准，但是在统一的旷野中让学生打出自己的深井，才是科学教育的真谛所在。最后，让学生小时候做自己喜欢做的事，如阅读、爬山、下象棋，甚至是游戏，痴迷是一种大脑的能力，深度地沉浸在某件事上，会使儿童在脑神经元树突与轴突之间的突触结构中形成独特的结构，如果在小时候没有痴迷过，这种结构就不会形成，长大后就很难对事物产生痴迷，大脑就会变得平庸。因此，一开始不要试图阻止学生痴迷于做你认为无意义的事，当他废寝忘食地做看似无聊的事时，实际上他在习得痴迷的能力。痴迷的能力是可以转移的，在他成长过程中，会逐渐把痴迷转向某个有意义的领域。如果每天在学科学习之余，学生愿意花费时间钻研与考试无关的内容，他的未来世界图谱就开始绘制了。国际知名营销专家格兰特·卡尔登写过一本专著《痴迷法则》，指出如何让自己免于平庸，全书对笔者最有启发意义的是关于他在自己青少年时期那段“痴迷于错误的东西”的时光，当他重新点燃对美好事物痴迷的烈焰时，创造力似乎无穷无尽，痴迷错误也变得不再是错误。

从兴趣到志趣

对某个现象或事物发生兴趣是经常有的，其基本特点是对现象或事物保持倾向性和某种程度的专注，在此过程中，大脑中会诱发一种天然快乐物质——“脑内吗啡”的产生，从而激发了“A10 快感神经”的启动，促使大脑分泌多巴胺“兴奋剂”，此时大脑神经元的电活动处在“快乐脑波”α 波状态，给人一种十分愉悦的感觉。大脑用愉悦来鼓励每个人产生兴趣，说明兴趣是十分重要的，通过这种愉悦的激励机制，使我们逐渐强化这种兴趣，以获得持续的、强烈的愉悦。在学习领域中，我们说兴趣是最好的老师，说的就是兴趣会引导学习者在自己喜欢的领域中不断学习，从而架构起较为丰富的知识结构与经验。但是，在学习过程中，一旦碰到难以克服的困难或不再有新鲜感，大脑可能不再让你体会到愉悦，这时有可能产生兴趣中断。

青少年在科学学习时，肯定不会一直保持在愉悦状态，在大脑不再做出奖励时，能继续保持艰苦学习，就需要价值观和韧性的加持，这时对学习的兴趣就转化为志趣。志趣最大的特点是专注性与稳定性，在大脑中出现间歇性、波动性不愉悦时，依然可以保持正常的学习状态，这样的学习者才可以走得很远，最后会成为某一领域的专家，甚至成为领军人才。因此，只有形成了对科学的志趣，我们的科学教育才算成功，而痴迷是志趣的最高阶段。

从兴趣到志趣，虽然因人而异，但还是有一些基本的方法。笔者把这些基本的方法称为七把金钥匙：

第一把金钥匙，是兴趣与个性、能力保持一致性。有时人同时会有许多兴趣，但志趣往往比较聚焦，从兴趣转化为志趣的过程，往往是选择某个领域作为自己人生方向的关键，这时就需要考量自己的个性能力与兴趣领域的匹配问题。爱因斯坦一生对拉小提琴感兴趣，但是他并没有把当音乐家当成自己的志趣，如果爱因斯坦痴迷于拉小提琴，他大概率不会成为一名大音乐家，但大概率世界会失去一位伟大的物理学家。

第二把金钥匙，逐步提升延迟满足的能力。20世纪60年代，美国心理学家沃特尔·米歇尔在斯坦福大学校园里的一所幼儿园中做了一个有趣的棉花糖实验。在实验中，他让幼儿选择立刻得到一样奖励（给一份棉花糖），也可以选择等待一段时间后（如15分钟后），可以得到两样奖励（给两份棉花糖）。20年后米歇尔发现，那些能坚持较长等待时间的幼儿，后来通常有非常好的人生表现。

第三把金钥匙，把握关键机会提升使命感。在一些重大科学事件发生时，往往会对青少年产生强烈的吸引力，这时把握住教育机会，会起到事半功倍的效应。比如，嫦娥五号登月时让孩子到发射现场观看，并持续关注；在公布黑洞全景照片时，可以让爱好天文的孩子到公布现场；组织观看天宫课堂，让孩子一起做相同的实验来比较差异。

第四把金钥匙，走近科学家，形成榜样激励。邀请知名科学家到学生中来一起参加活动或作报告，或者让学生走进科学家工作环境，一起跟岗做研究。

第五把金钥匙，开展生成式研究，把输入式学习转变为输出式创造。如果学生一直停留在科普阅读或听科学家故事层面，那么学生往往会停留在兴趣层面，只有让学生亲身体验创造性活动，才会把抽象的知识概念转化为生动实际的情景。实际上科学家的伟大发现，也是在行动中产生的，学生像科学家一样地去动手探究，就会生成超出预设的可能性。牛顿时代，人们通过望远镜观察星球时，总会在星球的影像周边发现存在一个彩色的圈，刚开始科学家认为这是星球的本来特征，牛顿在仔细研究后发现，这是光透过玻璃折射时产生的“色差”，并破解了白光是由各种色光组成的这个重大科学现象。牛顿发现，只要是光的折射，玻璃边缘的色差总是无法完全消除，于是发明了反射式天文望远镜，因为反射是不会产生色差的。可见，唯有行动才是发现问题和解决问题的最佳策略。

第六把金钥匙，参与科创比赛活动。学生天生喜欢挑战，在科创比赛中给学生成功的激励，或给学生失败的教训，都是在平时学科教学中无法实现的。科创比赛中精妙的设计会给学生带来强烈的高峰体验。

案例 22　FRC 机器人对战赛

FRC 比赛，即国际 9—12 年级中学生机器人对战赛（FIRST Robotics Competition），是一个由 FIRST（For Inspiration and Recognition of Science and Technology）集团发起的、在世界范围内最有影响力的国际机器人比赛。1992 年开始设计这个比赛，每年都在 1 月发布比赛规则和内容，要求在六周内设计、加工、编程、组装一个不超过 54 千克的参赛机器人，机器人需要的功能包括投球射门、飞盘射门、爬绳子登高、在横梁上保持平衡等，每年都会有不一样的主题和要求。首先在世界各地进行分区比赛，最后各分区赛的优胜队汇聚在美国参加冠军赛。除了机器人赛场上比赛外，团队和团队成员还竞争企业家精神、创造力、工程、工业设计、安全、控制、媒体、质量以及体现项目核心价值的奖项等。

FRC采取红蓝双方对抗赛，红蓝双方各有三个机器人在一个篮球场大小的征战场地中进行对战。三个机器人实际上来自不同的队伍，由种子队按照实际情况挑选其他参赛队组成，因此比赛全程所有队伍都不会离场，一方面比赛十分好看，另一方面有可能你的机器人会被种子队挑中，需要上场比赛，甚至直接参加决赛，一起获得冠军。在其他队比赛时，每个队都会派观察员仔细研究不同队伍中机器人的性能和团队能力，以便自己队胜出后在进行下场比赛时，挑选优势互补的机器人队伍重新组成临时战斗队与其他三组机器人进行比赛。

笔者曾经观摩了2016年FRC上海赛区的比赛，当年的比赛主题叫“FIRST堡垒”。三对三机器人放置在自己的半场后开始比赛，前15秒的时间是机器人完全自己控制，机器人需要自适应，通过场地中间排成一线的五个关口，进入对方的半场，而五个关口设计大约有2万种组合变化。15秒后机器人由相关队伍遥控，进行对攻。每个机器人需要到场地中找到炮弹小球，然后把炮弹小球发射到对方的堡垒塔楼中，每当炮弹小球命中对方的堡垒塔楼，塔楼高度就会下降一些。比赛时，一方面要考虑进攻别人的堡垒，另一方面也要考虑破坏和阻挠别人的进攻，需要临时组成的三组机器人迅速实现配合。在比赛最后20秒，此时塔楼如果被炮弹攻击后下降到较低的高度时，机器人可以攀爬到塔楼上，以示占领堡垒。如果三个机器人同时攀爬成功，就完成绝杀；如果攀爬机器人不足三个，可以通过过程中获得的小分来计算总分，分出胜利者。

第七把金钥匙，让学习和研究发生链式反应。原子弹爆炸的原理是链式反应，其特点是在核反应后生成的中子数大于输入的中子数，从而触发更多的重原子裂变并爆发出巨大的能量。学习要发生链式反应，其特点应该是学习后引发的问题数大于引起学习的问题数，由此诱发更多的知识学习，从而对相关领域的知识和问题掌握更全面。志趣是建立在对某个领域有超乎常人的知识储备基础上的，而兴趣只是为实现这种储备提供心理上的支持。在原子弹爆炸催生链式反应时存在一个临界体积的问题，就是说核反应物质需要达到一定的量时，原子弹就进入不可逆转的爆炸状态。与此相比，青少年专注于某个领域的学习达到一定量的知识积累时，会产生价值判断和韧性，志趣也会由此生成。

故事 25 帝王蝶去哪里了

帝王蝶是生活在北美大陆的一种大蝴蝶，一对金色翅膀长达 10 多厘米，一到夏日，成群的帝王蝶就会翩翩起舞，但是一到白茫茫的冬季它们就不见了。弗雷德（Fred）1911 年出生于加拿大多伦多，他从五岁起就成了蝴蝶迷，一直思考“冬天帝王蝶去哪里了”这个问题。弗雷德长大后成为动物学教授，从 1937 起开始了长达 38 年破解帝王蝶冬天去向之谜的科学探索。弗雷德花了好几年的时间才找到了合适的标签和胶水，使翅膀上贴上小标签的帝王蝶能自由飞翔。弗雷德亲自给数以千计的帝王蝶贴了标签，为了追踪和记录这些戴着标签的帝王蝶，他创建了有数千会员的昆虫迁徙协会，会员更是在各地给几十万只帝王蝶贴上了标签，并把相关数据汇总给弗雷德。这些数据在他墙上的大地图上标注了红色的斑点，渐渐地，帝王蝶从加拿大、美国东北和中西部向西南越冬迁徙的路线图越来越清楚地呈现出来。直到1975年，这条跨越美国版图，直到墨西哥中部米却肯州3千米高山丛林的迁徙路线才完整地呈现了出来，这条迁徙的道路竟然有4 000多千米，帝王蝶竟然像候鸟一样，在秋天初霜日开始跨越4 000千米来到墨西哥云杉树上过冬。

最神奇的是，次年3月春暖花开之际，这些长途跋涉的帝王蝶会再次出发踏上北归的旅程，它们拼尽最后一点力气，从墨西哥飞到美国的佛罗里达州，产下后代后死亡——这是第一代帝王蝶，从头年的8月到来年的3月，活了7个月。在佛罗里达州春天出生的第2代帝王蝶，只有6个星期的生命，它们继续往北飞，飞不动时停下来养育的第3代帝王蝶，接力往北飞，然后把接力棒交给第4代帝王蝶，第3、第4代帝王蝶都只有几周的生命，第4代终于在夏天时到达北方的加拿大。返回北方家园的第4代蝴蝶，会在8月份时养育出第5代帝王蝶，这是最强悍的一代，需要在未来的75天内穿越4 000千米，重返墨西哥过冬的云杉树。

（a）秋天启程时的帝王蝶

（b）春天启程时的帝王蝶

图6-1　不同时期的帝王蝶

经过几代帝王蝶，它们怎么知道自己在墨西哥的故乡？帝王蝶迁徙是如何确定飞行方向的？既然已经飞到了墨西哥，为什么还要飞回远在4 000千米的加拿大？为什么在同一年不同时间不同地点出生的帝王蝶，生命力会有如此大的差别？你也不妨尝试一下，再提一些关于帝王蝶迁徙的问题。

有趣的灵魂

顶尖的科学家性格各异，在生活中有非常有趣的，也有很严肃的；有不修边幅的，也有风度翩翩的；有十分健谈的，也有寡言少语的。但是，他们都有一颗有趣的灵魂。有趣的灵魂不是他有多少有趣、有多少幽默，而是你在和他交往时，会觉得他十分与众不同，对事物有自己的看法和独到的见解，有鲜明的独立人格和丰盈饱满的精神世界，有很强的洞察力和好奇心，对世俗看重的往往并不在意，经常会沉浸在自己的世界里。你之所以在和他们一起时觉得他们有趣，是因为他们的与众不同会给你带来对世界的新看法和新思维，对人生的态度会有全新的感悟。

有趣的灵魂来自他们的境界。也正是这种超然独立的境界，才让他们在科学探索的道路上，忍受常人无法体验到的艰辛，感受常人无法理解的愉悦。科学教育中最难的部分就是如何来提升青少年对世界理解的境界，笔者的建议，一是让学生阅读科学家传记，从科学家成长的经历中汲取成长中的精神力量；二是加强人文教育，提升思想性，具体的办法是经常让学生有机会表达自己的观点，甚至参与敏感问题的辩论。顶尖科学家拥有超然独立境界的真正的原因，可能是在获得顶尖发现后才产生的顿悟，偶然性更多一些，而与这两条建议根本没有关系，但是，我相信科学家通过偶然性累积的宝贵经验，是值得学习的。

故事 26 爱迪生实验室的一把大火

1914 年的一天，发明大王爱迪生的实验室大楼着火，实验室被烧成了一片瓦砾，所有研究资料都被烧成了灰烬。爱迪生的儿子查里斯在担心年迈的父亲是否能接受这个事实时，却意外地听到了站在浓烟和废墟里父亲的呼唤："查里斯，快把你的母亲找来，这样的大火，百年难得一见，不看一看太可惜了。"查理斯认为父亲肯定是疯了，但爱迪生非常平静地说道："灾难自有灾难的价值，我所有的谬误和过失都被大火烧得一干二净了，我又可以重新开始啦。"在这场大火的三个月后，爱迪生便推出了人类历史上第一部留声机。从此声音就可以留存和传播了。

有趣的灵魂来自对世俗规则的超脱。每个人的时间是有限的，世俗中有无数的规矩让我们无法摆脱，并因此耗费了我们大量的时间，导致我们把最重要的东西搁置在一边，直至失去探索的机会和信心。泰戈尔说过："给鸟儿的腿上系上黄金，它就不能直穿云霄了。"当我们真正认识到某个事情重要时，是搁置重要的研究，还是抛弃世俗的纷扰，就是一个试金石。科学教育中，学生实际上也会碰到同样的情况，在参加某个重要项目比赛时，会有其他活动冲突，这时就是一种真实的考验过程，也是十分重要的教育机会。

有趣的灵魂来自研究之外特殊的爱好。"量子物理学之父"普朗克说过，科学家"必须具有鲜活的、本能的想象力，因为新思想不是通过推理产生的，而是通过艺术创造力想象出来的"。顶尖科学家在自己的主业以外，存在一个公开或隐秘的爱好，特别是在艺术与体育方面的爱好，是一个值得研究的现象。爱因斯坦和李四光喜欢拉小提琴，尼古拉·特斯拉喜欢到广场上去喂鸽子，尼尔斯·波尔喜欢足球，在足球场上的位置是守门员，还参加过第七届、第九届奥运会的足球比赛！居里夫人喜欢骑自行车，曾骑自行车穿越法国北部，普朗克、钱学森、屠呦呦的钢琴水平相当不错，乔布斯是音乐家鲍勃·迪伦的粉丝……科学的事业并不是一帆风顺的，在通往成功的道路上，有时候会长时间一无所获，这些爱好可能带给他们精神上的慰藉；当百思不得其解时，爱好可能带给他们灵感，帮助他们找到破解难题的新方法。体育给人带来勇敢、坚韧、责任、挑战、团队协作、大局观、瞬时判断，在科学研究中是有潜移默化作用的，而艺术给人带来创意、共情、审美、敏感、节奏感和开放，与科学创新有许多共通之处，新课程强调综合素养培育，就是站在这个角度看问题的。如果学生在科学学习上具有潜力的同时，又对艺术或体育情有独钟，应鼓励和发扬。新歌曲、新画作、新角度的足球射门与新观点、新机器、新理论一样，都是创造力发挥作用的结果。人文、艺术与科学的关系，不仅是想象力之间的迁移，更是社会大环境对创新的宽容和精神层面的激荡。科幻电影、科学阅读、科技报告、科普活动如果经常成为普通人日常生活的一部分，那么我们国家科学的春天才算真正来临了，这是我们社会中最令人向往的黄金时代，这样的时代中华民族已经有千年未遇了。

有趣的灵魂来自突发奇想的行动力。好奇、质疑、思辨、质疑、勇于尝试，是富有创造力的一种表现，具体表现就是会把突发奇想付诸行动。在《穷查理宝典》一书中，查理·芒格讲述了物理学家普朗克的一个笑话。1918 年普朗克获得诺贝尔奖后，每天受邀到处演讲，演讲时他的司机总是很认真地坐在前排听讲。讲的次数多了，他的司机也听得滚瓜烂熟了。一次，普朗克到慕尼黑会议中心演讲，司机说：“教授，每次重复讲，你有没有感到无聊？”普朗克说：“那是当然的。”司机说：“待一会儿我上去讲，保证一字不差。”于是，普朗克坐在第一排，司机在台上侃侃而谈，与普朗克讲得一模一样，一点破绽也没有。没想到讲完后，一个学者提了一个问题，司机微笑着说：“真没想到在慕尼黑，还有人提如此简单的问题，请我的司机上台替我回答。”这个有趣的故事大概率是假的，但普朗克让司机去作演讲这种离经叛道的事，在科学家身上确实会发生的。你不能要求科学家在科学研究上有奇思妙想，而在生活中必须循规蹈矩。他们在研究上可能天马行空，在生活中可能怪诞离奇，这需要我们更多的包容。

在青少年时期我们追求学生拥有综合素养的目的，并不是要让学生在德智体美劳各方面全面优秀，也不是追求学生在学习和生活中的行为，规范到完美无缺，更不是要让学生早早地就习惯人情世故，乖巧迎合大众的文化选择。综合素养没有满分和不及格，综合素养是一张没有标准的成长记录图，学生的个性和多样化越是张扬，其综合素养就越丰富，学生未来成长的空间也就越大。学生在学习过程中突发奇想的行动，可能会犯错，可能会离经叛道，可能会逾越学校的底线，但是这些行为，一方面是学校教育的机会，另一方面也是综合素养的一种表现，更是超越兴趣，达成志趣，让学生拥有有趣灵魂的磨炼。创新，首要的事是一个人和一个民族灵魂的独特和丰富，灵魂因其独特丰富而有趣，创新也因有趣的灵魂而发生，而这一切基于每个人丰富的体验活动。

案例 23　小学生有必要经历的 21 个体验

1. 用天文望远镜看一次月球环形山和空间站
2. 种一次多肉植物
3. 养一次蚕宝宝或金鱼

4. 参加折纸飞机比赛
5. 换一次家里的电灯泡
6. 比较和画出家人的指纹
7. 用显微镜观察一次池塘水中的微生物
8. 用工具拆开一个小玩具并且尝试复原
9. 去一次自然博物馆看恐龙化石
10. 尝试对折一张A4纸，看最多能折多少次
11. 捏着鼻子喝一次橘子水
12. 观看一次航天发射直播
13. 做一次投骰子，记录概率分布
14. 记录在一个月中晚上同一时间月球的形状
15. 早起看一次日出
16. 收集一小瓶露水
17. 体验一次通宵不睡
18. 用火柴点一次蜡烛，观察蜡烛的燃烧
19. 重新布置一次自己的房间
20. 读一本科学大家的传记
21. 在郊野夜宿看一次星空

万物皆可研究

1900 年 4 月 27 日，伦敦的天气还有一些阴冷，在伦敦阿尔伯马尔街皇家研究所里，德高望重的开尔文勋爵在这里进行了一场演讲，他说："19 世纪已将物理学大厦全部建成，今后物理学家的任务只是修饰和完善这座大厦。动力学理论断言，热和光都是运动的方式，但现在这一理论的优美性和明晰性却被两朵乌云遮蔽。"正是这两朵乌云，100 多年来打破了经典物理的大厦，建立了近代物理学的两大支柱——量子力学和相对论。这件事告诉我们，科学研究无止境。

1964 年，苏联天体物理学家尼古拉·卡尔达舍夫，提出了一种基于能源利用率的智慧文明等级设想。一级文明称为行星文明，它可以利用所在行星的所有能源，如能完全控制行星的气候，掌握了可控核聚变，但是目前人类文明连一级文明都算不上，最多是 0.7 级。二级文明被称为恒星文明，是指能利用所在恒星系的所有能源。三级文明是星系文明，能掌控和利用所在星系的所有能源。笔者认为卡尔达舍夫的说法是很有道理的，科学还只是刚刚起步，有无数的已知和未知等着科学去探究。

万物皆可研究，是针对科学本身说的，也是针对科学教育说的。任何现象，一般只要连续深入地问三个为什么，就会碰到大家都不知道的情况。比如，问有关光速的问题：光的速度是多少？光速是怎样测量的？为什么光速是 3×10^8 米 / 秒？又如，问有关原子的问题：原子的组成是怎样的？电子围绕原子核旋转为什么不掉到原子核里？原子核对电子的电磁力为什么和距离的平方成反比？因此，在科学学科教学时，实际上有两种教学方法：一种叫分析式教学，就是从现象到理论的教学方法，重在归纳演绎和解释；另一种叫创造性教学，就是从现象到问题的教学方法，重在质疑反思和追求证据。如果在科学教育过程中加入项目化学习和非正式自主学习，那么科学教育还有一种教学方法，就是实用性教学，重在通过动手实践解决真实问题。在《思维教学，培养聪明的学习者》一书中，作者把这三种教学方法用三种思维模式来描述，也总结了在三种思维模式中学生的不同表现：

喜好不同思维模式的学生的特点

分析性思维	创造性思维	实用性思维
成绩好	成绩中等或偏差	成绩中等或差
考试分数高	考试分数中等	考试分数中等或偏低
喜爱学校	在学校里觉得受到限制	对学校感到厌倦
被教师喜爱	经常是教师眼里的一大麻烦	教师眼里的思维紊乱的学生
适应学校	对学校适应不良	对学校适应不良
听从指示	不喜欢遵守指令与规则	想知道任务和指导的用处
能看出观念上的错误	喜欢想出自己的观点	喜欢将理论在现实中加以应用
天生的批判者	天生的好出点子者	天生的有常识的人
经常偏爱接受指示	喜欢我行我素	喜欢在实际工作中寻找自我

科学思维的价值就在于对万物的解释、证据和实用模型，因此在高质量的科学教育中，这三种教学方式一定是穿插进行的，分析式教学有利于形成概念与理论，创造式教学有利于形成问题意识和证据意识，而实用性教学有利于形成实践智慧。

万物皆可研究，给科学教育三个启发：

一是创新教育不是高科技，而是高思维。如果学校里追求高科技实验条件，那么在实验探究过程中可能只需要按一个钮就能得到结论，学生再也看不到丰富的科学现象，分析、创造和实用性全部消失殆尽，学生的思维能力和实践能力反而会下降。万物有万物的特性和现象，世界本来的多样性是科学教育多样性最根本的保障。任何人对任何事物，只要去深度思考和无穷尽探索，都能格物致知。

二是万物不同，需要用不同的方法去研究，万物不同，有时又可以用同样的方法去理解。在科学教育中需要鼓励学生求同、求异、求通、求变。求同存异就是在不同的现象背后找出相似的规律，如振荡现象，不仅在物理学科中存在，而且在化学学科中也存在。求异就是看上去一样的东西，极小的差异却会导致极大的变化，甚至遵循的规律都会完全不同。求通就是在不同领域中，找到相似的思维方法，如物理学科中学到的闭合电路概念与方法，在金融系统中竟然也能应用。求变就是通过改变条件、环境、时间跨度，来主动发现新的现象。比如，有物理教师能用一只瓶子，让学生做出上百个不一样的实验。这种变式训练，就如思维体操一般，能让学生在丰富多彩的世界中打开思维空间。我们在讨论创造力时，往往比较关注个人的思维能力和性格方面的表现，实际上创造力是人的思维与万物之间互动的产物，这个万物也包括我们人类自己创造的数学世界和数字世界，不存在脱离万物而存在的创造力。我们身边的任何东西，在分析式教学过程中，都可以通过观察与描述，发现事实，回答是什么。在创造式教学过程中，通过探究与实验，形成因果证据，回答为什么。在实用性教学过程中，通过应用与设计，实现控制与发明，回答有什么用。

案例24 化学振荡

20世纪50年代，苏联化学家别洛索夫（Belousov）在研究人体从糖分中汲取能量的问题时，配制了一些化学试剂，用来模拟人体对葡萄糖吸收的过程。在加入催化剂稀土元素铈 Ce^{4+}/Ce^{3+} 和还原剂柠檬酸后，准备搅拌时突然发现混合后的液体由初始状态时的黄色变成透明，过了一会儿，竟然又从透明变成黄色，随后不断地重复这种变化，温度升高，变化频率随之增大。化学实验中竟然也存在振荡现象。

三是万物皆可研究，需要珍惜出现错误的机会。科技发展的基本特征是利弊共生，研究的范围越广，研究的事物越多，出现错误的概率也越大，如果担心犯错，那么科学探索和技术发展就失去了动力。包容，一方面是指新理论出现时必须对旧理论进行修正，新理论不但要解释旧理论解释不了的现象，更要解释所有旧理论能解释的现象，另一方面是指新理论的出现并不说明旧理论就没有了价值，而是有了新的条件、新的证据和新的视角，是新思维对旧思维的包容。在科学中错误从来不意味着失败，而是成功的开始，甚至在某个领域失败了，在另一个领域会大放异彩，这也是万物皆可研究的辩证法。甚至在科学研究过程中，某些研究者的错误行为，也可能导致新的发现，这也反复证明创新并非只与人的创造力有关，创新一直发生在人与万物产生的多样化的关系中。

故事 27　阿斯巴甜的发现

世界卫生组织于 2023 年 7 月 14 日宣布：基于“人类癌症的有限证据”，广泛使用的合成甜味剂阿斯巴甜是一种“可能的”致癌物质。阿斯巴甜属于非碳水化合物类的人造甜味剂，是一种天然功能性低聚糖，甜度高、不易潮解、不致龋齿，可作为糖尿病患者食用的添加剂。阿斯巴甜除了甜好像没有其他功能，因此许多食品宣传无糖，实际上是添加了阿斯巴甜，如无糖的可口可乐、雪碧等。阿斯巴甜的发现是由一个错误行为导致的。

1965 年 12 月，美国科学家詹姆斯·施拉特（James M. Schlatter）在合成供生物分析用的四肽化合物促胃液激素时，有中间反应产物溅到他的手上，他没有立即洗手，后来当他为取一张称量纸而习惯性舔了一下那个溅到中间反应物的手指时，顿时感到一种清爽的甜味，阿斯巴甜就这样被发现了。与发现阿斯巴甜类似的、因错误行为而导致的科学发现，多到让我们不得不认为，科学真的充满偶然性。

怀海特说过："观念之史便是错误之史。"翻开科学发展的历史，我们不难发现，科学理论的产生、发展和完善，就是充满了犯错、纠错、再犯错的过程。爱因斯坦那么伟大的科学家，他犯的错误现在算起来也有很多，如他认为量子力学肯定是不对的，因为"上帝不会在掷骰子"，结果后来科学证明微观世界中上帝真的在掷骰子；他认为量子力学是荒谬的，因为他推导出当两个微观粒子在彼此相互作用后，由于各粒子所拥有的特性会综合成整体，那么无论隔多远都会立即互相影响，违背了光速不可超越的规律，结果后来真的发现了"量子纠缠"；爱因斯坦得到广义相对论引力方程后，推出宇宙在膨胀，但是爱因斯坦认为宇宙是静态的，所以他在方程中引入了宇宙常数。当哈勃发现宇宙真的在膨胀时，爱因斯坦才把它从方程中移除了。事实上，在爱因斯坦去世后，科学家发现宇宙不仅在膨胀，而且在加速膨胀，为了解释这一点，科学家又重新将宇宙常数引入广义相对论方程中。爱因斯坦竟然在同一个理论上犯了两次错误！但是，笔者认为他犯的错误越大，他的贡献也越大。

学生面对万物皆可研究的情况，我们能不能也用他们在科学学习过程中所犯错误的多少，来评价他们的学习成就呢？在科学教育中，学生出现的错误，既是教育的契机，也是教育的成果。学生出现的各种错误，可能源于无知，但教育者想避免学生犯错误，那就可能在创造愚蠢。

我们曾经寻找过坚实的基础，但一无所获。我们洞察得越深，就发现宇宙越是动荡不息；所有的事物都在奔腾跳跃，跳着狂野的舞蹈。

——马克斯·玻恩[①]（Max Born）

① 马克斯·玻恩是德国理论物理学家、量子力学奠基人之一、诺贝尔物理学奖获得者.

第七章 趋势

TREND

- 复杂性科学现象
- 科学研究的第四范式
- 人人都是科学教育工作者
- 科学教师的养成
- 两个有效的科学教育行动逻辑
- 变革中的科技博物馆
- 科学教育宣言

复杂性科学现象

如果要精准预测一杯水中的每一个水分子在几秒钟后处在哪个位置，所有科学家都会认为太复杂啦，哪怕计算技术已经发展到今天，也从未有人完成过这个壮举。但是，我们发现任何时候某个水分子移动的速度和位置，对这杯水没有特别影响，完全没有必要去研究这种复杂性，这也是我们认为一杯水不是很复杂的主要原因。进一步讲，一杯水中可能有 1×10^{24} 个水分子，这么多的水分子运动轨迹虽然十分复杂，但是从水分子的整体速率分布角度看，科学家可以用概率统计的热力学方法，将一杯水中的水分子形成非常清晰简单的物理模型，并因此可以很好地解释它的各种热现象。

我们不再把一杯水认为是一个复杂系统，但我们会觉得建造一架大飞机很复杂，对台风走向和地震发生预测也会觉得很难，对意识涌现的机制更是觉得超复杂。现象的复杂程度，与研究事物的数量和规模有一定关系，但主要是由事物间相互作用的特性与事物变化的增益方式之间的关系决定的。任何事物都具有某种程度或某方面的复杂性，而科学关心的复杂性往往是系统内的小部分个体发生微小变化后可能给整体带来巨大改变的复杂性。复杂性是当今科学研究的重要方向，被研究者誉为科学史上继相对论和量子力学之后的又一次革命，已经有多位科学家因此而获得诺贝尔奖。我们经常认为通过学习科学，就能获取解决问题的方法和知识，但实际上，学习科学的价值更在于获得看待世界的新角度和新思维。科学的复杂性使我们对世界的认识从简单还原论拓展到复杂整体论，从习惯的线性思维到非线性思维，甚至到更复杂的网络思维。

第一种复杂性是简单的复杂。比如，一只手动上弦的机械手表，需要 130 多个零件，制作工序多达 1 300 道。每个零件哪怕出现 1% 的错误，我们会认为那只手表可能根本无法工作。实际上所有零件都有 1% 左右的错误，安装调试后，新手表还是有可能精准计时的，因为手表的运转是一个相互耦合的系统，不同子系统组合产生的复杂性，会让不同部件的错误产生系统性组织弥补效应，就好比一个由“歪瓜裂枣”组成的团队，有时会干成惊天动地的大事一样。一项工程结束后都需要有一个系统调试的过程，实际上就是在充分利用这种系统性的组织弥补效应。一个大的系统，其子系统可能是机械的、化学的、电子的、机电的、数码的，在某个阈值之内会存在系统性组织弥补效应，但有时也会出现某个子系统的某个变量在突破一个数量范围时，整个系统会以无法预料的方式产生崩溃式后果或令人震惊的新现象。达尔文认为，如果我们从研究群体而不是从研究个体开始，就可以理解，依赖于选择压力的个体易变性如何产生进化；物理学家玻尔兹曼则认为，从研究系统中每个粒子的动力学轨迹开始，就不可能理解热力学第二定律及其所预言的熵增现象。这两句话，实际上从正反两方面告诉我们同一件事：对于复杂系统，我们应从群体角度研究才能理解全局的进化或演变。一种情况是，我们可以在不清楚某个复杂系统时，把它作为一个整体的黑盒来应用；另一种情况是，一旦从群体角度来建立数学模型，有些系统真的能把复杂问题用简单的规律预测和再现，这也许是亚里士多德认为“整体大于部分之和”的根本意思。

第二种是复杂的复杂。上面提到的一杯水，实际上存在四个子系统，第一个是在液体表面与空气接触的液气交互的水，第二个是在液体与杯体接触的水，第三个是液体表面、杯体、空气接触的固液气交接的水，第四个是以上三部分水之外，在杯子中的其他部分水。如果你要研究这杯水在酒精灯上加热时四个子系统中水分子的运动情况，就算不上是复杂的复杂，因为这四个子系统中的水在加热后的变化是可重复的，你做的结果和我做的结果不会有什么区别。复杂的复杂现象，是系统具有不可预言性和对初始值及环境有极端敏感依赖性。比如，每年夏天海上吹过来的台风，没有一个是相同的。我们生活中会碰到很多现象，如股票、气象、地震、学习等难以用科学来预测的情况，它们有一个共同特点，就是事物始终在动态变化，且受极多因素影响，前面的影响与后面的影响会产生叠加效应。虽然系统中各元素的相互作用规律是简单而确定的，但是其组合演变的方式是以偶然为主的生成性。人类的学习过程也是如此，我们基本洞察了神经元树突与轴突之间的连接规律，但是哪几个神经元会发生连接，哪几个神经元连接后会再连接，就会造成后续更大的差异，天气的蝴蝶效应是一种夸张，但学习的蝴蝶效应却是一种实在。这再次说明，学习是人类行为的结果，而非人类设计的结果；台风是台风行进的结果，一开始就试图对整个台风运行路径的预测必然是失败的。复杂的复杂不仅难以用数学公式来描述和预测，更在于其自身的不确定性，这不是偶然性问题，是不确定性成为这种事物的必然。

第三种是复杂之上的简单，这是一种能在无序中涌现新维度新现象的复杂。当若干个体组合形成一个庞大的群体时，这个群体会出现一些新的属性、特征、行为和规律，它们是无法简单地归结到每个个体之上的。普利高津在其撰写的《确定性的终结》一书中认为："事物的演化是由于事物结构的突然变化，而事物结构变化的原因，则是由于事物内部存在一种‘自组织’的功能。”这种自组织形成的新整体，不是组成个体事物的物理拼搭，也不是统计概率能解释的，而是在此之上涌现出新的现象。我们不可能通过还原生命体中的每一个原子来寻找生命的来源，也不可能通过还原人的大脑中的每一个神经元细胞，来寻找意识的起源。整体不一定能还原为部分，部分之和不一定等于整体，其主要原因是个体与个体之间的关系也是整体的重要部分，这个关系不能用个体的物质和功能来描述，只有在个体发生连接关系时才有意义，而且这种个体间关系的数量会迅速超越组成整体的个体数量，成为这个复杂系统内最根本的复杂性来源，在超越某个临界点时会涌现出一个更高层次的现象。这个现象，在原先的层次是无法理解的，而在新层次中是新进化的开始，是全新世界最原始最简单的新起点。

学习的奥秘显然属于复杂性的一部分，因此科学教育也存在以上三个梯度：简单的复杂阶段，就是让学生掌握常识，感受静态的、严密的、线性的知识体系，虽然每个常识也许是十分复杂的，但把它们当成整体知识学习时，可以不必关心其内在的复杂性，这在低年级时会普遍采用；复杂的复杂阶段，就是能对已知的知识进行反思，理解所学的科学知识都是具有不确定性和不完备性，并深入展开相关学习内容较复杂的一面，在高中阶段往往会采取项目化学习方式，在高校则通过专业学习的方式来体现；复杂的简单阶段，就是让学习者在适度的失控中，体验知识与思想产生的混沌状态，并从中尝试涌现自己的新思想、新观点，像科学家一样学习。

很多人并不认为人文科学、社会科学是科学，目前普遍采用调查研究和概率统计等方法，这些领域确实存在逻辑不严密或数据信息不足等情况，很难用自然科学研究中普遍使用的实验证明的方法，也很难用数学的方式提炼出简洁的模型。人文科学、社会科学的研究核心是被研究对象诸要素之间的关系，而非研究对象自身，关系问题是所有复杂问题的起源，也是涌现新现象的本质。超大数据处理能力和强人工智能技术的出现，有可能对复杂性科学现象和人文科学、社会科学的研究带来突破性机会。

科学现象的复杂性，还存在非常深刻的哲学问题。这里也存在三个层次的情况。第一种情况是观察者的位置与被观察的对象之间的关系，会使被观察到的现象产生巨大的差异，"盲人摸象""管中窥豹"只是呈现了在外部不同位置观察产生的局部性和整体性的观察差异。如果观察者在被观察对象整体的内部，则会产生"只缘身在此山中"的观察困惑。但是，人类总会通过各种办法，最后解决这种由于观察位置带来的复杂现象和难题。

案例 25　赫歇尔发现银河系的秘密

威廉·赫歇尔是一个神一般的人物。在"科学观察进阶"中讲到他发现了太阳光中的红外线，他还发现了天王星。但是，笔者认为他最伟大的发现是发现了银河系的奥秘。晴朗的夏夜，银河在星空中从东北向南横跨天空。迢迢的银河引起古今中外无数美丽的遐想和动人的故事。威廉·赫歇尔是一位英国业余天文爱好者，为了了解银河的情况，他做了当时世界上最大的反射望远镜，最大口径达 1.2 米。通过这架望远镜，赫歇尔一次又一次地观测，数星星。赫歇尔进行了 1 086 次观测，总共数出了 117 600 颗恒星，在如此庞大的数据面前，他发现：越是靠近银河的地方，恒星分布的数量就越密集，在银河平面方向上的恒星可以达到最大值，在银河垂直方向的恒星数目则最少。根据这些数据，赫歇尔认为银河是一个“透镜”或“铁饼”状的庞大天体系统，由许许多多恒星组成，太阳系则在银河系的中间（这是一个错误的结论，就如先前人类把地球作为宇宙中心一样，主要原因还是观察者位置产生的参照物效应）。

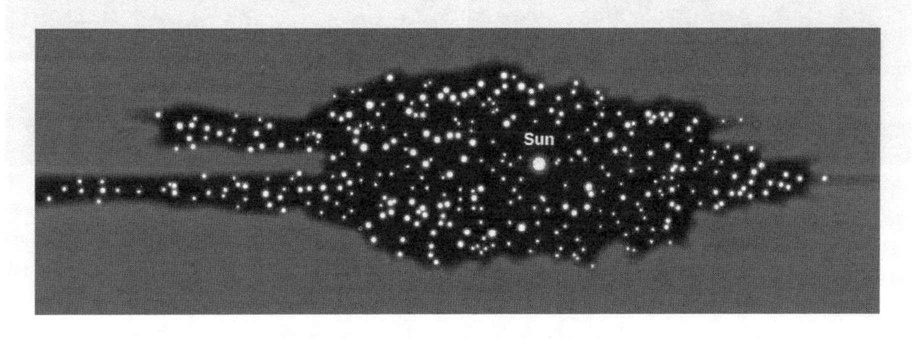

图 7-1　赫歇尔描绘的银河系

第二种复杂情况是，由于观察者自身因素对观察对象产生不同的现象，这个看上去有点唯心主义，但这是一个无法回避的事实。实际上我们人类的感觉系统只能感受到波长在 390～780 nm 的电磁波（可见光）、波长在 0.017～17 m 的声波，以及有限的嗅觉、味觉、触觉。自然现象与观察者没有关系，在没有人之前宇宙照样在演化，这是事实。但是，真实的情况是——科学现象是客观世界通过感觉系统转化为观察者脑中认识到的那部分意识，人类观察到的世界，并非世界本身，而是世界的现象在我们人脑中的投影。有些自然存在的东西你感受不到，因此也就不知道。有些东西你看到了，只是能被你感知的那个范畴，如在内蒙古自然博物馆中看到的花岗岩石块在可见光照射下的样子看上去很普通，但是在紫外线下同样的那块石头的样子，肯定会让你大吃一惊。

图 7-2 内蒙古自然博物馆的展品：不同光源下的同一块花岗岩

第三种复杂情况是，宇宙中我们已知的物质、能量只占世界的 5%，更多的物质与能量我们可能永远看不见。之所以中微子、引力波还能被我们通过精密的技术发现，是因为它们还能与我们已知的物质之间发生较弱的相互作用，但是还有更多物质与能量似乎不和我们已知的物质世界发生作用，这种复杂性对我们人类的挑战也是最大的。技术虽然可以让人类看见我们看不见的东西，但技术无法让人类想象无法想象的东西，我们只能用自己可以想象的东西来理解它。

科学研究的第四范式

范式是指一种理论体系和理论框架。1962 年，范式（paradigm）的概念由美国著名科学哲学家托马斯·库恩（Thomas Kuhn）提出，其在《科学革命的结构》一书中定义科学范式为："那些被观察和被检查的、那些会被提出的相关问题以及其希望被解答的问题如何组织、科学结论如何被解释。"

2007 年计算机领域的学界泰斗、数据库领域的著名科学家詹姆士·格雷（James Gray），在一次科学大会上做了题为"科学方法革命"的演讲，把科学技术发展史总结为四个范式阶段，指出数据科学已经成为科学研究的第四范式。第一范式称为实验科学，是基于观察和实验获取经验和证据的科学，如古人钻木取火和伽利略的比萨斜塔实验；第二范式称为理论科学，是几百年来在探究自然现象的基础上把规律抽象成简洁统一的科学理论，分析、建模、演绎是主要研究方法，如发现万有引力定律和相对论；第三范式称为计算科学，是近几十年来，科学家通过利用计算机技术对复杂问题进行模拟、仿真的研究方式，如气象预报、核反应和病毒传播等。这些研究的现象还是能被人识别和理解的，主要研究者是人而非机器，计算机只是进行计算辅助；第四范式称为数据科学，对超大规模的数据进行相关性研究而非因果关系研究，从基因测序、蛋白质结构、深空星系到覆盖全球的社交媒体，这些研究对象的复杂性，人穷尽一辈子都无法了解全貌，而人工智能通过机器学习，能在短时间内把握与分析，因此第四范式主要是基于人工智能和大数据技术，而非科学家自身大脑智慧来研究的一种方式。

案例 26 白细胞追逐入侵细菌

在显微镜下，我们看到一个白细胞，在人体体液内疯狂地追逐并试图吞噬一个逃跑的入侵细菌，虽然白细胞和细菌没有大脑、没有眼睛、没有脚，但是它们肯定“知道”彼此的存在，两者之间的这种“智慧”现象是如何产生的？细菌逃跑和白细胞追逐的能力如何而来？这个现象显然与非洲大草原上猎豹追逐羚羊的机理是不一样的，这个现象与毒刺导弹在空中追逐直升机的原理也不同，但是现象本身为什么如此相同呢？

目前科学家告诉我们，细菌进入体内会引起免疫反应，就是细菌进入体内后，会与各类免疫细胞接触，激活的免疫细胞会分泌一种被称作趋化因子的物质，趋化因子在血液中扩散形成浓度梯度，吸引白细胞向浓度高的区域趋化，从而产生白细胞追逐细菌的现象。

白细胞趋化因子，这个解释显然会产生更多的问题，也需要启用多种科学研究范式来不断研究。物理学家费曼去世后，大家发现在他办公室的小黑板上有两行用粉笔写的句子。一句：凡是我不能创造的，我就不能真正理解（What I cannot create, I do not understand.）；另一句：需要知道“每一个”已被解决问题的解决方法（Know how to solve every problem that has been solved.）。对科学家来说，对自然现象的通透了解，需要到能把它创造出来才能真正理解。那么，如果有些现象的涌现并不遵循因果律，其呈现形式又是复杂中的复杂，无法用简洁的模型来抽象。那么，以相关性研究为主的第四范式，也许是无可奈何的选择。

科学的第四范式，其科学研究的关键步骤已经不再是以人的思维为主导，而是通过科学自身的工具化，直接从复杂现象的大数据分析得到问题解决方案，并不需要代表因果关系的理论。我们之所以还把它称为科学，主要是因为这个研究方法和解决问题的方案，还具有十分重要的科学特征：可证伪性和可重复验证性。科学的第四范式，与以往的科学研究范式不同之处，更在于其创造性。传统科学一再告诫我们：“我们只能发现自然规律，不能改变自然规律。”但是，科学的第四范式拓展了这个论断：“我们只能发现自然规律，不能改变自然规律，但是我们能创造自己的新规律。”在没有大脑之前，宇宙中只存在一个物质世界，所有物质、能量、信息都在按照自然规律，不断促进物质世界的进化。有了大脑后，世界新增了一个精神世界，所有物质、能量、信息在物质世界与精神世界之间不断复杂化。生命是有创造力的，如人类可以创造宏伟的城市，甚至到月球上定居，但是这种创造力依然是利用了自然物质与自然规律。人类创造的数字世界则完全不同，我们能在数字世界中创造与自然物质和自然规律毫不相干的事物，未来智能机器的自主思维必然会超越人类想象力的限制，创造我们无法想象的新世界。当科学自身被深度数字化，实际上让人类与机器协同拥有了在数字世界中上帝般的创造能力，用新技术研究自然现象的相关性，也能用新技术创造新的相关性，这是科学自身的复杂性带来的新的涌现。

从 1 000 年前的古人视角看现代人，现在人就如神一样——人人都在使用高科技产品。比如，每个人拿着手机，就可以与遥远的人视频通话，还可以用手机随时播放音乐和看视频；可以开着汽车满世界跑，可以在家里让洗衣机、洗碗机、电饭煲做家务。这一切都是科技产品的工具化带来的，工具化的特点就是通过基本训练，每个人都能很快地学会使用。如果有古人穿越到现在。用不了多久，他就能学会使用大部分的科技产品。而科学研究的第四范式，预示了一个全新时代的可能性：人人都是科技工作者的时代来临了。以农业生产为例，农业的空间必然会拓展到农村耕地之外，城市会出现垂直大楼农场，每个家庭会出现果蔬中心，甚至在航天空间站、未来星际旅行器和外星球人类集聚点都会出现农作物生产基地。在这些地方，每个生产者都会充分利用新的科技，以适应不同环境来实现农产品的生产。农业生产的方式，从自然生长的方式，发展到利用生物技术直接合成碳水化合物、蛋白质、多种维生素等合成生产，在生产前、生产中和生产后，都需要对全流程进行数据分析以生成可靠的产品，这些工作本质上都是科技人员属性的岗位。农业生产如此，其他领域的生产和拓展更会呈现出岗位科技化的特征。

科学自身的工具化，意味着一般普通人都可以深度参与科学探索和新世界的创造，虽然大科学研究将在基础科学研究方面越来越重要，但是一个人利用新技术的成本已经越来越低，机会也越来越多，因此每个人通过自由研究产生新发现的可能性也在同步增长。对科技生产、科学研究所需要的基础性知识与训练，将聚焦到科学现象的判断和对科学工具的模块式应用，这对未来科学教育的影响十分深远。

我们的世界里有符合因果关系的规律，也有以混沌为特征的无序；有能被我们感知和想象的现象，也可能有超乎我们所有极限的时空物质。科学研究范式的进化，意味着科学教育需要对科学研究的四个范式都要找到有效的教育方法，因为科学研究需要在不同的研究对象、领域中采取不同的研究范式。

人人都是科学教育工作者

科技并非我们世界的全部，科技之外有着十分广阔的领域，但是对现代人类来说所有领域都无法离开科技，我们几乎找不到一个领域是可以离开科技的。同样，科学教育之外也有其他有价值有意义的教育，科学教育只是现代人受教育非常重要的一部分。一方面其他教育同样要锻造人的思维方法、思维品质和个性化的兴趣与人格，这对一个人来说至关重要，对未来科技工作者而言也是最重要的基础；另一方面，其他教育同样离不开科技的支持，其他教育同时也包含了非常丰富的科学教育内涵。实际上，成功的科学教育一定是系统工程，需要百花齐放的教育思想和实践来支撑。

火爆的 ChatGPT 呈现了一个非常有意思的进化过程，其本质是一个通过不断学习进化的数字化大脑。OpenAI 公司在 2018 年 6 月启动 GPT-1 时，实际上利用了注意力学习的机制，对这个数字大脑进行了如人类婴儿时期的学习，对未标记文本的不同词料库进行语言模型的生成性预训练，然后对每个特定任务进行区分性微调，实现无监督训练和有监督微调相结合的语言理解任务。2019 年 2 月启动 GPT-2 时，更是在前期大量学习的基础上，全力以赴地学习著名社交站点 Reddit 上高赞的 800 万篇文章，就是像中小学生那样学习语文学科。结果，GPT-2 这个“文科生”，除了在文本理解、文本内容生成方面表现出强大的天赋外，还能干许多其他事情，就是 GPT 可以通过海量文本数据和大量参数训练出来的大语言模型可迁移到其他类别的任务中，而不需要额外的训练。机器如此，人更是这样，古代人参加科举考试，学的内容主要是人文方面的经典，考的是八股文章，但是其中很多人竟然除了治国理政、诗词歌赋，也能带兵打仗，进行科技发明。这充分说明教育的巨大力量和无限可能。明代末年的徐光启，通过科举进入仕途，在崇祯皇帝时官至朝礼部尚书兼文渊阁大学士、内阁次辅，但他被大家记住的是，他是一名农艺师、天文学家、数学家，一名战略科学家。如果他提出的在北方地区大规模推广种植甘薯能实现，那么在黄土地上的米脂县，也许就不会聚集那么多饥饿的流民，李自成就竖不起“闯”字大旗；如果他极力引进和研究的火炮能在明军中普遍使用，那么八旗子弟也许就过不了山海关。

无论是古代还是现代，教育启迪心智、锻造人格是一项长期工程。特别是现代学科的知识结构庞大，教育教学不可能像做陶器那样一次性成型，而是用一节课一节课细水长流的方式，在每个人大脑中一片片拼图，到某一个阶段突然呈现出整体的学习效果，甚至会顿悟学科间知识横向的关联性。任何学习都会涌现问题，也会有相对应的多样化问题解决方案，这些解决问题的方案与解决科学问题采取的方案有时差异甚大，有时又极其相似，对未来科技工作者来说都是弥足珍贵的体验。因此，科学教育的高质量，不仅来自科学学科本身的教育，更需要全体教师共同的努力。

对非科学学科的教师来说，有两个方向可以更有效地提升教育的品质，为创新人才培养作贡献。第一是努力学习与学习有关的科学知识，特别是学习与学习有关的脑科学，这样会极大提升教育教学的质量。人的大脑接受知识，并非像向杯子中倒水，任何知识能被学习者掌握，都是表征为大脑神经元的复杂连接。教育教学的科学性体现在对不同年龄段学生、不同的知识内容使用不同的方式和方法。第二是任何学科都包含丰富的科学教育内容，我们应该提倡“课程科普”的教育理念。语文课中虽有科学说明文，但更有许多极富人文色彩的经典名作，如郁达夫的《故都的秋》写道，北国的槐树“像花而又不是花的那一种落蕊”。我们是否可以让学生走上街头去看一看槐树？“秋蝉的衰弱的残声”，我们是否可以让学生去听一听秋蝉的鸣叫？音乐课上，在教学生弹奏乐曲时，也让学生了解一下钢琴的历史，研究一下吉他的原理，可不可以让学生演奏一下著名地质学家李四光所作的中国第一首小提琴独奏曲《行路难》？美术课上，在用水彩或油画颜料作画时，可不可以谈一谈颜色的奥秘，议一议人对色彩的感知差异？

德国音乐家克劳德·斯塔德曼指出，音乐教育的核心是创造，而不是传授，音乐教育应以创造为中心。实际上音乐存在三次创造：第一次是作曲家在作曲时的原始创造；第二次是演奏这首曲子时的表演创造；第三次是听众欣赏时的领悟创造。三次创造意义不同，但都是真实的。音乐教育本质是创造教育，其他学科也是如此，体育在塑造我们健康的身心，语文在锻造我们的语感和思辨，外语在拓宽我们的文化理解，历史在揭示社会发展的动力，思政在哲思与实践中凝聚共识，这种多样化的学习，本质上都是在创造我们大脑的新连接，并因此创造我们每个人独特的思维能力。所有非科学学科的独特价值，加上科学教育孕育的理性和科学精神，最终构建了每个青少年的综合素质和创造力。每个创新人才取得的巨大成就都是他（她）的综合素质在未来科学实践中结出的硕果。

每个人通过学习不断进化，其进化机制就是通过知识的学习，实现知识、能力、态度的组合进化，所有能力和态度都是在知识学习中伴生的，而且这种组合进化的程度呈现指数式增长，当众多的学科知识结合在一起，学习就会产生蝴蝶效应，创造一种称为综合素质的东西。每个人的综合素质是由“德智体美劳”相关的知识与实践铸造而成的，但是综合素质无法归因到教育教学的过程和内容中，它超越各学科的知识结构，超越每位学科教师所有的教学行为，甚至超越学校的课程框架，它是我们人类特有的精神意识层面的涌现。

综合素质与“德智体美劳”五育并举之间有什么关系？“德智体美劳”五育并举是从学校教育目标和课程设置角度看的，每所学校都要充分重视“德智体美劳”五个方面，不可偏废。综合素质是从学生角度来评价的，学生综合素质高并非指每个学生“德智体美劳”五育并举，拥有完美的指标，而是指在全面发展基础上各有所长、各有特点，更是指能把“德智体美劳”所学的功夫综合起来用于解决实际问题的能力。现代教育不是知识导向，而是兴趣导向，志趣导向；在习得知识过程中，相信学生，激励学生，鼓励个性发展；教育最好的状态就是每个学生都拥有与众不同、个性鲜明的综合素质。我们无法精确控制和造就每个学生未来的综合素质，但我们可以实现让一大群学生拥有不一样的综合素质，这是我们培育未来拔尖创新人才的关键。

综合素质在哈佛大学心理学家霍华德·加德纳眼里，是通过发展多元智能的方式来呈现的。

案例 27　多元智能理论

智能很长一段时间是用智商（IQ）来反映的，学者认为智能的所有方面是可以用分数来衡量的，然后将人按年龄分组，形成了测评工具并用于测定其智商高低。霍华德·加德纳通过研究人类智能的表现，对每种可观察到的才能进行了严格的区分，一个独立的智能满足四个条件：一是可以通过学习和训练得以发展的能力；二是可以在特定人群中观察到有较大差异的分布，如存在天才和迟钝者；三是在大脑中有对应的分区；四是可以用抽象符号表述对应人的能力。

根据以上四方面的条件，加德纳总结出7项独立的智能（后来又加了一项）。

1. 语言智能。用词和句进行思考、组织语言来表达的能力，作家、诗人和演说家在这方面能力较强。

2. 逻辑数学智能。计算、逻辑推理、解决复杂数学问题的能力，数学家和编程工程师在这方面能力较强。

3. 空间思维智能。对空间结构的理解、重塑、转换、构建的能力，建筑师、最优秀的出租车司机在这方面能力较强。

4. 身体动觉智能。在运动中协调处理自身肢体的能力，运动员、刺绣专家在这方面能力较强。

5. 音乐智能。区分创造、表达音乐的旋律、节奏、音调的能力，音乐创作家和音乐表演家在这方面能力较强。

6. 人际交往智能。对他人的理解、与人共情、沟通互动的能力，政治领袖、优秀社会工作者、推销员在这方面能力较强。

7. 自我认知能力。哲学家、心理学家在准确认知、反思、指导和制订生涯计划方面具有较强的能力。

8. 自然智能。感知和观察自然现象，对自然界中事物进行辨识、分类、理解的能力，植物学家、气象学家和天文学家这方面能力较强。

对一个学习者来说，多元智能之间相互依存相互促进，不同的智能组合形成了每个人不同的综合素质，一个团队正是因为每个人的综合素质不同，才有了多种组合的可能，也为创新创造打开了空间。

科学教师的养成

目前中小学科学教师培训有两个不好的情况，一是越优秀的教师得到质量越高的培训，而最需要培训的普通教师却得不到培训或得到质量很差的培训；二是越来越多的教师培训是到国外去，到大学去，到离学生很远的地方去。虽然短时间跳出日常的学校环境去国外和大学参加培训，有助于开阔眼界，是十分有益的，但从许多优秀教师的成长经历来看，教师专业成长最好的方法恰恰是以校为本，在最贴近学生、最贴近课堂的地方，用师徒带教、实践反思、听课磨课、教研分享等方式来提升教育教学水平。以校为本的培训就是以学校为单位，教师相互学习、自我修炼的学习方式，其基本特点是让教师在学校里用研究的办法解决自身教学中的问题。

社会在快速变化，知识爆炸式增长，新技术层出不穷，我们的基础教育在巨变的社会中艰难前行。中国基础教育经过改革开放四十多年的高速发展，已经逐渐演变成一场规模浩大、竞争惨烈的考试教育，很多科学教师在滚滚转动的巨大的应试车轮惯性中，被呆滞的思想束缚，填鸭式的灌输、机械粗暴的教学方式屡屡可见。我们的科学教育已经到了改变的关键点上。在教育转型的转折点上，有必要反思教育的目的是什么？近百年前英国教育家怀海特曾经说过：“我们的目标是，要塑造既有广泛的文化修养又在某个特殊方面有专业知识的人才，他们的专业知识可以给他们进步、腾飞的基础，而他们所具有的广泛的文化，使他们有哲学般深邃，又如艺术般高雅。”显然，教育的目标依然如此，但在具体教育教学过程中，教师的行为往往会偏离这个目标，科学教育问题因此而生。

当今社会是一个专业化社会，教师职业也越来越专业化，因为教育是教学生运用知识的艺术，但是作为学习者的学生也在发生深刻的变化，教师的专业成长由此成为教师非常困惑的大问题。教育究竟是为了什么？当一个学生面临学习困难，他最需要什么？我们的教师马上感觉到这种需要了吗？我们的教师用什么态度去对待？面对快速增长的知识，我们的教师如何来面对学科知识破缺？教学过程中蕴藏着无数研究的切入点，教师如何开展有效研究？教学活动以往都是很个性化的，如何向同伴学习并从中汲取丰富的养料？教师怎样从繁琐的教学工作中寻找突破点，发展自己的学科教学知识，成为学科专家，进而成为学科领导？……这些问题只有在最贴近课堂，最贴近学生时才会产生。在教师真实问题产生后，如何从校本培训的角度，为教师专业成长提供发展方向、发展方法和发展案例，为教师释疑解惑，为学校提供借鉴，这是教师教学能力提升的根本。最痛苦的事情来自三个方面：

一是我们始终无法对教师自身发展的动力问题给出有益的建议。我们很清楚，要成为一个学科专家或学科领导，教师的自身动力是一个首要条件。但是，教师发展的动力问题也许是一个世界性难题，我们可以找到很多正面例子，可是无法破译其中的规律性东西。不过有个发现与此相关，就是优秀教师都会从教育的过程中体验到强烈的成功感和幸福感。这一点让我们猜想，是否教师的动力来自自我肯定，来自对细微教育成就的敏感。从这个角度看，一方面让我们坚信立足校本培训的重要性，另一方面也让我们不得不提醒每位教师，你既然已经做了教师，如果要快乐，就努力去做一个好教师吧，因为做好教师的快乐要远远超过一般教师。这是多么美妙的事，作为教师，你越研究学科、研究学生、研究教学，你就越能成为一个学科专家或学科领导，同时越能体会到作为一个教师强烈的快乐。

二是我们始终无法给出一个明确的判断，怎样的教师算是成功的？教师的成功用什么依据来判断？用自我评判的方法吗？有些教师做得一塌糊涂，但竟然会自以为非常优秀；有些教师已经非常优秀，但依然觉得自身还有不足。那么，能用评上特级教师、正高级教师或用获得荣誉的多少来评判吗？如果用这个标准来评判，大多数教师就永远无法成功，因为毕竟特级教师和获得荣誉的教师是少数。那么，能用担任行政职务、当校长来评判教师的成功吗？那就更不对了。有很多非常优秀的教师，在学科领域中得到极大的尊重和爱戴。虽然我们没有找到教师成功的评判标准，可是有一个角度也许可以提供大家考虑，那就是，教师的成功可能与教师有没有丰富的思想有关。成功的教师几乎都拥有非常独特的教育思想，与他们被评为特级教师或当上校长毫无关系。他们能沉浸在自己的学科天地中，沉浸在学生中间，思考这，思考那，有时候还会激动于自己的发现，并通过各种方式把自己的发现与大家分享。成功的教师会在平时进行大量的阅读和主动反思，会与同伴在交流切磋中互相激励、互相认同，会和学生在朝夕相处中享受创造、赢得尊重。

三是我们始终无法把教师各种有趣的创新汇集在一起，破解教师课堂创新的密码。在接触许多优秀科学教师的过程中，我们发现教师的创新令我们惊叹，尤其是在教学过程中，教师的创造力更是让人如此着迷。有的用幽默的语言，有的用新奇的情景，有的用流畅的方法，有的用智慧的设计，可以说，每一所学校的每一天、每一节课，各种创新随时都在发生。那么，这种创新有什么基本特点？有什么基本方法？为什么有的教师有非常成功的创新方法，而另一些教师的课堂却索然无味？最终我们的结论是，课堂教学中教师的创新根本没有规律可循，也许正是没有规律，才称得上创新；也许正是没有规律，才为教师的课堂创新提供了无限的可能。科学教师的学科教学知识，是一种实践性知识，是一种在课堂中与学生互动产生的智慧，也是一种随着世界科技发展而不断变化的创新载体，正是这种创新，才使优秀的教师深深迷恋自己的学科，迷恋学科教学，并从中得到乐趣和新的创新点，这也是教师自我修养和校本培训的效果远远大于其他培训方式的重要原因。

还有多少教育思想可以去解放？还有多少教育禁区可以去突破？还有多少教育问题需要去思考？如何打破传统的惯性思考，激发无限的想象力？……这就是现在科学教育最现实、最真实、最重要的问题。科学教育工作者需要新鲜的思想，需要自身成为勇敢的创新者，这是科学教育发展最根本的力量。

对科学教育工作者创新素养的养成，有三种方法可以去实践：

第一，心智渗透力——“DNA 双螺旋”方法

需要认识到任何事情都有利有弊，如儿童早期的多动症也许是有利于发展对外界事物产生兴趣的基础，调皮的儿童将来成为科学工作者的可能性要远大于循规蹈矩的儿童。深层认知和深奥的手艺，往往需要特殊的长时间训练才能形成，这需要科学教育工作者能在教学活动中提升心智渗透力，在关键阶段提供帮助和激励。每个儿童成长都不是线性的，把握不同阶段儿童呈现出的特征，整合科学教育的时间、内容、方法、效果，在关键阶段促进其跳跃。良好的师生关系，犹如“DNA 双螺旋”，来实现与学生共同成长。

第二，渠道整合力——“鸟巢构建”方法

学科实践、综合活动和跨学科主题学习，需要有新的学习线索、探究主题，而社会上有大量的科学教育资源，把各种学习资源整合起来是一种基本的创新手段，通过时间编排、环境改变来突破学生学习条件的限制，来实现各要素的系统连接。这有点像鸟构筑巢穴一样，用最简单的自组织组合，不断把不同的材料资源拼接起来，就能做成一个个不同的科学学习的“鸟巢”，实践表明，这种低结构的策略方法，是最能把科学教育工具箱中的零部件与环境统合，发现和涌现新的教育解决方案的捷径。

第三，价值判断力——“断臂的维纳斯”方法

有一个非常有意思的现象，同一个教师带队的科技比赛，每年的成绩会越来越好，但学生的自我表现和获得会一届不如一届，其主要原因是教师越来越强了。刚开始教师和学生一样都不熟悉相关的要求和内容，师生一起学习探索，会犯许多错误，走很多弯路，比赛成绩可能一般，但学生学到的是最多的。一旦教师明白相关科技比赛的奥秘和流程，再带领新的学生团队去参加类似的比赛时，教师就会替学生思考和探索，甚至出现教师越俎代庖的情况，学生很容易沦落为简单执行和机械记忆，学生的科创能力反而下降了。这需要科学教育工作者保持正确的价值判断，减少功利心，明白不完美往往是科学教育最好的结果。断臂的维纳斯之所以能打动人心，是因为不完美，实际上在科创活动中，教师心中如果已经有了一个完美的目标和完整的方案，那么学生就失去了科学学习中珍贵的犯错机会和无限的想象空间。“断臂的维纳斯”方法和奥秘就在于，教师需要用新的方法去带领新的学生团队寻找新的目标，这个过程就是教师在知道有一条现成道路时，有意走一条未知道路，再次带领学生重新创造。

两个有效的
科学教育行动逻辑

科学具有客观真理性（科学是正确反映客观事物本质和规律的知识体系，可以通过实验反复论证）、全面性（科学所揭示的事物的本质规律，是事物全部现象和全部过程中共同的东西）、逻辑性（科学是一个严密的逻辑体系，其中每一具体命题和结论的合理性都可以从逻辑上加以推演和证明）、发展性（科学是不断发展的，当研究条件和现象层级发生变化时，真理性、全面性和逻辑性会产生更深刻的变化），科学教育就是要实现学习者在发展的视角下对真理性、全面性、逻辑性的把握。有效的科学教育必定是基于学习者的心动与行动，这是学习者的学习动力的来源；学习过程的基本特点是“规范＋自主”，自主性体现在学习者有自由的选择和自主的行动，规范性则体现在需要专业的专门知识训练与掌握，这是学习者未来成为一名合格的科技工作者需要经历的磨炼。在现代科学教育中存在两个有效的行动逻辑。

第一行动逻辑：用低结构理念来开展教学内容和活动的组织。

“低结构”概念最初来自上海市闸北区（现静安区）芷江中路幼儿园的办学理念，在这所幼儿园中，从小班到大班，都用低结构理念来设计游戏活动，其主要特点是：教师提供最基本的活动空间和活动器材，学生在此基础上开展自主活动。不过，这并不是低结构的核心思想，低结构之所以令人感到激动，是因为在所有活动中学生们的表现会远远超出教师的想象。教师在设计活动时都会基于这样的设计理念：给学生更多自由发挥的空间和机会。

案例 28　芷江中路幼儿园大班的光和影游戏活动板块

第一个例子：教师提供了一个强光源，学生在光源前自己放置矿泉水瓶、彩色糖纸等透明物品，看光透过这些物品后在墙上的投影，可以想象，学生们看到的绝对不是教师预先想到的。第二个例子：教师提供了一个密布大头针的板，学生们可以在大头针上挂银色的反光片。虽然反光片可以组成有趣的动物或其他东西，但学生的衣服颜色会在上面反射出五彩缤纷的动态变化，有风吹过，有人走过，都会有微妙的变化，这种环境的不确定性给学生视觉上提供无限的感知可能。第三个例子：教师提供了一块刻有很深凹痕的白色木板，学生用剪刀把蓝色的硬纸片剪成各种形状，插到白色木板的凹痕中，然后用手电筒从不同角度照射蓝色的硬纸片，在白色木板上会出现各种影子，这种高互动性，其结果完全超出教师的想象力。可见，芷江中路幼儿园的低结构就是强调游戏与环境的互动性，强调学生的自主发现。这种设计之所以称为低结构，是因为看似简单，实际上蕴含了真切关注学生自身发展和探究需求的思想，与我们传统的许多活动——由教师高度操控，学生能做什么在开展活动前教师就已经想到的情况完全不同。

从芷江中路幼儿园的低结构理念出发，我们来反思一些有趣的学校设计案例。上海市有一所学校的教室里，四周墙面全部刷了白板漆，学生可以在墙上自由涂鸦，到周末全部擦干净，教室的墙面，就成了学生可以自由发挥的舞台，这体现了低结构的设计思想。上海还有一所初中，每两个学生就有一块小白板，学生可以把讨论的内容写在小白板上，如果要和全班同学分享，只要稍微举高一点，大家都可以看见，这样小白板也成了低结构设计。现在越来越多的学校，在走廊里提供学生可以互动的区域，如上海市天山路一小走廊里的一面墙全部是铁皮的，学生的绘画作品通过一个个磁性画框，可以自由组合粘贴，这样走廊成了低结构设计。这些设计之所以深得学生喜欢，就是给学生提供畅想的空间和发挥的平台，而不是由教师来控制。

从芷江中路幼儿园的低结构理念出发，我们再来反思平常的课堂教学。大部分教师最害怕的是在课堂上失去掌控感，因此会反复准备学生可能在课堂上对教学内容的反应，并研究针对性回应，这种行为当然没有错，但教学过程一旦偏离教师的教学设计路线，教师必定要拉回来，纳入自己原先设定的教学轨道，这种掌控容易，但学生完全处在一种受约束的地位。这种课前的完美备课形成了课堂上教学的精细结构，甚至每一句话都反复斟酌过，看上去效率很高，实际上不仅约束了学生，也约束了教师。假如用低结构思维来设计课堂教学，结果会完全不一样。课堂教学在设计活动板块时，应让学生充分表现，让学生充分利用环境资源互动生成更多出人意料的新发现，让学生真实的行为和思维远远超出教师的预设，那样的课堂将是多么鲜活和令人激动啊。学习是信息传递和信息重构的过程，学习是充满个性化和挑战性活动，这个活动过程虽然非常复杂，但这个复杂性应体现在教师对学生学习过程的观察和把握上，而不是体现在课堂教学的严格控制上。越精细设计的课堂教学，学生自由思维的时间越少，日积月累，学生必然丧失自由的灵性和自主性，而科学教育的目的不就是培养学生自由的灵性和自主性吗？基础教育的创新不仅是教师的创新，更是学生学习的创新，而且学生学习的创新才是科学教育的根本。每一个科学教育工作者必须明白，教师教学过程中的愉悦并不一定代表学生的愉悦，教师教学过程中把每个细节讲得很清楚，并不代表学生都理解得很清楚，教师教学过程中控制多一分，学生自主发展的空间就少一分。教学秩序可以来自教师的高控制，但教学秩序也可以来自学生的自组织，这种自组织深深扎根在学生对学习的兴趣和实践中，在于教师设计的大量低结构的活动中，从这个情况看起来，低结构不仅是一种设计理念，更是一种教师挑战自我、学校挑战传统教育的勇气。

第二行动逻辑：用“模仿—构建—想象”来实现学生创新能力的提升。

学校教育越来越呈现高度结构化，追求更精细的知识管理和学习时间管理，把一切校内活动课程化，表面上实现了学习效率的不断提升，但也带来两个危险的情况：一是学生在校的自由时间全部被剥夺，没有发呆的时间，没有做自己想做事的机会，没有犯错的空间。这导致在校学生师生关系紧张、学生心理状况不断恶化；二是学生在校内的学习内容高度一致化、标准化，这种情况会不断强化学生之间的竞争，减少不同学生兴趣的多样性，在不断加剧教育内卷的情况下，阻碍了以多样性为本质的拔尖创新人才培养通道。

《创造力的来源》提到，创造力的本质是一种行动，创新能力的提升需要在实践中实现，这个行动逻辑就是“模仿—构建—想象”。模仿就是按照视频或说明书，或者重复教师做过的科学实验，让学习者自己复原做出来。这个过程看似简单，实际上包含材料的准备、实验次序的先后和实验技能的把握，甚至包含意外事件发生后需要正确应对。当学生能模仿着完成实验，甚至自己可以演示给别人看时，就进入了一个科学探究的新领域。

构建是在模仿实验过程中，鼓励学生构建问题，实际上，一般情况下，在动手实验过程中，学生自然会发现许多问题，但是还是可以事先教给学生一些提问的方法的。比如，为什么要这样做？有什么办法可以让实验现象更明显？这个器材或材料的工作原理是什么？这个实验在现实生活中有什么用吗？简而言之，“为什么”“是什么”“有什么用”是一些产生问题最基本的方法，可以放在任何环节中进行提问。只有实验结果能产生许多高质量问题，这样的科学实验才有价值。如果实验结果是以没有问题结束的，那就不是科学实验。有了问题，学生可以自己去网上寻找答案，或者咨询教师和专家，甚至自己设计实验来探究寻找答案。

针对学生构建的问题，鼓励学生去想象和创新，有些问题十分深刻，也许是一个未知的科学问题，就可以作为学生的科学课题去研究，这样就从问题上升到课题。当学生自主进行深度阅读、自主设计实验、自主完成实验探究、自主分析形成研究报告、自我评价时，实际上就像科学家、工程师一样学习和研究，将来就能成为愿意投身科学研究事业的人。

对这两项行动逻辑，特别需要科学教育工作者注意七个问题：

第一，最好的评价是自我发现带来的喜悦，不要试图给学生的每个行为和实验打分，教师只要把学生的实验报告收集整理好并记录好其完成的实验项目就行。如果一定要评价，可以让学生对自己的过程行为进行反思，记下快乐、疑惑或收获。

第二，总是有部分学生无法完成预定的探究或实验，但只要学生进行动手探索，就会有收获，做 1 个实验，远比做 100 道题重要；做成远比完美重要。也总是有部分学生会有全新的发现，这时就要鼓励学生把发现转变为问题和课题，并为他们继续形成自主探究提供帮助。

第三，最简单的实验也可能产生许多问题，要给学生设置提出问题一般方法的提示卡。比如，为什么会这样？在其他条件或环境下还是这样吗？这个现象有什么用？……最简单的实验也可以有许多变式实验，要给学生开展变式实验一般方法的提示卡，如增加一个东西，减少一个东西，改变一个角度，改变先后顺序，改变初始条件等。有人把这种思维方法称为“加减乘除式创新”，在实践中十分有用。

第四，要让学生养成每次实验结束后，恢复实验器材、整理好实验环境的习惯，这是“规范＋自主”很重要的内容。哪怕实验没有完成，下次还要继续做，也需要有做好规范收尾的程序。这应是一条刚性规定。

第五，凡是行动和实践必有意外，这是和做习题不一样的地方。经常发生的是实验仪器损坏或与预期实验结果相差很大。对实验器材出现问题后的察觉、探究和修复，是实验教学很好的机会；对实验结果与预期结果相差较远的情况，需要系统分析实验的设计与数据采集。所有实验中出现的意外，都是实验科学宝贵的机会，是学生实验报告中必须要记录的内容。

第六，教师在整个过程中的角色是陪伴、观察、听取、分享、提醒及处理实验中可能的安全问题，满足或帮助学生在实践中提出的材料需要，教师不为学生做决策，也不直接回答学生提出的知识问题和实验操作中碰到的困难，而是引导其自己寻找相关知识和解决问题的办法。

第七，教育最大的难点在于控制，太高的控制会抑制学生学习的自由度，太低的控制会造成教学效率低下和不安全性，因此适度的失控是“规范＋自主”的最高技巧。

变革中的科技博物馆

习近平总书记指出，要在教育“双减”中做好科学教育加法，激发青少年好奇心、想象力、探求欲，培育具备科学家潜质、愿意献身科学研究事业的青少年群体。这里有两个层面的要求，一个是让学生对科学产生兴趣；另一个是从兴趣上升到志趣，未来愿意投身科学研究事业，这为青少年高质量的科学教育明确了具体的目标。2023 年 5 月，教育部等 18 部门联合印发的《关于加强新时代中小学科学教育工作的意见》，对校外科技教育资源，提出了加强场馆、基地、营地等资源的建设与开放；强化供需双方对接，明确开展科学教育的时间和次数要求，让参与方式变“短期”为“常态”，实现校外科学教育与学校的“双向奔赴”；加大对科学教育资源的宣传推介力度，让科学教育资源获取方式家喻户晓，相关资源唾手可得。

2023 年暑期，对全国科技博物馆系统来说，是值得记住和研究的，许多科技博物馆一票难求，其火爆程度前所未有。一方面说明，经过多年努力，我们的科技博物馆展陈水平达到了较高的水准，越来越得到青少年的喜爱；另一方面也说明，教育“双减”释放出来的能量开始在科学教育中得到体现。科技博物馆如何在面对需求井喷的情况下进一步实现高质量发展，成为一个十分重要的研究维度。

传统科技博物馆主要的办馆理念是基于科学、技术和社会（science、technology、society，即 STS），通过设置主题展区的方式来传递科技知识，促进观众理解科技与人类社会之间的关系。在科学技术高度融合、强人工智能对未来社会发展带来颠覆性变革的今天，更需要青少年理解科学史、科学哲学和科学社会学（history、philosophy 、sociology of science，即 HPS），通过科技博物馆的参观与教育，形成对科技进化史和未来发展大趋势的整体把握，在快速变化的技术世界中，保持理性、科学和人文精神。其核心是要把“创新、协调、绿色、开放、共享的新发展理念”作为科技博物馆改革发展的新理论，指导新实践。

第一项行动：创新跨界。

科技博物馆需要展示科技史、当代科技成就和展望未来科技，其展陈的内容方式往往通过跨界来实现创新，特别是通过科技、艺术、文化的融合，使观众形成多维度的参观体验，通过有限的科技内容展示，体现科学性、思想性和人文性。因此，哪怕是科技中心，也越来越关注科技藏品的征集与展示，迫切需要建立科技藏品特有的价值标准，通过典型藏品系列化展示，体现科技发展的脉络和思想价值，因为每一项科学发现都是一次人类思想的解放；每一项技术突破，都进一步拓宽了人类认识的疆域。科技场馆也越来越注重互动性，互动性并不是单指动手，更重要的是动心，只有为了动心而设计的动手，才是最有价值的互动项目，这方面还需要有深入研究。

跨界还体现在科技博物馆与其他文博场馆之间的联动。实际上，文博场馆中的每一项重要文物，都是创造文物那个时代的高科技产物，没有科学技术就不会有文物的产生，没有科学技术也不会有文物高质量的保护和研究发现，可以说每一项经典文物，都可以做十分精彩的科普文章。文博场馆与科技场馆深度跨界，一定会迸发出充满想象力的临展、课程和活动，也是科学教育充满魅力的新领域。上海科技馆与故宫博物院推出了一系列科技与人文相结合的博物馆课程，正在努力尝试有益的跨界创新。

科技博物馆的展教人员可以跨界到中小学校担任校外科技辅导员，进一步了解学生的需要，开发贴近青少年的科学教育表演和展陈作品。科技博物馆的馆藏也正在跨出科技博物馆大门，送到学校去展示，在离学生最近的地方建立学校科技博物馆，让他们触手可及。

第二项行动：协调整合。

科技博物馆是一个人与人连接的平台，也是一个以天为教学单位的大学校。对青少年来说，科技博物馆不像学校那样严肃、规范、有很强的约束，因此在参观科技博物馆时，学生往往比较放松，更能体现天性，这也是学校正式教育与校外非正式教育之间的差别。有意思的是，许多有成就的科学家，谈到了青少年时期到科技场馆给自己留下的深刻印象，使自己形成了最初的兴趣并投身于科学事业，反而对成长中发挥更大作用的学校教育印象一般。这个就是教育最具魅力的地方，每天进行的学校教育是在累积你的知识与能力，而到科技场馆换了一个场景却点燃了你的人生梦想。

现在越来越多的科技场馆与学校开展馆校合作项目，科技博物馆里建设了丰富多彩的学习体验中心，学生可以到科技博物馆里上课，与标本、化石、矿石亲密接触，与机器人、科技装置自由互动。但是，从全国范围更多的学校角度来看，大多数学校缺少校外科技资源的支持。因此，科技博物馆不能只是发挥自己一个馆的力量，而应承担起科普大平台的作用。

上海科技馆推出了“科际穿越——科创校长空间站”，旨在让广大中小学与科技企业、高校、科研单位建立连接，让更多的中小学生走进科技单位，与科学家、科技工作者亲密接触；也让更多有志于中小学科普的科技单位走近中小学生；建立校外科学教育课程平台，为中小学提供更多样的课程选择；对校长和学校科技辅导员进行培训，邀请科技领域大咖举办沙龙和演讲，拓宽中小学教师的科学视野，了解科技发展史与最新科技成就。每月开展活动，整合科学教育资源进行深度连接。

第三项行动：打造绿色品牌。

“绿色”是生态文明建设方面的词汇，一方面，科技场馆本身在建设和运行中必须更加注重绿色低碳；另一方面，科技场馆当然应该在生态保护、绿色能源方面做好科普。上海科技馆与市生态环境局、上海社科院联合推出了“零碳小先锋”活动，发布了中小学生绿色低碳行为导则，取得了很好的反响。

对科技场馆来说，需要开发更多与绿色有关的品牌项目，因此绿色的含义更为丰富一些。科技博物馆开发的各种临展，需要建立更好的联动机制，能在其他场馆间互相借展，从而减少开发成本。针对科技玩具比较贵的情况，科技博物馆可以像国家图书馆系统一样，建立科技玩具借玩机制和系统，让学生不仅在科技博物馆中玩，还可以带到家里和学校中去玩。科技博物馆在寒暑假及节假日高客流期间，适当延长开放时间，积极开放有特色的夜场品牌，政府部门提供政策支持和待遇保障。这些都是践行绿色理念的具体行动。

第四项行动：开放多样。

如果仅仅把科技博物馆作为科技知识展陈的平台，那么很容易造成不同科技博物馆之间展陈的趋同。科技博物馆的本质就是开放，只有在建设和运营科技博物馆时深入践行开放的理念，才会形成多样化的科技博物馆展陈与教育活动。

一是紧密结合地域文化特点。湖州科技馆充分体现水乡特点，设置了水幕涂鸦、激光音乐水舞等与水有关的互动项目，四川科技馆则展示了富有成都特色的都江堰水利工程，都取得了很好的效果。

二是充分开发多样化教育活动。科技博物馆可以成为科技企业新品发布的平台，也可以成为最新科幻电影和科普作品的首发平台，可以开展博物馆奇妙夜、夜宿博物馆等充满趣味的活动。针对青少年喜欢桌游，上海科技馆近期开发了“大熊猫国家公园”桌游，通过玩游戏的方式了解生物多样性和生态保护的知识。

三是积极推进高质量科普文创产品的研发。我国科普文创产品还处在萌芽期，尚未涌现重量级科普文创 IP，这需要科技场馆与社会力量深度结合去开发。上海自然博物馆最近在临展“如何复活一只恐龙”基础上推出了“一平米博物馆”项目，就是在一个可搬动的小空间内，布置一个小型的恐龙博物馆，这个博物馆可以由学生自己在家里或在班级里搭建。显然，“一平米博物馆”将打开一个全新的创新空间，让博物馆进入家庭和学校的成本大大降低，更为重要的是，学生可以用这种方式建设独一无二的微型博物馆。

四是发挥科技博物馆场外效应。国内大多数博物馆，往往只关注馆内的建设与活动，很少关注科技场馆外的展陈与活动设计，导致馆内热热闹闹，馆外冷冷清清，特别是闭馆期间，在馆外根本体会不到科技元素和科技文化。内蒙古自然博物馆在馆外建设了一个 1.3 万平方米的矿石公园，效果就非常好。实际上，营造科技场馆外的科普文化，特别是在闭馆时间里，让科技博物馆周围依然充满科技活动的元素是可以做到的。可以设置一些户外科技互动装置，举行户外科技表演秀，晚上可以免费播放露天科技电影，举行科技绘本诵读与科普图书漂流等一系列活动。

第五项行动：共享连接。

针对科技快速发展，科技场馆应该加强与科技企业、高校和科研机构间协作，把最新的科技成果用临展、报告会、及时调整展项的方式来体现，特别要抓住重大的科技事件来积极推动科学教育。中国科技馆牵头推出的“天宫课堂”取得巨大影响力，就是利用共享理念，把握重大时机来实现科普效益的最大化。

数字化是科技博物馆发展的新空间。一方面可以用虚拟技术把科技博物馆展陈数字化，通过网络让线下无法到馆的人也能身临其境地游览科技博物馆，在乡村的青少年也可以充分享受科技博物馆精彩的表演；另一方面可以把科技博物馆大量的活动课程转变为网络课程，更加公平均衡地提供给所有学校，满足更多青少年对科学教育的需要。目前，科技博物馆的数字化工作存在大量重复投入、效益不高的情况，特别是数字藏品标准尚未统一、法律法规尚未健全，科技博物馆的高品质数字化应用碰到了一些瓶颈，不过数字藏品和数字博物馆将来必然是一个大的趋势，跨链技术使不同区块链中的数字藏品能在不同平台上自由流通，实现“你的蝴蝶可以飞进我的世界”，那么数字藏品的科学教育功能将彻底打开。上海自然博物馆正在把几十万件标本、化石等馆藏高清三维数字化，未来针对公众开放后，青少年可以通过数字收藏的方式，收集自己喜爱的鸟类或蝴蝶标本，自己做网上虚拟的鸟类博物馆或蝴蝶博物馆，实现青少年从看博物馆到自己做虚拟专业博物馆的跃迁。

数字化能方便地实现人与人的多重连接。每年成千上万的观众到科技博物馆现场参观学习，和真实的科技博物馆发生了连接，离开后就与科技博物馆往往不再有联系。但是，利用数字技术，只要观众愿意，就可以为到过科技博物馆的观众提供终身服务，如推送观众感兴趣的科技知识、专家报告和临展信息；甚至为多次到科技博物馆现场参观的青少年提供有层次、个性化的参观线路和重点展陈，为学生形成自己的专业兴趣提供支撑，陪伴学生成长；通过数据分析，对有共同爱好的青少年建立连接平台，进行线上线下深度交流。

科技类场馆从产生到现在，主要经历了三个阶段的三种形式：1683

年牛津大学阿什莫林博物馆开放，是世界上第一座自然历史博物馆，主要收藏和展示包括鸟、鱼、动物、植物、昆虫、矿物、宝石、武器、钱币与纪念章、服饰、生活用具、雕刻、绘画、手工艺品等；随着工业革命和发展，人类发明了蒸汽机、机车、轮船等技术产品，为了纪念人类创造的伟大成就，以展示科技与工业成就为主的科技博物馆应运而生，如伦敦科学博物馆现在还收藏着瓦特发明的蒸汽机和史蒂文森发明的蒸汽机车；1937 年法国在巴黎世界博览会的基础上建立了一个名字叫“发现宫”的现代科技馆，该馆除了科技展陈外几乎没有收藏，而把科学教育作为主要宗旨，所以很多人更愿意把这种科技博物馆称为科学中心，而非博物馆。科技中心最主要的特点是以充分的互动体验，使观众在轻松愉悦中理解科学技术的原理，体会科技强大的力量。

目前，这三种科技博物馆的形态依然存在，但随着科技和社会的快速发展，科技场馆普遍受到以下四方面的挑战。

第一，科技转化为生产力的时间不断缩短，导致科技博物馆展陈更新的周期也在变短。原来一项科学发现转化为具体的产品需要 30～60 年，现在缩短为 2～3 年，2～3 年实际上已经少于科技博物馆新建或改造需要的时间，因此如果是以展示最新科技成果或演绎未来科技发展趋势的展项，会出现一开馆就落后的情况。在展陈表现技术方面，也存在同样的情况，在建设时虽然采用了最先进的展示技术，但建成后发现这项技术社会上已经普遍使用了，观众对展示的科技内容就会失去兴趣。

第二，随着教育经费投入的不断增长，中小学校的教育装备条件不断升级，城市中很多学校拥有了多个甚至几十个科技实验室和活动室，农村地区的学校也建设了大量乡村少年宫，青少年在校内开展比较个性化的互动创新的机会大大增加，而科技博物馆内面向大众社会的互动展示项目反而缺少了个性化探究的机会，对那些有高水平学习需求的青少年失去了吸引力。

第三，随着数字技术进一步深化，无处不在的小视频、数字孪生和人工智能内容生成（AIGC），使得在公众平台上的科学传播内容爆发式增长，青少年利用手机就可以十分方便地获取各种最新的科技知识，而且形式生动，能实现个性化内容的智能推送。统计表明，“十三五”末，国家实验室、工程技术中心、科学数据中心等科研基地向社会开放 8 328 个，全国共有科普网站 2 732 个，科普类微博 4 834 个，发文量 200.82 万篇，阅读量达到 160.90 亿次，科普类微信公众号 9 612 个，发文量 138.68 万篇，阅读量达到 28.04 亿次。这些都为青少年科学教育提供了更加丰沛的土壤和选择机会，这对科学教育来说是一种社会进步，但是对科技博物馆来说无疑产生了新的挑战。

第四，2021 年国家科普数据统计表明，全国共有科学技术类博物馆 1 677 个，这个数字还在快速增长中。但是，大多数科技场馆存在千馆一面的情况，建馆思想和展陈内容基本雷同，实际上造成了重复建设，减弱了科技博物馆对青少年的吸引力。存在去一次科技博物馆，以后再也不去的情况，导致有些科技博物馆开馆时热闹一阵子，时间一长就门可罗雀。

如果说几十年前科技博物馆办馆的背景是我国公民具备科学素质的比例还处在较低水平、学校科学教育资源普遍不足，那么科技博物馆办馆的定位是推动大众对科技知识普及是完全可以理解的。但是，现在情况已经发生了很大变化，近年来我国公民具备科学素质的比例大幅度提升，一些城市已经达到甚至超过了发达国家的水平。我国青少年科学教育也取得了巨大成就，在多次国际学生评价项目（PISA）测试中，中国东部地区省份学生科学素养和能力表现优异，位列世界前茅。青少年科学教育正在进入高质量发展阶段，科技博物馆作为国家科普能力建设中重要环节，应该鼓励更多新的探索和实践，来实现科技博物馆为国家科技人才培养作贡献的目的，特别需要科技博物馆实现以下四个方面的转型发展：

一是虽然科技知识的传授依然十分重要，但是更需要通过聚焦有限的科技知识传授来建立青少年可持续的科学能力与科学态度；二是虽然通过增加投入来拓展丰富科学教育供给渠道依然重要，但是更需要通过统整现有的校内外科学教育资源来发挥系统效益；三是虽然通过设置多样化趣味性的科学教育场景来促进青少年对科学的兴趣依然重要，但是更需要培育青少年独立思考、勇于探索、为国奉献的科学家精神，实现科学教育立德树人的育人目标；四是虽然进一步提高全体青少年科学素养依然重要，但是拔尖创新领军人才早期培育已经成为重中之重。

总之，科技博物馆要适应时代发展和改革创新，必须加强系统思维，科技博物馆内各要素与社会方方面面相互关联、相互依存、相互合作，虽然科技博物馆立馆之本依然是展陈水平与服务质量，但是现代科技博物馆的影响力已经不再是由科技博物馆的物理边界决定，科技场馆数字化、科技文创开发、充满魅力的创意活动、超级科普网红的引流，成为超越科技博物馆物理边界更为多样的科学教育方式，而科技博物馆也越来越成为集聚科学传播、科技展示、科普产业、科创活动等要素的大平台，成为高质量科学教育内涵发展的重要维度。

科学教育宣言

爱因斯坦说过："科学一直试图通过系统性思考将这个世界上可感知的现象尽可能地联系在一起。但是科学只能确定是什么，而不能确定应当是什么，在科学领域之外仍然需要各种价值判断。"现在，世界科技发展正处在酝酿新的颠覆性变化的转折点上，引力波的发现、黑洞的细节观察、量子纠缠的深度应用和大尺度宇宙结构的剖析，可能对时空的秘密和宇宙的演变产生新的深刻发现；核聚变能源的可控利用、常温超导材料的研制、生命密码和衰老机制的进一步破译、强人工智能对复杂现象处理的深入、脑机接口技术的突飞猛进，可能在创造一个全新科技世界的同时，创造出全新的人类，我们的价值判断需要有新的抉择。

在社会转型和科技迅猛发展的大背景下，全球科技发展呈现出五个基本特征，即人本化、均衡化、多样化、全球化、数字化发展，这五个发展之间相互关联、互相促进。但是，科技发展又同时成为国与国之间竞争的主要赛道，这关系到不同民族、不同文明、不同国家的生存权和发展权。因此，在科学教育的价值取向上，要从过度追求现实功利转向追求人类共同发展与国家科技自立自强的双重价值；在科学教育质量评价上，要从过度注重知识和考试成绩，转向全面发展的评价；在学生培养模式上，要改变高度统一的标准化模式，更加注重以多样化为导向的教学；在科学教师专业成长上，要克服单纯强调掌握学科知识和教学技能的倾向，更加注重教师教育境界和专业能力的提升；在科学教育管理方式上，要从依靠行政手段发文件做规划，转向更加注重思想领导和专业引领。

在《创新者的课堂》一书中，克里斯坦森等人认为："一个国家忙于发展经济、迈入工业社会时，学习科学、数学和工程学是穷人家孩子脱离贫困的最佳路径。但是，当国家到达富裕和稳定阶段，学生就有更多的选择去学习他们自己认为更有趣、更能激发内生动机的学科。"这种情况是一个普遍现象，如20世纪七八十年代的日本，大学生选择数学、科学和工程学的人数是美国的4倍，而那时日本总人口数量只有美国的40%，但是当日本整体达到富裕水平后，选择数学、科学和工程学的学生数量明显下降。我国已经实现全面小康，正在快速迈进富裕国家的行列，科学教育也将面临同样的挑战。

站在科学教育的转折点上，需要在洞察世界科技发展的大势、超前预判科学教育即将面临的巨大挑战、深刻反思科学教育自身不足的基础上，充满勇气地做出新时代科学教育的选择：

第一，着力构建有中国特色的科学教育体系。在科学教育上实现创新突破，是科技自立自强的根本，我国现代科学教育体系和学科体系，基本上都是从西方发达国家引进的，教育跟随性反映的是人才培养的跟随性，也反映科技领域的跟随性。显然，美国并非科学教育的理想国，其科技霸权建立在强大的人才虹吸效应之上，发达的高等教育、全球知名的高科技企业和硅谷等科技创新高地，能吸引和集聚全球的科技精英，但是其基础教育的科学教育并不尽如人意。在世界百年未有之大变局的今天，我们需要科学教育战略家和架构师，系统构建科学教育的理想国，在思想方法和实践方法上寻找中国式突破。

第二，站在传统文化传承与重塑的角度，为科学精神的旺盛生命力提供文化土壤。在新的科技发展背景下，科学教育的三个核心要素——“教师、教材、实践环境”亟待更大的提升，科学教育目标、内容、方式和技术也需要进行巨大调整，这里确实蕴藏着弯道超车的机会。但是，我们科学教育变革的核心难题是科学精神的培养。科学需要冒尖、与众不同，而我们传统的儒家文化倡导中庸，在科举制还没有“八股”之前，还出现了张衡、祖冲之等科学家，但有了以儒家思想为本的科举考试后到科举制被废除，其间上千年，在数学和自然科学领域中很少出现大家。习近平总书记指出：“中华文明具有突出的连续性、突出的创新性、突出的统一性、突出的包容性、突出的和平性。”中华文明是革故鼎新、与时俱进、自强不息、兼收并蓄的文明，具有突出的创新性与包容性。在世界科技大发展的背景下，在中华传统文化中注入科学精神，是建设中华民族现代文明的重要内容。

第三，科学教育需要多样化行动。马克思讲过：“哲学家们只是用不同的方式解释世界，而问题在于改变世界。”创新本质是多样化大脑，多样化大脑源于多样化教育，多样化教育源于多样化行动。行动会创造意外、破缺和犯错的机会，行动会产生新的形式并因此改变意义。想都是问题，行动才是解决问题的根本，做成比完美更重要。我们不必拘泥于以学生为中心还是以知识为中心，行动告诉我们真理一定在这两个极端的中间。行动才会孕育科学探险的勇气，走出从未走过的道路。行动才能让学生深度体验“合作中的竞争、竞争中的合作”，行动才能体现科学教育的一致性与多样性。在学校里建设更多的科技类社团活动和创新实验室，在课堂中尝试使用各种教学技术和各种教学方法。不管是学习静态理论还是学习动态理论，不管是项目化学习还是深度学习，我们知道创新的本义，从来就是通过学习一种模式来打破原有的模式，通过学习一种方法来形成新的方法。

哪怕拥有了最高学历的专业教师和最好的科学实验室，但教学形式和内容千篇一律的科学教育肯定不是最好的。最好的科学教育一定是多样化的，多样化的根本好处是能让缺点与错误成为资源与优势，最终目的是培养出有行动力但思维方法不一样的人。科技创新不怕愚蠢，就怕相同。

故事 28　炼金术与磷元素的发现

亨尼格·布朗特（Hennig Brand）是德国汉堡的一名商人，他是一名狂热的炼金术士，希望通过煮一些匪夷所思的东西来得到黄金。有一天，他将目标转移到人的尿液，他看到黄金是黄色的，人的尿液也是黄色的，如果把尿煮干了，有可能得到黄金。

1669 年的一个夜晚，布朗特在德国汉堡圣米迦勒大教堂的地下室里，将自己收集来的 100 多桶尿和木炭、石灰等混合在一起，用大火加热煮干，最后当然没有得到黄金，但在这间黑暗的地下室里，得到了一种看起来有点像白蜡，散发出一种幽幽蓝绿色光芒的物质。布朗特把这种物质命名为 phosphorum，在拉丁文中为“冷光”的意思，英语是 phosphorus（磷）。这个发现不仅让他成为第一个发现磷元素的人，还成为整个化学史上有记录以来第一个发现新元素的人。

第四，好的科学教育不仅需要关注科学知识、能力和态度，也需要构建大科学教育环境。科技创新本身的内涵十分丰富，科学教育如果只专注培养科学家、工程师，就很难培育出顶尖的大家。科技自立自强需要科技战略规划、科技法规制定、科技金融推动、科技产业壮大、科技

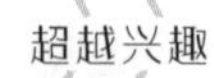

创业孵化等方面的人才，还需要科技历史纵览、科技文化塑造、科技传播演绎、科学哲学反思，甚至还需要科技外交、科幻小说、科幻影视、科普游戏、科技产权交易和科技培训企业等方面的诸多人才。只有当科学教育能培育出全方位的科技创新人才时，顶尖的科学家才会如山泉般涌现出来。科学和科学教育都需要想象力，需要跨界整合，需要拓宽空间。科学越深入，世界未知疆域就越大，需要更多人投入研究，那就意味着需要更复杂的科技生态，科学教育的责任和内涵也就越丰富。

第五，打破科学家神话，让科学回归理性。文艺复兴时期，第一批涌现出来的科学家，大多是单打独斗，偷偷搞研究，搞不好还会被宗教领袖制裁。相比四五百年前的科学家，现代社会对科学家总体上是尊重的，只要一说你是科学家，大家都会肃然起敬。我国在五四运动期间倡导"赛先生""德先生"，到中华人民共和国成立后科技事业百废待兴，再到改革开放、科学的春天来临，进而到新时代中国特色社会主义现代化建设的今天，虽然中间有一些起伏，但科学家越来越受到国家的重视和民众的认可是一个大趋势，尊重科学、尊重科学家这是社会的一个巨大进步。但是，现在有一种迷信科学、神化科学家的情况，我们必须反对唯科学主义，因为这对科学思想和科学精神的传播是十分有害的。科学是探索世界的一种方式，而不是真理本身，迷信科学会影响科学发展的进程，因为科学发展需要质疑、敬畏而非迷信。现代科学技术给人类提供知识和方法，正在改变着人们的生产方式、生活方式和思维方式，科学教育就是要通过科学知识与方法的传授，来帮助人们实现生产方式、生活方式和思维方式的转变，科学教育就是要让学习者领略质疑和科学探险的乐趣。同样对科学家的神化，会让许多人认为科学家都是天才，从而打消许多智商平平的学生的科学家之梦。前文反复说明，在科学家中有智商超群的，也有智力平常的，科学家是在普通人中涌现出来的，而非天选之人，科学家精神的核心是钻研精神和牺牲精神。上万名科学家，有一个人能有重要发现已经十分不错了，其余的科学家终其一生可能只是有一点小小的成就，甚至一事无成，在这种情况下，依然热爱科学事业、保持探究精神，才是科学家精神的实质。

第六，相信每一个儿童的力量。每一个儿童都是未来的创新者，在科学工具化的今天，虽然许多世界科技难题需要有组织的大科研去突破，但是同时每个人都拥有了强大的力量，可以预言，未来科学方面最重大的突破依然是由个人来实现的，那一定是在强大的技术支持下一个人灵光闪电般的思维突破。有一次，笔者与一位量子科学家沟通，他认为我们基础教育阶段如果不教原子物理就好了，因为学生被中学教师教偏了，形成了错误的原子和电子模型，到了大学就很难理解量子现象。在中学阶段讲原子结构，一般先讲汤姆逊的枣糕模型，然后通过 α 散射建立卢瑟福的行星模型，最后讲波尔的氢原子跃迁模型和电子云。笔者认为，在中学阶段建立“错误”的模型对学生学习是有好处的，也是充分体现了对学生认知能力的信任。学生通过学习物理学史上科学家不断建立的模型，越来越接近真实世界的状况，同时也能让学生理解所有的模型都是科学家为了理解微观世界建立的近似模型，新的工具会让我们更加理解微观世界，由此还会涌现新的微观模型。因此，错误模型不可怕，可怕的是不能建立模型或不能否定原来的模型。实际上，人类就是不断基于错误的知识模型往前走的，没有古希腊亚里士多德伟大的错误，现代科学就缺少生长的基础，我们每个人对科学的认知也是如此。

人是万物的尺度，思维是人类最本质的资源。科学是站在人的意识层面对宇宙生成规律进行还原，技术则是站在人能感知的现象角度不断开发新工具和新设计。有效的科学教育，最终都会归结到每个人的思维培育，思维围绕知识和技能而存在，知识和技能的积累与应用不断创生新的思维，也能催生对兴趣的超越，最终走向对科学与技术的志趣。马尔比·D. 巴布科克说：“最常见同时也是代价最高昂的一个错误，就是认为成功依赖于某种天才、某种魔力，某些我们不具备的东西。”“不聪明”的孩子也能成为拔尖创新人才。只有坚持面向人人的科学教育，强调多样化与实践性，让更多青少年实现从兴趣到志趣的超越，国家才能把握科技领域的主动权。因此，我们的科学教育必须庄严宣言：

世界的神奇超乎想象，但人类在追求真理过程中的探究欲同样超乎想象；高质量的科学教育就是要拓展更多的行动、突破更多的局限、凝聚更多的资源，实现每个学生多样的学习、深刻的思想和坚持的力量；超越兴趣，人人都有创新的力量！

结 语

暗淡蓝点

据说，宇宙有着无限的等级结构，因此在我们的世界里，一个基本粒子，如电子，如果能被彻底洞察，会发现它自身就是一个完整的闭合宇宙。在其内部有着无数更小的基本粒子，构成相当于星系的结构和其他更小的结构，基本粒子自身又是宇宙下一级更小的结构，以此类推以致无穷——没有尽头地逐级回归，宇宙中的宇宙。

——卡尔·萨根[①]

笔者与故宫博物院王旭东院长曾经有过一次有关科学与人文的对话，我们认为科学是一种特殊的人文，是一种更深刻的人类共同语言。例如，上海天文馆有三个主要展区，分别为家园、宇宙和征途，在结束征途展区参观的最后环节，有一个叫“暗淡蓝点”的展陈，许多参观者在这里会流下眼泪。这个展陈主要展示了 1990 年 2 月 14 日旅行者 1 号在遥远的宇宙深处回眸拍摄的一张地球照片，在太阳系漆黑的背景中渺小的地球悬浮在一条光雾中，地球仅相当于整张照片的 0.12 像素。美国著名天文学家卡尔·萨根由此写成了《暗淡蓝点》（*Pale Blue Dot*）一书。书中说道：“我们成功地（从外太空）拍到这张照片，细心再看，你会看见一

① ［美］卡尔·萨根 . 宇宙［M］. 虞北冥，译 . 上海：上海科学技术文献出版社，2021.

个毫不出奇的小点。再看看那个光点，它就在这里。那是我们的家园，我们的一切。你所爱的每一个人，你认识的每一个人，你听说过的每一个人，曾经存在过的每一个人，都在它上面度过他们的一生。我们的欢乐与痛苦聚集在一起，数以千计的自以为是的宗教、意识形态和经济学说，所有的猎人与强盗、英雄与懦夫、文明的缔造者与毁灭者、国王与农夫、年轻的情侣、母亲与父亲、满怀希望的孩子、发明家和探险家、德高望重的教师、腐败的政客、超级明星、最高领袖、人类历史上的每一个圣人与罪犯，都住在这里——一粒悬浮在阳光中的微尘。”当笔者缓缓叙述卡尔·萨根这段话的时候，全场一片寂静。

在 2019 世界人工智能大会（WAIC）上，自嘲为“火星人”的马云和“未来的火星人”埃隆·马斯克（Elon Musk）针对人工智能、宇宙、教育、人类命途等话题上演了一场对话。在讲到“火星”这个话题时，马斯克说：“我觉得我们需要更进一步了解宇宙的本质，以确保我们能进入不同的行星生活。这并不是因为我觉得地球没有希望了，但毕竟存在这种可能、即使我们尽了最大的努力，地球还是有可能会发生人类无法控制的事，外部力量或内部事物导致文明被毁灭或我们受到足够的威胁以至于我们只能搬到另外一个星球去生活。换句话说，在地球 45 亿年的历史中，现在第一次有可能让生命离开地球生活，之前是没有可能的。但是，这个机会窗口会有多久，长或者短都有可能。假定机会窗口不长，我们需要尽快抓住机会窗口，这是我的观点。”马云说：“抓住地球的未来，没有那么容易。但是，未来的一百年我们要尽可能做好。我很钦佩你开发火星的勇气，我身边有很多人在尽力提升现有地球的发展。要把 100 万人送到火星很好，但是我们要关心 70 多亿地球人的发展，让地球更可持续发展，我不是火星的粉丝，我感觉去火星就有一种回不来的感觉，别那么做。我也不喜欢爬喜马拉雅山，有一天如果有电梯的话，我希望能乘电梯到喜马拉雅山顶上去看一看。大家在地球上花非常多的时间，不管人类文明多久，一百万年，五十万年，但是每个人在地球上最多一百年的生命，我们不可能把未来所有问题都解决，所以我们必须对未来负责。”笔者在现场听两人对话时，对马云的表述很不满意，觉得他的境界离马斯克太远了。经过三年新冠疫情，再次回想这段精彩的对话，笔者对马云和马斯克在这个话题上完全不同的观点也有了新的判断。人类，现在只有地球这个家园，如果我们能在火星上开疆拓土，当然能增强人类文明的存续机会。但是，人类最重要的价值并不是对生命的苟且，而是对生命意义的点燃。因此，两个人实际上都是在寻找生命的意义，只不过马斯克是向外太空寻找，马云是向人性深处寻找。这就能理解马云最后有关“生命”主题的一段陈述：“我希望我们能把这个世界变得更好，帮助 74 亿人活得更好、更加健康，这就是世界的本质所在，我相信我们将会非常快乐地工作。我们今天要采取负责任的态度，但是我们不能为未来找到所有解决方案，人类犯错也是一件好事。人类如果能从错误中学习也是一件好事，人类最后的死亡和消亡也是一件好事。”

2023 年 9 月，首届嘉兴人大会上，著名作家余华讲了两个有关“家”的故事。其中一个故事来自《一千零一夜》，讲述一个巴格达的富人把财产挥霍光，最后变为穷人。然后呢，这个巴格达的前富人开始梦想如何重新获得财富，重新过上富人的生活。有一天晚上他做了一个梦，梦里有人对他说了一句话：“你的财富在开罗。”就这么一句没头没脑的话，让这个巴格达人第二天就出发去开罗。这个巴格达人在沙漠里长途跋涉，历尽艰难才到了开罗。到了开罗后，没有钱住旅店，就住到清真寺里。在清真寺里躺下刚刚睡着，有几个窃贼偷了清真寺旁边的一个富人家的东西躲进清真寺，警察来抓窃贼的时候，把他也当成窃贼一起抓走。警察审问到他的时候，他告诉警察，他不是窃贼，是从巴格达过来的，是因为梦里有人告诉他“你的财富在开罗”，所以他就到开罗来了。警察听后哈哈大笑，说这个世界上还有像你这样的笨蛋。警察说他也做过类似的梦，梦里三次有人说他的财富在巴格达，而且有具体的位置，一条什么样的街道，一个什么样的院子，在一棵什么样的树下埋藏着他的财富，因为他根本不信这些，所以他没去巴格达。警察说，你这个笨蛋只是在梦里有人说财富在开罗，连个具体地址都没有就来了，你滚吧。这个巴格达人发现警察描述的那个街道、院子和树木，就是他的家。他千里迢迢回到家中后，马上在院子的大树底下挖挖挖，最后挖出了大量的金银珠宝。

余华这样点评这个故事：“这个故事有很多寓意，可以从文学角度、哲学角度、经济学角度、社会学角度、人类学角度，做出种种阐述。今天只有一个角度，也是最为朴素的角度，就是我们每个人的财富都在自己这里。这个故事为什么要绕这么大的一个圈子才找到属于自己的财富，是因为我们往往对近在眼前的视而不见，对远在天边的想入非非，离开后再回来才知道我们的财富是在自己的家乡，这是最为珍贵的财富。”

无论是《暗淡蓝点》《火星计划》，还是《一千零一夜》的故事，都是在讲“家”的故事，在这个“家”里，无论科学技术、人文艺术，还是战争与和平、国家与民族，都是人类寻找生命意义的积极方式。在人类进化演变的数百万年中，曾经多次面临绝境。比如，最近科学家就发现，在距今 81.3 万～93 万年前的冰河期，人类曾长期处于极低数量状态，只有千余人，在极端困难的情况下，我们的祖先学会了用火，学会通过加工石块来制作工具，开启了使用技术的道路，才有了后来走出非洲、遍布全球的生命力。但是，技术有两面性，其利弊空间必然同时打开。原子能的利用可以创造新的能源，同时又能迅速毁灭全人类，人工智能的发展在给每个人带来创造力的同时，也可能带来无法预估的毁灭性力量。现在，我们又一次站在人类文明的转折点上，人类究竟会被自己毁灭，还是创造新的历程，成为星际生命，构建与硅基生命深度融合的全新人类文明，这是当前科学教育面临的大挑战。

亚里士多德在其《形而上学》一书中讲到，哲学和科学诞生需要三个条件，一个条件是“惊异”，另一个条件是“闲暇”，还有一个条件是“自由”。古希腊实施的奴隶制为希腊自由民提供了“闲暇”，大量奴隶从事体力劳动从而使希腊的自由民有了更多时间去思考和辩论，这是古希腊群星璀璨、人才辈出的重要因素。

欧洲文艺复兴带来的艺术、哲学、科学的新成就，其根本原因是活版印刷的发明和普及，使普通人也能有机会阅读和识字，这标志着更多的人能参与“惊异”，发展的力量因更多的人有“闲暇”和“自由”而爆发，于是那些普通人成为达·芬奇、哥白尼、伽利略……

2023 年暑假，诺兰的《奥本海默》上映，因上海科技馆巨幕影院升级改造的原因，笔者考察了许多电影院，在 IMAX 巨幕、激光巨幕、LED 巨幕前断断续续看了好几遍《奥本海默》的片段。有一段奥本海默和爱因斯坦的对话，让笔者思考良久：

> “当我带着这些计算来找你时，”奥本海默告诉爱因斯坦，“我们认为我们可能会引发连锁反应，从而摧毁整个世界。”
>
> “那又怎样？”爱因斯坦问道。
>
> “我相信我们做到了！”奥本海默说。

这段蕴含双关的对话告诉我们，当一个科学家创造伟大科学成就的时候，不但是忘我的，甚至有可能也会忘掉人类的利益。当时有科学家发现，原子弹爆炸有可能引发连锁反应、点燃大气层，摧毁世界，虽然可能性接近于零，但并没有完全排除，在这样的情况下，奥本海默们依然进行了核爆试验。那么，如果今天科学家有能力做一个小黑洞，然后整个地球都会被吸到这个黑洞里，科学家们会去做这个黑洞吗？笔者认为，这是一个必然的选择，科学家们依然会像奥本海默引爆原子弹那样，做出这个黑洞，然后陷入深深的自责。

在《奥本海默》影片最后，爱因斯坦对奥本海默说：

> 人们会因你的伟大而簇拥你，也会因你的落魄而唾弃你，但是这一切都和你自己无关，因为所有人关心的，都只是他们自己而已……

原子弹不是重点，重点在人性之上！科学教育中所有知识与技能都不是重点，重点是科学教育能否在“暗淡蓝点”之上，在我们每一个人的思想家园里，能一直拥有“惊异”“闲暇”“自由”。

附 表

故事与案例索引

（续表）

	故　　事	页码	案　　例	页码
第五章	故事13　从日晷到原子钟	167	案例17　统一场理论与万有理论	176
	故事14　无理数的发现	183	案例18　归纳作为思维工具的局限性	191
	故事15　自然界中的斐波那契数列	186	案例19　IB课程中的核心课程TOK	197
	故事16　微积分的历程	192	案例20　基因编辑技术的科学伦理	202
	故事17　加拿大医生的MMI面试	195		
	故事18　给教师的信	201		
	故事19　维萨留斯写《人体之构造》	204		
第六章	故事20　玫瑰的红色在哪里	209	案例21　科学课堂中激发问题的教学设计	212
	故事21　杰尼佛的蜡笔研究课题	218	案例22　FRC机器人对战赛	233
	故事22　爱德蒙的手势	220	案例23　小学生有必要经历的21个体验	241
	故事23　被降职的诺贝尔奖获得者	224	案例24　化学振荡	245
	故事24　牛顿的八卦	227		
	故事25　帝王蝶去哪里了	235		
	故事26　爱迪生实验室的一把大火	239		
	故事27　阿斯巴甜的发现	246		
第七章	故事28　炼金术与磷元素的发现	289	案例25　赫歇尔发现银河系的秘密	254
			案例26　白细胞追逐入侵细菌	258
			案例27　多元智能理论	264
			案例28　芷江中路幼儿园大班的光和影游戏活动板块	272

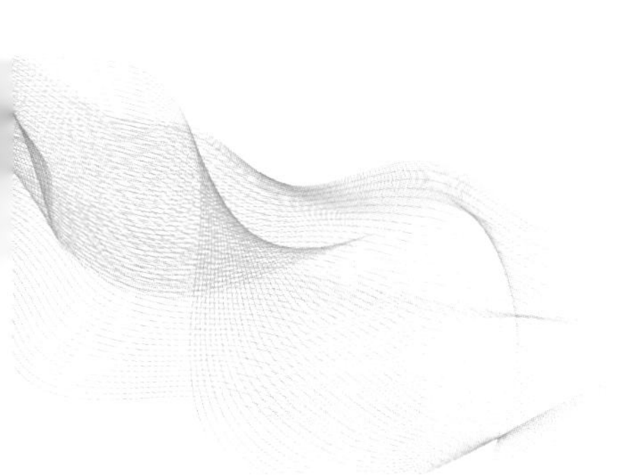

参考文献

1. [美] 布莱恩·阿瑟.技术的本质[M].曹东溟，王健，译.杭州：浙江人民出版社，2018.
2. 经济合作与发展组织（OECD）.面向明日世界的科学能力[M]. 上海市教育科学研究院，国际学生评估项目上海研究中心，译.上海：上海教育出版社，2010.
3. [美] 瑞秋·伊格诺托夫斯基.无所畏惧：影响世界历史的50位女科学家[M].小庄，译.北京：接力出版社，2018.
4. [美] 诺曼·道伊奇.重塑大脑，重塑人生[M].洪兰，译.北京：机械工业出版社，2015.
5. 赵保钢.初中物理课程评价与改革探索[M].北京：高等教育出版社，2003.
6. [英] G.E.R.劳埃德.形成中的学科[M].陈恒，洪庆明，屈伯文，译.上海：格致出版社，2015.
7. [英] 杰弗里·韦斯特.规模：复杂世界的简单法则[M].张培，译.张汇，校译.北京：中信出版社，2018.
8. [日] 原研哉.设计中的设计[M].朱锷，译.济南：山东人民出版社，2006.
9. [美] 乔治·伽莫夫.从一到无穷大[M].李冰奇，译.北京：台海出版社，2023.
10. 河森堡.进击的智人[M].北京：中信出版集团，2018.
11. 吴军.数学之美[M].北京：中国工信出版集团，人民邮电出版社，2020.
12. 美国科学促进协会.面向全体美国人的科学[M].中国科学技术协会，译.北京：科学普及出版社，2001.
13. [美] 肯尼斯·斯坦利，[美] 乔尔·雷曼.为什么伟大不能被计划[M].彭相珍，译.北京：中译出版社，2023.
14. 张民生，倪闽景.上海市中学物理课程标准解读[M].上海：上海教育出版社，2006.
15. [英] 詹姆斯·汉南.科学的起源[M].刘崇岭，译.上海：上海教育出版社，2022.
16. 吴国盛.科学的故事（起源篇）[M].南京：江苏凤凰文艺出版社，2020.
17. 联合国教科文组织.反思教育：向“全球共同利益”的理念转变？[M].联合国教科文组织总部中文科，译.北京：教育科学出版社，2017.

18. [美] 米哈里·希斯赞特米哈伊. 创造力，心流与创新心理学 [M]. 黄珏苹，译. 杭州：浙江人民出版社，2015.
19. [美] 斯腾伯格. 思维教学，培养聪明的学习者 [M]. 赵海燕，张厚粲，译. 北京：中国轻工业出版社，2002.
20. [美] 凯文·阿什顿. 被误读的创新：关于人类探索、发现与创造的真相 [M]. 玉叶，译. 北京：中信出版社，2017.
21. [美] 约翰·霍兰. 涌现：从混沌到有序 [M]. 陈禹，译. 上海：上海科学技术出版社，2006.
22. [比] 伊利亚·普里戈金. 确定性的终结 [M]. 湛敏，译. 上海：上海科技教育出版社，2018.
23. [美] 托马斯·库恩. 科学革命的结构 [M]. 张卜天，译. 北京：北京大学出版社，2022.
24. [美] 克莱顿·M.克里斯坦森等. 创新者的课堂 [M]. 周爽，译. 北京：机械工业出版社，2020.
25. 鸿雁. 思维风暴 [M]. 长春：吉林文史出版社，2018.
26. [德] 爱因斯坦. 爱因斯坦晚年文集 [M]. 张卜天，译. 北京：商务印书馆，2021.
27. [英] 哈耶克. 科学的反革命 [M]. 冯克利，译. 北京：译林出版社，2012.
28. [法] 亨利·柏格森. 创造进化论 [M]. 姜志辉，北京：商务印书馆，2004.
29. 江晓原. 科学验证：那些天空及世间的证明 [M]. 上海：上海教育出版社，2019.
30. [韩] 郑柳河，[美] 安·保罗·拉夫. 博物馆的系统思维　理论与实践 [M]. 胡芳，李晓彤，译. 上海：复旦大学出版社，2022.
31. [美] 霍华德·加德纳. 受过学科训练的心智 [M]. 张开冰，译. 北京：学苑出版社，2008.
32. [美] 霍华德·加德纳. 未受学科训练的心智 [M]. 张开冰，译. 北京：学苑出版社，2008.
33. [德] 康德. 纯粹理性批判 [M]. 李秋零，译. 北京：中国人民大学出版社，2011.
34. [美] 阿特·霍布森. 物理学：基本概念及其与方方面面的联系 [M]. 秦克诚，刘培森，周国荣，译. 上海：上海科学技术出版社，2001.
35. [美] 马克·布查纳. 临界 [M]. 刘杨，陈雄飞，译. 吉林：吉林人民出版社，2001.
36. [美] 史蒂芬·平克. 当下的启蒙 [M]. 侯新智，欧阳明亮，魏薇，译. 杭州：浙江人民出版社，2019.
37. 于晓雅. STEM 与计算思维 [M]. 北京：教育科学出版社，2023.
38. [法] 弗雷德里克·托马，[法] 米歇尔·雷蒙. 自然的悖论　合理与荒谬并存的进化之路 [M]. 杨冉，译. 上海：上海科技教育出版社，2023.
39. 汪品先. 深海浅说 [M]. 上海：上海科技教育出版社，2021.

图书在版编目（CIP）数据

超越兴趣 / 倪闽景著. — 上海：上海教育出版社，2024.1（2024.5重印）
ISBN 978-7-5720-2405-4

Ⅰ. ①超… Ⅱ. ①倪… Ⅲ. ①科学技术 – 青少年读物 Ⅳ. ①N49

中国国家版本馆CIP数据核字(2024)第000359号

策　　划　朱丹瑾　张志筠
责任编辑　徐建飞　朱丹瑾
　　　　　章琢之　卢佳怡
营销编辑　王祚瑕　陆天资
美术编辑　金一哲

超越兴趣
倪闽景　著

出版发行　上海教育出版社有限公司
官　　网　www.seph.com.cn
地　　址　上海市闵行区号景路159弄C座
邮　　编　201101
印　　刷　上海普顺印刷包装有限公司
开　　本　700 × 1000　1/16　印张 19.75　插页 1
字　　数　245 千字
版　　次　2024年3月第1版
印　　次　2024年5月第2次印刷
书　　号　ISBN 978-7-5720-2405-4/G・2134
定　　价　88.00 元

如发现质量问题，读者可向本社调换　电话：021-64373213